### 版权声明

*On Adolescence: Inside Stories* by Margot Waddell

© 2018 Margot Waddell

Authorised translation from the English language edition published by Routledge, a member of the Taylor & Francis Group, LLC.

All rights reserved. No part of this book may be reprinted or reproduced or utilised in any form or by any electronic, mechanical, or other means, now known or hereafter invented, including photocopying and recording, or in any information storage or retrieval system, without permission in writing from the publishers.

Copies of this book sold without a Taylor & Francis sticker on the cover are unauthorised and illegal.

保留所有权利。非经中国轻工业出版社"万千心理"书面授权，任何人不得以任何方式（包括但不限于电子、机械、手工或其他尚未被发明或应用的技术手段）复印、拍照、扫描、录音、朗读、存储、发表本书中任何部分或本书全部内容，以及其他附带的所有资料（包括但不限于光盘、音频、视频等）。中国轻工业出版社"万千心理"未授权任何机构提供源自本书内容的电子文件阅览、收听或下载服务。如有此类非法行为，查实必究。

On Adolescence: Inside Stories

# 青少年期的内在故事

［英］玛戈·沃德尔（Margot Waddell）／著

戴艾芳　肖广兰　闫玉洁／译

施以德／审校

**图书在版编目(CIP)数据**

青少年期的内在故事／(英)玛戈·沃德尔(Margot Waddell)著；戴艾芳，肖广兰，闫玉洁译. —北京：中国轻工业出版社，2024.1（2024.5重印）

ISBN 978-7-5184-4503-5

Ⅰ.①青… Ⅱ.①玛…②戴…③肖…④闫… Ⅲ.①青少年心理学 Ⅳ.①B844.2

中国国家版本馆CIP数据核字（2023）第143004号

责任编辑：潘　南　　　　责任终审：张乃柬
策划编辑：戴　婕　　　　责任校对：刘志颖　　　　责任监印：吴维斌

出版发行：中国轻工业出版社（北京鲁谷东街5号，邮编：100040）
印　　刷：三河市鑫金马印装有限公司
经　　销：各地新华书店
版　　次：2024年5月第1版第2次印刷
开　　本：710×1000　1/16　印张：22
字　　数：202千字
书　　号：ISBN 978-7-5184-4503-5　定价：88.00元
读者热线：010-65181109
发行电话：010-85119832　　010-85119912
网　　址：http://www.chlip.com.cn　　http://www.wqedu.com
电子信箱：1012305542@qq.com
版权所有　侵权必究
如发现图书残缺请拨打读者热线联系调换
240444Y2C102ZYW

# 译者序一

2019年4月，肖广兰和我曾经共同为北京某教育机构的家长群体开展了一系列与青春期相关的讲座和答疑活动。在我们收集的问卷中，青少年家长群体最为关心的问题包括：如何应对青春期孩子的情绪波动？如何理解孩子的抑郁和焦虑？孩子不想上学了怎么办？孩子被同学霸凌了怎么办？如何让孩子合理使用手机和社交媒体？在尝试回应这些问题时，出现在我脑海中的另一个问题是：对于青少年自己来说，他们的真实体验是怎样的？家长们如此关心担忧的问题，在他们看来是问题吗？在这些"问题"表现的背后，真正困扰他们，让他们感到焦虑、无助、挣扎的是什么呢？在与青少年群体的临床工作中，我也带着这样的问题尝试在青少年来访者那里寻找答案。后来，当中国轻工业出版社"万千心理"的编辑戴婕将玛戈·沃德尔（Margot Waddell）的新作样章发给我时，我非常欣喜也十分好奇。我仿佛又可以跟随作者的语言和视角，进入一个更深层的领域去理解青少年的内心世界，尝试去回答这些问题。

《青少年期的内在故事》（*On Adolescence: Inside Stories*）从相关的精神分析历史背景、青少年的体验、临床情景和文学世界中的青少年生活这四个角度切入，透过精神分析的理论视角，深入细致地向读者呈现了青少年的内在世界和内心故事。每一个部分都有其自身的独特性，所以我们三位译者也会以各自翻译的部分为基础，从不同的视角分享在翻译本书的过程中收获的体验和思考。

在第三章开头部分，作者引用了劳伦斯对青春期的传神描述——"陌生人的时光"，为这个时期奠定了一个整体的基调。她向我们呈现了青少年如何体验和应对这种"陌生"，以及在这个充满挑战、混乱和丧失的时期，那些同时存在的发展和成长的方面。她在书中总结道："青少年期实际上不是一种状态，而是一个过程，一个蜕变（becoming）的过程……对于所有人来说，这是一个挑战和发现的时期。"无论是关心青少年成长的家长们，还是我们这些临床工作者，都可以从中感受到一些鼓舞和希望。

当越来越多的青少年对学习产生非常负面的情绪反应，甚至拒绝上学时，我们想知道：学习对他们而言是一种什么样的体验？为什么他们如此回避和抗拒？当很多学习成绩优秀的孩子呈现出严重的情绪困难时，我们会困惑，为什么这样的"优秀"无法给他们带来快乐和成就感？第五章的内容也许可以帮助我们厘清这些困惑和不解。作者通过介绍黏附性、投射性和内摄性这三种不同的学习模式，向读者呈现了不同的学习模式如何阻碍或者促进一个人的内在成长。她还明确提出，那些"与丰富一个人的创造性潜能有关"的学习能力需要得到更多的关注和重视。同时她还进一步肯定了精神分析学家对于学习的观点，即"儿童只能从他自己的真实体验中学习"。当学习不再是一种缓解痛苦、回避焦虑的防御方式，而成为一种"有助于人格成长""鼓励改变""支持一个人独立思考"的学习时，青少年才能够与真实的自己保持连接，愿意成为更加真实的自己。这样的学习才能促进真正的发展和成长。如果越来越多的家长和教育工作者能够了解并接受这些观点，并从现实层面为青少年提供支持，那么青少年一定会从中获益。

在第六章和第七章中，作者围绕"团体"和"霸凌"这两个主题展开论述。她运用丰富的案例材料向我们呈现了促进个体成长的"团体"和阻碍个体发展的"帮派"的本质区别。她强调了青少年对于团体功能的依赖，帮助我们更好地理解在青少年期孩子们为什么如此重视同伴和需要同伴，以及为什么被同伴孤立是一件非常令人恐惧和焦虑的事情。对霸凌的心理动力学理解可以让我们看到霸凌行为背后的深层心理原因。作者通过呈现霸凌者和受害者之间的施受虐关系的不同方面，让我们对霸凌行为有更加全面的认识和理解。

在本书中，沃德尔运用她在精神分析和文学领域的深厚积累，从精神分析理论、临床实践和文学作品三个维度向我们呈现出一个更加立体、鲜活而有质感的青少年的内在世界。在阅读和翻译的过程中，我非常佩服作者的渊博学识，但同时也体验到由此带来的挑战。我遇到了很多艰难的时刻。当我卡在某个复杂的句子结构或者晦涩的描述时，我们的"翻译团体"提供了一个非常具有支持性的环境，在这个"团体"中我们互相支持和帮助，可以消化与容纳那些个人难以应对的困难情绪，朝着我们共同的目标前进，从而最终完成本书的翻译工作。在这个平行过程中，我仿佛"体验"到了作者在书中呈现的很多内容。我自己好像也经历了一个"学习"的过程：当我面对翻译带来的挫败和焦虑，无意识中使用各种防御来缓解或者回避这些痛苦时，我无法前进；当我尝试放松那些防御，试图与真实的自己连接时，我反而可以更加高效地完成翻译工作。在这个过程中，我好像真正感受到了这种"学习"带给我的真实感和成就感。感谢肖广兰、闫玉洁两位译者在互审过程中提出的宝贵意见。感谢施以德帮助我们完成了全书的审校工作。感谢本书的策划编辑戴婕在翻译过程中给予我们的信任和支持。感谢编辑潘南对全书的细致审阅和文本润色。感谢本书所引文学作品的原译者，他们的译文经典、精彩、广受好评，让读者得以最大限度地品味原著的魅力。① 感谢

---

① 对于本书涉及的文学作品选段，本书译者引用了相应的中文译著并注明出处，在此向译文的原译者致以衷心的感谢。由于条件所限，虽已尽力，但仍未能与个别原译者取得联系，冒昧敬请这部分译者与本书译者接洽，联系邮箱为 1012305542@qq.com。——译者注

沃德尔让我有机会以这样的方式体验和感受这个独特的学习过程。我也诚挚地祝愿每一位与这本书相遇的读者能够从自己的"体验"中学习和感受。

戴艾芳

# 译者序二

2020年下半年就开始的本书的翻译工作，伴随了我和青少年工作逐渐深入的历程。我愿意用"神奇"一词来描述翻译和阅读这本书的很多体验。

不知是否因为作者玛戈·沃德尔在成为精神分析师之前曾获得英国文学博士，这本专业书籍在我看来，更像是记叙文，而非议论文。在这本书中很少出现斩钉截铁的论断或长篇的理论表述，更多的是作者带着深邃的思考，用大量的案例、来访者的梦以及生动的文学作品，向读者娓娓道来，叙述着"在这些漫长的转变时期的焦虑中他们（青少年）内心发生了什么，出现了什么样的问题，以及我们如何帮助他们解决这些问题，我们如何能够支持这些年轻人从一种活现或者退缩的混乱中走向一种拥有属于他们的自我的感觉"。

当我在和孩子们的咨询中感到困惑、受阻，转而投入一段文字的翻译，或者阅读其中的一章（哪怕并非特别相关的内容）时，我都会在这个过程中收获一些感悟或启发。似乎作者思考性的心智通过这本书，幻化成一个稳定、长久的容器，只要我去阅读，就会感到被涵容、抱持，从而让我可以尽快回到分析性的位置，开启自己对个案的材料与体验新的思考和加工。

沃德尔在书中很少给出确定性的结论，我甚至觉得她在试图消解那些成人由于面对青少年时的无助和绝望而防御性地得出的评判、结论或行动方案。例如，在第十二章"自我破坏的心理状态"中，她写道："临床工作者如何评估（自杀）风险？带着深切的专业忧虑，很多人认为按条目勾选的风险评估过程是极其不准确的。我也深以为然。"当遇到青少年反复自杀、自伤的案例时，临床工作者很难不感到忧虑、无力甚至绝望，也必须在现实层面采取一些有效的保护行动。面对孩子时，我们也很可能会防御性地希望做些什么，比如让孩子承诺不自杀、给孩子一连串的建议等，让我们重获一些确定感。

沃德尔更推荐动力学评估，因为"在动力学评估中，深深的绝望和破坏性的感觉可以被觉察到，并在情绪上被抱持。这种抱持并不一定包括向年轻患者提供所谓的建议……因为尽管年轻人可能在这之前幻想过，甚至是明确计划过自杀，但实际行动时往往处在一种持续的或冲动性的盲目且无法思考的状态中"。她还引用了摩西·劳弗（Moses Laufer）的话："非常关键的是帮助青少年在他的生命中创造持续性，并且承认，除非或直到他第一次尝试自杀的原因被了解，并成为其精神生活的一部分，否则他仍然可能有更多的自杀尝试。"劳弗认为，承诺不再自杀"会让青少年感到被抛弃、恐惧，独自一人，又仍然处在很大的危险之中……当他说他已经放弃了他早先自杀的想法时，他并没有说谎，但我们也必须明白，他还不了解自己想要或需要死去的原因"。

就在翻译这章的过程中，我的一位朋友和我分享了她少年时一伤心就要寻短见而后来不再如此的原因："我总以为父母在我出生后经历的痛苦和困境都是我的降生导致的，所以心底里对自己的存活抱着强烈的负罪感；但后来我意识到我的降生是父母做出的选择，不是我凭空冲到妈妈肚子里的。因此那些不是我害的，是他们选择这么做的。从此我的自虐心理一扫而空。"

我以为本书的涵容作用和启发性，正是源于作者非常真诚而全面地呈现了青少年期外在表现和内在心理的复杂真相，也许也是生命的复杂真相。那些痛苦和困境、混乱和纠结，时时揉搓着我们的心，动摇着我们作为咨询师的信心和胜任感。正如沃德尔在第九章中写到的："这也是青少年工作的一个特点：对于治疗师来说，任何'从此快乐地生活下去'的充满希望的想法都必须被抵制……人们会认识到，避免认为有可能从此'高枕无忧'是非常重要的。"但与此同时，她也会在对案例的陈述中，在她不懈的思考中，给我注入一种深沉的希望感，让我安静下来，坚持下去。亦如她所说："……不存在确定性、心智状态总是在动荡变化，以及尽管如此，保持希望却是治疗师必须要坚守的东西，哪怕有时只是独自一人并要面对不利因素。"这段话不断提醒我避免盲目的乐观，却又激励着我，让我不会感到那么孤独。

关于本书的翻译，我还要说几句。本书的英文原文，除了有专业文献的书面表达中常见的逻辑复杂、从句套从句的特点外，遣词造句也很讲究，还有大量用典修辞，一定程度上增加了翻译的难度。辗转听到过一位文学翻译专家的看法，大意是：英文的语言结构如同一串葡萄，主句之外，可以通过从句延伸出多重语义；而中文的一句话则更像一串珍珠。在翻译此书时，对这一点更是体会深切。翻译过程要进行英文语义的理解和拆解，还要寻找合适的中文逻辑顺序和语言表达，减少"翻译腔"。所以常常感觉自己不但英文水平太有限，而且非常受制于自己过于普通的中文水平。幸亏可以和几位同事一起工作，互相启发思考、校正理解、修改文字。有时，为了一句话，我们几位译者和审校者在工作群中可以讨论几天，查阅各种词典或资料，反复体会、琢磨哪个理解是更准确的，哪个表达是更贴切的。有时，我还会动用家人和朋友，请他们帮我分析某个句子的语法结构，看看我的翻译是否准确，并从非专业人士的角度，看看译文是否符合中文的表达逻辑、是否自然通顺。而当一个个复杂、艰深的语句，在多方努力下终于有了一个让自己满意的理解和翻译时，我也不断体会到克服困难的成就感，重温儿时思索几天解出一道困难的数学题的快乐。所以我要感谢这些同事、朋友、家人，没有他们的陪伴和协助，我是不可能完成这项艰巨的工作的！

肖广兰

# 译者序三

对于翻译这本书的过程，套用作者在第二章中所说的"阅读的体验常青"，我的体验至今仍然鲜活。与戴艾芳、肖广兰、施以德三位同事的协作，有商有量、有坚持有妥协，既感受到了青少年般蓬勃、热情的主张，也感受到了青少年需要的时间与空间。特别认同广兰所说的"常常感觉自己不但英文水平太有限，而且非常受制于自己过于普通的中文水平"；我个人还有"书到用时方恨少"的遗憾，有太多的"如果……一定……"，希望呈现更好的中文翻译以匹配玛戈·沃德尔女士内涵丰富的表达。但是与青少年所经历的一样，时间和空间都是珍贵的资源，我们容纳遗憾、选择哀悼，将翻译《青少年期的内在故事》这本书的工作成果定格在当下的时空中，希望带给中国同行们不太糟糕的"常青的阅读体验"。

重读这本书，熟悉的内容让我重温了翻译过程中的体验，表达的冲动一涌而出，做到简洁的总结并不容易。书中关于青少年"成为自己"之路，以及其中"内在亲密能力和婚姻能力"的发展任务，跃然浮现在我的脑海里。

作者玛戈·沃德尔女士作为精神分析师和文学博士的跨界背景，充分体现在这本书的第四部分：文学世界。在翻译的过程中，跟随着作者的文字，我一边重温了自己青少年时阅读《爱玛》和《简·爱》的情境,也一边整合着作者阐述的关于青少年后期发展阶段的特征以及主要任务的视角。书中作者提及"比昂将学习视为一种基于内摄的能力",这样来讲,我体验到了内摄的充实愉悦。然而,在翻译初期面对大量的文学引用,我感觉到文学博士玛戈·沃德尔抛出了一些我似乎熟悉又不是很确定的东西。我烦躁于自己的遗忘、"暴躁"地想要重拾青少年时的记忆,在网上查找资料,试图先通读书中涉及的所有文学作品:《爱玛》(*Emma*)、《简·爱》(*Jane Eyre*)、《皆大欢喜》(*As You Like It*)、《达洛维夫人》(*Mrs. Dalloway*)、《米德尔马契》(*Middlemarch*),等等。直到这些投射性质的反应渐渐消退,能够再次沉浸在文字中,我才开始内摄"文学世界"中的青少年后期的发展。正如书中所述,内摄的标志"是承受不确定性和不知道(not knowing)的能力,与'暴躁地寻求事实和原因'形成对比"(见第十四章)。

作者通过人们熟知的19世纪小说《爱玛》和《简·爱》中主人公的感情经历,展示了青少年后期内在亲密能力和婚姻能力的发展特征。例如,在本书的第十四章中,作者阐述了处于青少年后期的年轻人在探索"成为自己"的发展过程中,为分离所做的努力和在内在亲密关系上所做的转变。这个时期的年轻人为分离所做的努力,"对于一个人成为自己的能力至关重要——往往会呈现出一些不同于青少年早期的特征……将崭露头角,摆脱错综复杂但又令人上瘾的群体生活,以及多重和变换的关系,而这些关系一直是与父母和家庭分离过程的一部分。他将面临一种不同的且更为极端的分离:离开高中或大学,常常也包括家庭;不得不以前所未有的方式独立起来。这是一个充满希望和期待的阶段"。年轻人经历着分离,也创造着个体属性,依赖和独立不断交错,投射和内摄的模式也被交替使用着:"逐渐放弃分裂和投射的诱惑,转向以内摄的模式对内在人物的价值有更深层的理解……这两种倾向间逐渐产生的再平衡……"逐渐进入"成为自己"的阶段:"……放弃看待自己、他人以及关系时被贬低或被理想化的版本,而转向真实的版本。"

(见第十四章)

在经历一系列外在的分离、多次经历爱和丧失的体验后达成妥协，年轻人具有了这样的转变："成为自己"的内在能力和个体属性，开始寻求家庭以外的亲密伴侣关系，而不是像之前的青少年阶段，"可能会是出双入对的……但这与一个人从青少年到成年人的心智状态的真正转变几乎无关。这可能与现在所描述的内在能力几乎没有实际关联。事实上，这样的出双入对可能导致恰恰相反的结果——面对步入成年带来的焦虑，他们可能会产生一种防御性的关系"。(见第十四章)

在同一章中，作者利用小说《爱玛》和《简·爱》中的主人公描述了青少年后期内在亲密能力的发展："和现实生活中一样，在19世纪的小说中，人们也持续建立着婚姻关系。但是人们结婚并不都是以这里所说的'内在婚姻能力'为基础。"由于时代的限制，当时的女性很少具备独立生活的经济基础，另外，心理上，她们也"没有不结婚的能力……契约婚姻常常既可以起到防御分离、丧失以及亲密关系的作用，又可以起到让未解决的俄狄浦斯问题延续的作用"。这里所说的"不结婚的能力"，让人很容易就联想到当前国内处于青少年后期的年轻人，他们中大多数人会离开父母去大学深造，在完成学业后参加工作，经济独立成为现实层面的独立、不再依赖父母的起点，具有了"成为自己"的底气，拥有更多时间和空间继续探索如何"成为自己"。部分年轻人由于更加能够耐受"催婚"的压力，现实层面具备了"不结婚的能力"，婚姻成为自主的选择而不是对分离、丧失以及亲密关系的防御。

正如书中对于绿色世界的描述，处于青少年后期的年轻人需要有个"时间悬置"、没有时钟的"森林"，对自己亲密关系方面的需要进行探索。关系是试金石，个体在被容纳中"成为自己"，同时也拥有容纳的能力、内在亲密能力，从而拥有婚姻能力。"'理顺'是对青少年时期如何度过的恰当描述：从人格不同部分间的，往往是痛苦且必要的整合方面来说，就是如何成为自己，或是如何成为一个自体（one-self）"（见第十五章），青少年需要这样的时空。

"成为自己"是贯穿一生的发展，内在亲密能力和婚姻能力是其中的发展任务。处于青少年后期的年轻人"逐渐放弃分裂和投射的诱惑"，在使用投射与内摄这两种模式上达成了平衡，正如小说中的爱玛"从通过防御性操纵（典型的投射模式）实现孩子般的无所不能，到拥有某种程度的自我认知，以及更成熟的依赖、感恩以及不值得感的过程，后者的状态便是内摄模式的特点"（见第十四章）。年轻人开始使用内摄模式，在关系中获得内在亲密能力，使"成为自己"充满希望。

闫玉洁

# 塔维斯托克临床中心丛书

英国塔维斯托克临床中心成立于1920年，被公认为世界领先的精神分析心理治疗中心之一。它是一家心理健康机构，设有儿童、青年及家庭部和成人部两个部门，也是英国领先的培训机构之一，同时是婴儿观察研究的先驱。

"塔维斯托克临床中心丛书"以清晰易懂的风格编写，为读者提供了在塔维斯托克中心最具影响力的临床和理论工作。

今后将要出版的书籍会涵盖性存在、社会工作、精神分析和社会、与肿瘤科儿童的精神分析工作，以及有关性别和性存在的新的精神分析读物。

献给我的子女、继子女和孙辈们，
我通过他们并和他们一起继续着我一生的成长过程。

"要是我们的视觉和知觉,对人生的一切寻常现象都那么敏感,那就好比我们能听到青草生长的声音和松鼠心脏的跳动,在我们本来认为沉寂无声的地方,突然出现了震耳欲聋的音响,这岂不会把我们吓死。"①

——乔治·艾略特(George Eliot),
《米德尔马契》(*Middlemarch*),第二卷,第二十章,p.226

---

① 译文引自人民文学出版社于2018年出版的《米德尔马契》简体中文版,译者为项星耀。——译者注

# 丛书编者序

玛戈·沃德尔（Margot Waddell）
乔斯琳·卡蒂（Jocelyn Catty）
凯特·斯特拉顿（Kate Stratton）

自 1920 年成立以来，塔维斯托克临床中心——现在的塔维斯托克和波特曼国家医疗服务体系基金会（Tavistock and Portman NHS[①] Foundation Trust）——在心理健康领域发展出了范围广泛的发展性方法，这些方法受到了精神分析思想的深刻影响。它还采用系统式家庭治疗作为理论模型和临床方法以解决家庭问题。塔维斯托克中心现在是英国最大的心理健康培训机构之一。它每年为多达 600 名学生提供社会工作、系统式心理治疗、心理学、精神病学、护理以及儿童、青少年和成人心理治疗方向的硕士研究生课程、博士研究生课程和资格课程，同时还有 2000 名跨学科的临床工作者、社会工作者和教师在这里参加专业发展的继续教育课程和会议，会议主题包括精神分析性观察、精神分析性思想以及临床与社区环境中的管理和领导力。

塔维斯托克的理念旨在推广心理健康领域的治疗方法，其工作以临床专业知识为基础，这也是其咨询和研究活动的基础。本丛书的目的是让广大读者了解在塔维斯托克中心里最具影响力的临床工作、理论和研

---

① 英文全称为 National Health Service，指"英国国家医疗服务体系"。——译者注

究工作。该系列阐述了理解和治疗儿童、青少年和成人作为个体和在家庭中的心理障碍的新方法。

玛戈·沃德尔的《内在生命：精神分析与人格发展》(*Inside Lives: Psychoanalysis and the Growth of the Personality*[①])于1998年首次出版，这本书激发了一代临床工作者、教师和学生对人类处境的认识。现在，在《青少年期的内在故事》中，她将注意力转向了她职业生涯中投入了大量精力的年龄群体。

沃德尔解释道，她"不是从认知、行为的角度，也不是从儿童发展或社会适应理论的角度，而是从情感、心理和内在故事的角度"探讨她的主题。无论是考虑"青少年期"这一概念的历史、当今社会中青少年面临的众多挑战，还是更广泛地考虑青少年情感生活的变迁，她都在致力于讲述这个时期的"内在故事"，这一点贯穿本书始终。

《青少年期的内在故事》的核心是对沃德尔所说的"塔维斯托克中心青少年部的传统智慧"的深刻理解，即这些年轻人处于一个边缘位置，在"两种状态之间的框架空间：不再是儿童，但也还不是成年人；早前的身份感消失了，但新的还没有形成"。在《内在生命》中，沃德尔从文学作品中寻找灵感和理解。在这本书里，她对青少年内在世界和精神分析临床研究的双重聚焦同样也保持着微妙的平衡。在与这个动荡的、经常令人担忧的群体工作时，沃德尔强调了"每个人的潜在发展动力"，这既是有益的，也是充满希望的。她请人们注意，一个不安的青少年可能会如何在没有治疗帮助的情况下逐渐克服他的困扰，而另一个青少年则可能会越来越深陷其中；她并没有说做出这样的区分是容易的。

在思考青少年所处的社会和教育背景时，沃德尔承认当前的教育体系施加的压力越来越大，其影响有时是极其糟糕的。在这个世界里，

---

[①] 本书简体中文版由中国轻工业出版社于2017年出版。——译者注

"智力表现（mental performance）常常被误认为是心理健康"，而"B"这个词——意指成绩等级（grade）而非辱骂语——可以引起强烈的恐惧。在这个背景下，一个不及格的学生认识到他需要"在内心与'真实'的自己一起成长"，这一点尤为重要。这个年轻人惊慌失措地梦见他丢失了自己的那本比昂（Bion）的书《从经验中学习》(*Learning from Experience*)，也是十分合理的。

回顾自己 50 年来与青少年的临床工作，沃德尔明确表示，无论怎样，她仍然能够心怀希望。然而，她从来没有否认这项艰巨而令人烦恼的工作所涉及的困难，也没有忘记，放弃"从此快乐地生活下去"的想法是非常重要的。在边缘地带工作，"人们会认识到，避免认为自己有可能'处于明确地带'是非常重要的"。

《青少年期的内在故事》是"塔维斯托克临床中心丛书"中的第五十本，而且这本书处于卡纳克（Karnac）出版社和劳特利奇（Routledge）出版社的交接阶段。除了她在塔维斯托克青少年部的核心角色之外，玛戈从一开始就不辞辛劳地主编这套丛书，最初与达克沃思（Duckworth）出版社合作，然后与卡纳克出版社合作了 16 年，现在又与劳特利奇出版社合作。在这项正在进行的任务中——最近我们（乔斯琳·卡蒂和凯特·斯特拉顿）加入了她的行列——她将蕴含塔维斯托克传统的作品带到了国际读者面前，鼓舞了一代又一代的作者和读者。我们相信，最新的这本书将进一步加深这种理解。

# 原著推荐序

埃德娜·奥肖内西（Edna O'Shaughnessy）

本书作者玛戈·沃德尔生动地展现了青少年期的世界。她在写这本书时采用了双重方法，既借鉴了她在塔维斯托克临床中心与青少年进行精神分析性心理治疗的长期经验，也借鉴了她自己对文学的深入研究。本书中的观点来源于她在咨询室里与年轻人的接触，以及她对小说中的青少年、对他们的关系和想象中他们的精神生活的理解。沃德尔敏锐而巧妙地将精神分析和文学作品交织在一起。这样做同时丰富了这两个领域，并为理解一个变化和转变的重大时期做出了有独创性且本身就很出色的贡献。

沃德尔展现了性成熟和即将失去家庭的庇护如何使得青少年期成了一个扰乱童年中期内在世界的时期，并动摇了青少年与父母、兄弟姐妹、同龄人和其他长辈的外部关系。此外，即使青少年期是对新异和独立的呼唤，矛盾的是它又重新唤醒了最早期的需要和对性的渴求。在接下来的章节中，这本书阐明了青少年发展过程中所涉及的成长和丧失。关注的焦点是这一时期的心理紊乱，以及那些能够促进或阻碍年轻人在成年人的世界中，尝试实现或者修通一种自我感的内部和外部力量。

读者会发现，在临床示例和文学示例中青少年心智状态的不确定性、各种问题以及极端性成了关注的焦点。所有这些示例常常强调，那些很难忍受（有时甚至完全无法忍受）的感觉会对年轻人施加非常大的影响。然而，在最后一章中沃德尔写道，"尽管有许多相反的迹象，但我们仍然可以在青少年的'内在故事'中找到一些希望"。这一思想深深地根植于她的书中：这是一本既富有挑战性又令人深受启发的书，它将拓展我们对青少年精神生活复杂性的思考，提供一种理解，能够在咨询室里和远在咨询室之外的地方支撑并充实我们自己。

# 前　　言

　　这本书中的思考源自我成长于其中的临床工作的家园：伦敦塔维斯托克临床中心青少年部。我在这里受训、工作、教学、督导和写作，如今我已经从这里退休了。在某种程度上，这本书记录了我工作的方方面面，从这些工作中我学到了很多，我也发现这些工作非常让人焦虑、非常具有启发性，甚至会激发人的灵感。在某种程度上，这也是一种尝试，旨在表明这样一个由具有精神分析视角和社区意识的专业人员、工作人员和受训者组成的"工作团体"的重要性——这些人在这个部门全心全意地，并且富有创造性地工作；在过去45年左右的时间里，我有幸在那里"生活"，并且被鼓励寻找自己的方式和自己的声音。

　　撰写关于青少年期的内容即是描绘成长的过程，这个过程从青春发育期开始，然后会到20多岁的某个时候结束。因为正如我们将要看到的那样，"缺乏经验的躁动"贯穿了这个时期，它们不断地以无数种方式呈现出来并发生着变化，这些方式既有它们的特点，又具有普遍性，但在每一个案例中又都是独一无二的。因为在普遍性之下，任何一个个体的困惑、痛苦、兴奋、恐惧、激情都必然具有一种独特性。这种独特性常常源自婴儿期的状态，这些状态晦涩难懂，时而令人愤怒，时而引人入胜，在临床工作方面极具挑战性。

　　在这本书中思考的理论框架是与我一同成长的，我希望随着我们前进，这个框架能变得清晰起来。正如弗洛伊德（Freud，1905d）所说的那样，考虑到青少年期任务的复杂性——心理的、行为的、智力的、性方面的任务——如果有人能熬过这些年，那真是个奇迹了。事实上，有些人要比其他人花更长的时间，一路上跌跌撞撞，甚至摔倒在地。但总的来说，大多数人都做到了。这些章节将会描绘出这个麻烦不断的年龄群体及其家庭的内在故事的变迁，尽管我更倾向于摈弃按时间顺序定义的年龄群体的概念，而更愿意聚焦于心智状态。因为我将要描述的心智状态是这个时期的典型特征，但这些状态也可以在一个8岁甚至38岁以上的人身上找到（虽然可能只是转瞬即逝的）。

年轻人"成长"方式中的喜悦和恐惧的独特性，以及这种独特性在个体和群体中的表现，在时间上和文化上都是非常特殊的，而这种特殊性将在这些"思考"中占据突出的地位。我尤其要提及的是过去20年中发生的科技变革，它所带来的变化在青少年部成立之时是无法想象的。然而，通过追溯各个时代咨询室中、文化和文学作品中这个年龄群体的发展动力，我们可以清晰地看到，无论当代的社会表现形式如何，人类的本性都有其更加缓慢的演进方式。这里所讨论的转变时期尤其需要根植于青少年时期所产生的日益迅速变化的需求和隐患之中。然而，我们也需要跨越时代地来看待这些，这是文学作品中最容易获得的视角，因为文学作品提供了不受时间影响的发展特征。外部环境会发生变化，但真正的或更真实的自我感的形成或破坏，以及每一代人不断发展和变化的习俗（mores）的内部动力却较少发生变化。

这本书的核心在于探讨这些年轻人的内在生命，不论他们是否寻求临床服务——探讨在这些漫长的转变时期的焦虑中他们内心发生了什么，出现了什么样的问题，以及我们如何帮助他们解决这些问题，我们如何能够支持这些年轻人从一种活现（enactment）或者退缩（retreat）的混乱中走向一种拥有属于他们的自我的感觉。这本书是为所有关注青少年期和青少年期的心智状态的读者准备的——无论读者处于哪个年龄或阶段。

# 致　　谢

要向所有为这本书做出贡献的人致敬，或者表达足够的感激之情是很困难的，因为有时候甚至连他们自己都不知晓对我的帮助。我首先想到的是我的患者，还有我的同事、督导和受督者，我从他们身上学到了很多东西。因为这里描述的一些工作可以追溯到许多年前，所以并不总是能够感谢或充分地标识出所有与之相关的人。本书接下来的内容证明了我是多么珍视自己在青少年部作为一名儿童与青少年心理治疗师受训和从业的日子，还有在此之前我和约翰·雷文（John Raven）、安妮·巴顿（Anne Barton）、约翰·比尔（John Beer）和吉莉恩·比尔（Gillian Beer）在剑桥大学古典文学和英语学院一起学习阅读和思考的那些岁月。

我来到了塔维斯托克临床中心，首先要感谢约翰·鲍尔比（John Bowlby）和玛莎·哈里斯（Martha Harris），我还要感谢安东·奥布尔泽（Anton Obholzer）给了我在青少年部的家。除了这三个人之外，我多年来学习和共事的许多人对我的影响也是不可估量的。他们是：伊斯卡·威滕伯格（Isca Wittenberg）、达格莫尔·亨特（Dugmore Hunter）、乔治·托马斯（Jorge Thomas）、阿瑟-海厄特·威廉斯（Arthur-Hyatt Williams）、唐纳德·梅尔泽（Donald Meltzer）、贝塔·科普利（Beta Copley）、萨莉·博克斯（Sally Box）、安娜·达庭顿·内·霍尔顿

（Anna Dartington née Halton）、詹纳·威廉斯（Gianna Williams）、罗宾·安德森（Robin Anderson），等等。

实际上，如果没有塔维斯托克临床中心基金会儿童心理治疗研究基金通过尼古拉和登齐尔·克莱明森纪念遗赠（Nicola and Denzil Cleminson Memorial Bequest）提供的巨大资助，我不知道这本书将如何写成。有了这笔基金的资助，我得以借助安伯·西格尔（Amber Segal）那些极其宝贵的才能（打字、查阅、研究、思考和激励），没有她这本书就不会面世。我也感谢卡萝尔·麦克布鲁姆（Carol MacBroom）和弗洛伦丝·格雷厄姆（Florence Graham）提供的实际帮助和善意，也感谢我长期坚忍的家人，还有好友的耐心和持续的支持。我必须特别感谢玛格丽特·拉斯廷（Margaret Rustin），还有托尼·格里菲思（Toni Griffiths）、吉尔·维特斯（Jill Vites）、乔斯琳·卡蒂、凯特·斯特拉顿、莉萨·米勒（Lisa Miller）、埃德娜·奥肖内西和芭芭拉·麦克莱恩（Barbara McLean），他们仔细阅读并对文本提出建议；感谢乔安娜·德吉娅（Joanna de Guia）向我介绍了青少年小说，并指导我阅读了这些文学作品。

我很感谢卡纳克出版社，尤其是奥利弗·拉思伯恩（Oliver Rathbone）和罗德·特威迪（Rod Tweedy），感谢他们的信任、专业建议和鼓励，并允许我大篇幅地引用我之前的著作《内在生命》中的内容，以及引用塔维斯托克临床中心系列丛书中其他书籍的章节或摘录。以霸凌为主题的第七章的早期版本，最初由《自由联想》（*Free Associations*）期刊在2002年出版；以自恋为主题的第十章的内容，最初由《儿童心理治疗杂志》（*Journal of Child Psychotherapy*）于2006年出版——我感谢卡纳克出版社和劳特利奇出版社对于使用这些内容的许可。我还要感谢布拉德克斯（Bloodaxe）出版社允许我使用安·史蒂文森（Ann Stevenson）和卡萝尔·萨特雅穆提（Carole Satyamurti）的精彩诗歌，也感谢费伯（Faber & Faber）出版社允许我使用T. S. 艾略特（T. S. Eliot）

和西尔维娅·普拉斯（Sylvia Plath）的诗歌。我诚挚地感谢尼古拉·比昂·维克（Nicola Bion Vick）和 W. R. 比昂遗产管理委员会。我非常感谢来自"沟通艺术（Communication Crafts）"的埃里克·金（Eric King）和克拉拉·金（Klara King），他们让这本书如此迅速而顺利地完成；感谢他们为了文本的准确性尽心尽力地工作，以及他们对我们整个项目的投入。

# 目 录

**第一部分 历史脉络和背景**

第一章　历史背景 / 3

第二章　内在世界 / 17

**第二部分 青少年体验面面观**

第三章　青少年期 / 35

第四章　应对转变：青春发育期和青少年早期 / 53

第五章　学习模式 / 71

第六章　团体和帮派 / 91

第七章　霸凌的心理动力学 / 109

**第三部分 临床情景**

第八章　评估青少年：寻找思考的空间 / 135

第九章　属于自己的心智：身份的寻求——一个案例 / 157

第十章　自恋：一种青春病？ / 183

第十一章　青少年期过渡阶段的诊断困难 / 203

第十二章　自我破坏的心理状态 / 217

## 第四部分　文学世界

第十三章　青少年文学：怪异的事物与颠倒的世界　/ 237

第十四章　文学作品中青少年后期的生活　/ 253

第十五章　青少年发展的绿色世界　/ 273

**附录**　/ 299

**参考文献**　/ 307

*On Adolescence:*
*Inside Stories*

# 第一部分

## 历史脉络和背景

# 第一章
# 历史背景

1909年夏末，弗洛伊德在他当时的朋友卡尔·荣格（Carl Jung）和桑多尔·费伦齐（Sandor Ferenczi）的陪同下，第一次也是唯一一次到访美国。在马萨诸塞州伍斯特的克拉克大学，弗洛伊德被授予荣誉学位，并（用德语）就精神分析的历史和性质进行了五场演讲。他后来用令人难忘的话语描述了这次访问。

> 在欧洲，我觉得自己好像是被人轻视的；但在那里，我发现自己被那些最重要的人认为与他们是平等的。当我踏上伍斯特的讲台发表我的《精神分析五讲》(*Five Lectures on Psychoanalysis*；1910a)时，我似乎实现了一些不可思议的白日梦：精神分析不再是妄想的产物，它已经成为现实中有价值的一部分。[1925d, p.52]

弗洛伊德当时是即兴演讲，并没有讲稿。这些演讲在他回到维也纳后被整理成文字并发表，他把这第一篇介绍精神分析的文章献给了G.斯坦利·霍尔（G. Stanley Hall）。他当时宣称，那次演讲的邀请"是对这门年轻科学的首次认可"。这些演讲包括了对歇斯底里症的思考、性的作用、俄狄浦斯情结、压抑、日常生活中的潜意识，以及精神分析在神经症治疗中的重要性。它们被证明是弗洛伊德最受欢迎的出版作品。

这次访问的意义是双重的：不仅对弗洛伊德个人来说非常重要，而且这次演讲是受当时克拉克大学的校长G.斯坦利·霍尔邀请并由他来主持的,后来他在人们对青少年世界的理解上产生了相当大的影响。弗洛伊德(1925d)描述他"是一位实至名归的心理学家和教育家",并且"早在几年前就将精神分析引入他的课程中"(p.51)。

在19世纪的最后岁月,霍尔对青春期(puberty)和青春期后期的发展阶段进行了大量的研究。他的研究成果发表在1904年的两卷巨著中,书名为《青少年期》(*Adolescence*)。这项研究的范围非常广泛,特别是就其涉及的多方面因素而言——不仅仅是生物的、心理的因素,还有社会的、教育的、人类学的、犯罪学的和政治的因素——这些因素都与对这个被新近标识出的年龄群体的理解有关。乔恩·萨维奇(Jon Savage, 2007, p.xv)称《青少年期》为"一个有预见性的宣言",因为霍尔详尽的工作产生的影响在这本书出版大约50年后才获得注意。

霍尔开创了一个新的领域,把青少年期看作"一个独立的生命阶段,承受着巨大的压力和负担——因此需要被特别谨慎和注意地对待"(引自:Savage, p.66)。此外,他用的术语第一次根植于一个非常具体的年龄定义。他把他所称的"青少年期"作为"对儿童期和成年期之间的延长间歇期的明确术语",并描述它"超出了青春期,时间跨度延伸到从12岁至21岁(女孩)或从14岁至25岁(男孩),但最高峰是在15岁或16岁"(p.66)。他早在1894年就写道:

> 对灵魂进化的研究才刚刚开始,但它已经成为每个试图解决人类意志、情绪和感受问题的人的万能钥匙。逻辑思维能力是旧哲学的开端和终结。心(heart)才是新哲学的开始。[引自:Savage, p.67]

在欧洲的长途旅行中,霍尔偶然发现了弗洛伊德的著作,而他也是第一批以赞许的态度引用弗洛伊德的人之一。他认为心理学是最有助于理解这段"在心理和道德上的沉醉时期"的学科（引自：Savage，p.71），他指出，"青少年期的开端以一种特殊的性意识为标志"。在《青少年期》的序言中，他说，"大自然用她可支配的一切资源武装年轻人以面对冲突"（Hall，1904，第一卷，p.XIII）。

我们不难理解精神分析在有关青少年期的当代思考的演进中的重要性。而我对青少年分析性工作历史的概述必须强调，霍尔赋予了精神分析理解这一人类发展阶段的重要角色。同样必须强调的是，大约在同时，弗洛伊德在《性学三论》（*The Three Essays on the Theory of Sexuality*，1905d）中，将青少年期列为人类生命周期中关键的发展阶段之一：正是在这一时期发生的变化使婴幼儿的性生活有了最终的正常形态。根据弗洛伊德的观点，这个最终形态的三重成就是：性身份的确定，性客体的发现，以及性存在（sexuality）的两个主要部分的结合——肉欲和温情。这里完全没有提及后来人们认识到的青少年期在执行的一项主要发展任务：为人格重组和最终成型提供了一个关键期。早期阶段强调的更多是青少年的性，这一点在欧内斯特·琼斯（Ernest Jones）于1922年发表的一篇论文《青少年期的一些问题》（*Some Problems of Adolescence*）中被再次提及。这篇论文是在英国精神分析学会（British Psychoanalytical Society）的综合、医学和教育分会的一次联席会议之前发表的，并刊登在《英国心理学杂志》（*British Journal of Psychology*）上。我强调这一点，是因为这篇论文标志着对于青少年心理构造中婴儿化的部分的理解迈出了非常重要的一步。即使在那时，在精神分析界已经有一些东西在躁动着，尽管这个思想真正的成形又经过了50年的时间。

琼斯的立场是：

> 在青春发育期，发生了向婴儿期的退行……这个人又再度经历了一次他在人生第一个五年中所经历的发展，虽然是在

另一个水平上。由于青少年期和婴儿期之间的这种关联是我想在本文中请各位注意的最独特的概括,我会稍微详细地讨论一下。这是我非常重视的一点,因为它提供了许多青少年期问题的解释。换言之,它意味着个体在生命的第二个十年中,重复并扩展了他在人生的前五年中所经历过的发展……[1922, pp.39-40]

琼斯稍后在论文中继续提到:

如前所述,这些阶段于婴儿期和青少年期两个时期在不同水平上被经历,但是在同一个人身上经历的方式却非常相似……现在无疑值得注意的是,人生中抑制(inhibition)能力的获得最活跃的两个时期是婴儿期和青少年期。这两个时期要学的功课可能在各自的形式上有所不同,但顺序是相似的……婴儿期最典型的例子是获得对排泄行为的控制,在这个方面,刚刚所描述的每一个特征都得到了说明。在青少年期,无论是自然变化还是刻意灌输的训练,很大一部分都可以用"获得自我控制"一词总结……"压抑(repression)"是一个与抑制密切相关的过程,实际很可能是后者的表现形式之一;同样,婴儿期和青少年期这两个年龄段是最大规模发生这种情况的时期……在青少年期,第二波巨大的压抑浪潮到来,达到了人生中任何其他时期都无法达到的高度。那些在青春发育期之前还可以在意识中被容忍的想法(例如,对父母爱抚的快感的渴望),现在变得永远被压抑了,而那些后来会再次被意识自由地接受的想法(例如,肉欲感官的享受)又常常被禁止。[pp.41-42]

正如菲利普·埃里斯（Philippe Aries，1960）所言，那场以年轻一代为代价的灾难性的青年屠杀战争影响了这篇论文发表的时机。在第一次世界大战期间，"前线的军队坚决反对后方的老一辈"，而埃里斯认为，正是在这场杀戮中，"年轻人的觉醒真正开始了"（p.28）。［如《漫长的周末》(The Long Week-End，1982）中描述的那样，比昂在 18 岁时作为前线坦克指挥官的早年战争经历，揭示了整个社会组织的疯狂的吸引力和可怕之处。］

第一次世界大战后，人们意识到许多家庭的生活支离破碎，尤其意识到让青年人付出的巨大代价。在欧洲出现了三位令人敬畏的女性，她们虽然工作方式各不相同，但实际上开创了与年幼儿童和年龄稍大儿童工作的先河：她们分别是在维也纳的安娜·弗洛伊德（Anna Freud）和赫敏·冯赫格-赫尔穆特（Hermine von Hug-Hellmuth），还有从柏林移居到伦敦的梅兰妮·克莱因（Melanie Klein）。安娜·弗洛伊德和克莱因将弗洛伊德与心理失常的成年人的精神分析工作扩展到了儿童领域——就克莱因而言，是非常早期的童年——并且出现了靠近儿童内在世界潜在体验的技术。她们借鉴弗洛伊德的潜意识理论，以理解幼儿和青少年心理状态的困境。克莱因的研究和实践，深受她的分析师卡尔·亚伯拉罕（Karl Abraham）思想的影响，并使基于对婴儿和幼儿观察的理论得以建立。这改变了此后精神分析理论和实践的面貌。亚伯拉罕的观点是，"精神分析的未来在于游戏技术"（引自：Klein，1932，p.11）。

尽管在两次世界大战之间的这段时期，临床工作已经在开展，但令人震惊的是，直到第二次世界大战结束，在行业之外人们对儿童精神分析的性质和实践仍然知之甚少。出于我的兴趣和消遣，一位同事让我注意到了伊丽莎白·克雷格（Elizabeth Craig）编写的 1948 年版的"关于每一个家务主题的最新信息汇编（Lively and Up-to-Date Information on Every Household Subject）"，这本书大方自然地起名为《询问内在》

(*Enquire Within*)。该书包含了2000条关于任何人可能想知道的、关于如何经营一个家庭的所有事情的建议。这是一本家庭知识的百科全书，"让你在家务事中不再迷茫"。我从"如何擦亮烧焦的蛋糕罐"和"如何洗塔夫绸"翻到了关于家庭的部分。在一个关于"儿童心理学"的极具启发性的词条末尾，我发现了一节关于"紧张的孩子"的内容，其结论如下：

> 如果尽管你付出了所有的关心和耐心，但你的孩子仍然表现出紧张的迹象，请千万不要忽视这些信号。他一生的幸福也许就倚仗于你现在去寻求专家的建议。精神分析揭示了恐惧的核心，在光天化日之下去审视它，从而将之最小化并消除，这是一种越来越被广泛使用并且很成功的治疗形式。你的医生可能会帮你获得这种治疗，或者你可以联系儿童心理研究所，地址：伦敦沃里克大街26号，W9。[p.132]

读伊丽莎白·克雷格的书让我印象深刻的是，事实上自1948年以来，关于儿童精神分析的知识很少渗透到流行文化中，而且在当代任何一本关于做好家务的书中能找到这样的参考资料是非同寻常的。这本书的年份很重要——1948年。毫不奇怪，在两次世界大战期间以及之后，人们特别敏锐地意识到儿童面临的困境。创伤、丧亲和大量儿童流离失所是这两个时期都有的主要特征，而在第二次世界大战之后，因为密集的空袭轰炸，情况更加让人无法应对。一个令人心酸的事实是，1939年，当安娜·弗洛伊德和她的父亲及其他家人逃离维也纳时，她的行李中有十副小担架床——她预料到会需要战争托儿所，而她后来帮助创建了这样的战争托儿所。这个细节说明早期的儿童治疗从业者们非常敏锐地意识到了内在冲动的生命与极端原始的焦虑之间的关系，以及应对这些的各种防御措施；这些在咨询室中会经常遇到。这些内在状态必然被放在难以想象的外部创伤以及破碎和丧失经历的背景下考虑。对于过去和现在而言，问题都是，这些经历如何可以被理解和减轻，如何能找到一种思考内部状态和外部环境相互作用的方法。正如我们所见，与儿童的直接工作是在第一次世界大战后最先开始的。第二次世界大战的结束也标志着三所儿童精神分析治疗培训学校的建立，这三所学校由私人和英国国家医疗服务体系（National Health Service，NHS）提供资金支持。

关于这些发展对理解青少年期的重要性，给予怎样高度的评价都不为过。一个重要的历史事实是，基于这些早期先驱的理解，人们开始有兴趣为那些关注心理早期成长本质的重要性和意义的人群提供负担得起的培训。1948年，精神科医生、精神分析师约翰·鲍尔比，时任塔维斯托克临床中心的副主任，也是儿童与父母部门的负责人。他认识到，在新成立的英国国家医疗服务体系内建立针对儿童及其家庭的临床工作的精神分析培训，是十分重要的。培训对象将是在公立诊所中从事心理治疗的非医务人员。在伦敦，一个这样的心理治疗门诊将设在塔维斯托克；在那时，该临床中心已经存在了近30年。

亨利·迪克斯（Henry Dicks，1970）作为塔维斯托克临床中心的"传记作家"，在《塔维斯托克临床中心的50年》（*Fifty Years of the Tavistock Clinic*）中有趣又全面地描述了塔维斯托克临床中心自1920年成立以来的历史。他描述道，临床中心的起源是为治疗患炮弹休克症的士兵提供心理动力学的思想。迪克斯还强调，临床中心成立之初的承诺，是将患者作为他所处的环境和他个人历史的产物去理解。由精神科医生、心理学家和社会工作者组成的多学科团队，被视为对人格各个方面的研究非常重要的核心力量："儿童期决定了其成人时的状态，而父母影响着新一代的孩子。"诊所的定位是处于"一头是正规的精神病学和医学，另一头是'正统'的精神分析之间的区域"（pp.1-2）。

1948年7月5日，这家临床中心成了英国国家医疗服务体系的一部分，当时它位于伦敦北部的博蒙特街，并划分为成人部和儿童与父母部。到了 20 世纪 50 年代末，在哈勒姆街附近又新建了青少年治疗部。工作人员包括达格莫尔·亨特、伊丽莎白·亨特（Elizabeth Hunter）、德里克·米勒（Derek Miller）和伊斯卡·威滕伯格，之后他们设立了青年咨询服务部，为 30 岁以下的人群提供自我转介的短程心理治疗咨询，这个部门一直持续至今。1965 年，在德里克·米勒的领导下，位于瑞士小屋区域的临床中心大楼完成奠基，并于 1967 年开放使用。新建成的塔维斯托克临床中心为专门与青少年工作的部门提供了足够的空间。米勒曾在美国梅宁哲诊所（Menninger Clinic）与青少年工作，而达格莫尔·亨特致力于实现一项专业计划，该计划为日益严重的"心理紊乱和无序的青少年"问题提供服务（Dicks，1970，p.262），但同时也服务于青少年的家庭以及参与照料他们的社会机构［关于这一时期的新近介绍，参见 Vaspe（2017）］。

在鲍尔比的领导下，梅兰妮·克莱因的亲密同事及合作者埃丝特·比克①（Esther Bick）被选为儿童青少年心理治疗培训的第一位组织导师，而且她在这个职位上持续做了 11 年。这项培训与社区（福利制度和一般公共领域）建立起了强有力的联系，并且由于比克的工作，也牢固地根植于观察（observation）。观察是一种训练，并被弗洛伊德、克莱因——当然还有后来接受克莱因分析的威尔弗雷德·比昂（Wilfred Bion）——视为心智的精神分析框架的关键所在。这些联系对青少年心理治疗培训来说是非常重要的。儿童与青少年心理治疗师或精神分析师的目标和功能变得更为明确：通过洞察领悟内在世界以及其中混杂的好的和迫害性人物的基本特征，以理解人格中有问题的方面并为这些部分赋予意义。就青少年期而言，正如霍尔 45 年前所强调的那样，必须始

---

① 埃丝特·比克是婴儿观察（infant observation）训练的创始人。婴儿观察是精神分析师的重要受训项目之一。——译者注

终将这一群体的世界看作与青少年身体和大脑的变化，以及与他们所处的家庭、社会、文化和教育等外部现实紧密联系在一起。

有趣的是，我们所知道的，亦如霍尔所描述的，那个作为一个持久的混乱和复杂状态的青少年期，直到第二次世界大战结束时才在文学中出现，甚至到了20世纪50年代才完全出现。塞林格（J. D. Salinger）在欧洲服兵役时开始创作他伟大的青少年期小说《麦田里的守望者》(*The Catcher in the Rye*)。就在他创作并出版了几篇关于战争的短篇小说之后，他在1949年恢复了对这部小说的创作，并将其于1951年出版。我已故的朋友和同事安娜·达庭顿（私人交流）比较了塞林格的这部小说和加缪（Camus）的《局外人》(*The Outsider*)的开场白。

加缪1942年出版的小说是这样开篇的：

> 母亲今天去世了。或者，也许是昨天，我无法确定。来自养老院的电报说："你母亲去世了。明天葬礼。深表同情。"这使这件事变得难以断定；可能是昨天。

塞林格的小说开篇是：

> 你要是真的想听我聊，首先想知道的，大概就是我在哪儿出生，我糟糕的童年是怎么过来的，我爸妈在我出生前是干吗的，还有什么大卫·科波菲尔（David Copperfield）故事式的屁话，可是说实话，那些我都不想说。①

达庭顿说：

---

① 译文引自译林出版社于2014年出版的《麦田里的守望者：纪念版》简体中文版，译者为施咸荣。——译者注

在这两种情况下，读者都会直接陷入一种不确定性。语气鲜明，毫不妥协，甚至来势汹汹。叙述者似乎对读者并不太在意。事实上，如果读者认为叙述者随时可能洒脱地离开小说，那是情有可原的。

当然，她认为塞林格的表达更青涩，也不那么高深莫测，但也传达了同样的信息："人生很艰难，没有什么是神圣的，诚实比社会习俗更重要。如果你能接受，就请进入小说，如果你做不到，那就请留在外面，这是你的选择。"

达庭顿风趣地补充道：

> 提及大卫·科波菲尔是对文学风格根本变革的评论，不仅从狄更斯（Dickens）以来，而且从早期现代派作家——如詹姆斯·乔伊斯（James Joyce）和劳伦斯（D. H. Lawrence）以来；他们都写了关于自己青少年期的半自传体小说，但是用了不同的方式。在他们的书中，掌握自己命运的权力是逐渐获得的，而且通常是通过偷偷摸摸或者狡猾诡诈的方式。塞林格的主人公霍尔顿·考尔菲德（Holden Caulfield）则是将这种权力视为自己的正当权利，也正是《麦田里的守望者》似乎宣告了要求拥有独立声音的青少年时代的到来。

当理解青少年期的起点定位在欧内斯特·琼斯的理论与克莱因对心智（psyche）理解的一个最重要贡献的结合时，一套更加完整地探索青少年内在生命的可能性就被打开了。弗洛伊德对心理发展提出阶段论，这些阶段由解剖结构相关的口欲期、肛欲期和性器期所主导；克莱因在这方面的贡献在于她提出的概念没有从阶段的角度描述心理发展，而是从心智的态度，或者她称之为"心位（positions）"的角度描述。这里克莱因意指一个人看待他自己以及他与世界的关系的视角[1]，即偏执-分裂心位（Klein，1946）和抑郁心位（Klein，1935，1940，1945）。一个粗略的区分界定了这两者之间的关系：在第一种心位上，对待世界的态度主要是自恋性的，维护自己和自我中心优先于对他人的爱和关心；在第二种心位上，内疚和懊悔占主导地位，以避免敌对的冲动和因伤害如此渴望、爱和依赖的客体而随之产生的内疚感。换言之，这在很大程度上取决于在最早期阶段是否有可能达成一种转变，即从那种以自我利益为基础、对自我能否存活感到恐惧，并倾向于从极端观点看待事物，通常只从自己的角度出发的原始封闭的心智框架中摆脱出来。这种转变朝着一个方向进行，这个方向可以被描述为具有从他人角度看待事物的能力，能忍受犯错，可以容忍矛盾，以及在内疚和懊悔中存活下来。因此，一个人可能不会因为自己心理现实的焦虑而不堪重负，以至于无法以适当的方式与外部世界建立关系。

比昂并没有像克莱因所假设的那样，把这两种态度之间的关系看作在人生第一年的线性发展，而是倾向于将其看作一种更即刻发生的来回往复的关系，每时每刻的心智状态都在二者间摆荡，同时在扩展的意义上，那些与被描述为更宽泛的心理集群（constellation）相联系的状态也是在二者间摆荡。这种"心智状态在不断变化"的理念为成长和发展提供了一种解释，即从一个发展阶段到下一个发展阶段的连续转变（从婴儿期到儿童期，从儿童期到青少年期，从青少年期到成年期），与那些在任何特定时期占主导地位的心智状态的性质和质量之间存在着完全相互依存的关系，而与主体的实际年龄无关。我们可以在婴儿身上发现成年人的心智状态，在青少年身上发现婴儿的心智状态，在老年人身上发现幼儿的心智状态，在7岁男孩身上发现中年人的心智状态。当某种对于自我（self）和世界中的自我（self-in-the-world）的心理态度在特定时刻占据上风时，相应的不同心智状态将会被感知到。此外，这样的心智状态会随着内外部力量和关系的细微差别而忽隐忽现或变化，会不断地在利己和利他的态度之间转换。这样的来回往复尤其体现了青少年心智运作的特点——这是一个持续困扰他们自己和他人的问题。

乔治·艾略特（1872）的一个隐喻很好地描绘了这种不同心智状态之间来回往复的概念。她把这种区别描述为凝视镜子中的自己和透过窗户望向他人生活之间的交替。然后，也许在重新泛起的焦虑或丧失的影响下，可能会再次转向镜子（例如，参见第十章；另见 Abrams，1954）。

比昂（1963）认为，与其说心理的发展是通过解决困难来实现的，不如说是由"提高承受现实的能力和减少幻想的阻力"实现的（p.51）。他总是非常清楚地表达，与"现实"一直保持接触是多么痛苦。在《漫长的周末》的结尾，他带着深深的讽刺评论道，人类应该做"任何事情来防止黑暗和阴郁的思想世界的侵袭"（1982，p.286）。没有任何一个时期，能比经常处于动荡不安和混乱的青少年期更适用于此评论。治疗工作可以被描述为一个将人格中被隔绝或否认的部分（这些部分出于某种原因被认为对心理平衡的威胁太大而遭到否认）重新整合的过程。整合的过程涉及收回投射，并承受一个人与人格中不容易应对的部分发生联系时所产生的不适。这种挣扎在生命的很早期就开始了。本是一个7岁的男孩，非常重视和他的"女士"的"特别时光"。在一次治疗会谈中，他对她大喊道："我恨你，T夫人。我要向英国政府举报你，把你关起来，因为你让我往后的人生都得一直思考！"（Beverley Tydeman，私人交流）

本发现很难把他渴望的自己与治疗师提出的新版本的自己整合起来。正如比昂所认为的，这个过程需要对心理生活的无意识领域进行探究，这通常很难接受。这样的过程绝不只局限于儿童和青少年，而是关系到"成长"的整体意义。正如我们将要看到的，青少年的父母经常要面对自己"未成长"的一面，因为他们青少年期的孩子触发了一些他们自己仍然难以思考或接受的领域。

小说家艾维·康普顿-伯内特（Ivy Compton-Burnett）的观点是：

"人们没有时间成长。一生的时间是不够长的。"（引自：Mantel，2017）但是，可能没有任何时期能比青少年时期的"成长"过程更为艰巨和更具潜在的丰富性。本书承认青少年期可能是生命周期中最丰富多彩、最具挑战性以及最不安定的时期。青少年自己会如何处理或理解发生在他们身上的事情呢？本书后面的内容将描述青少年时期各种各样经历的氛围和样貌，以及这个时期的前奏和后续的一些事情。我也将描述心智状态和躯体状态持续变化的特点，这些状态无论是对青少年自己来说，还是对那些关心他们福祉的人来说，可能都是非常令人困惑又非常吸引人的。

刘易斯·卡罗尔（Lewis Carroll）也特别意识到了这些困难，正如吉莉恩·比尔解释的那样：

> 为什么孩子们这么不喜欢大人的感叹："你都长这么大了！"因为丧失，因为增长，因为他们不再是曾经的自己。孩子们在忍受长大。他们也在忍受着成长。这两个过程在时间上并不是自在地同时发生的。爱丽丝也许比她愿意承认的更接近仙境中的毛毛虫。她辩解道："一天之内变了那么多不同的大小，人都搞糊涂了。"[1]［Beer，2016，p.231］
>
> 爱丽丝试图通过一个女学生所掌握的毛毛虫在生命周期中必然经历的形态改变的知识（这是毛毛虫忽略了和可能不知道的东西）获得超过毛毛虫的优势，但是所有人类在生命周期的成长过程中所经历的身体和心理上的转变，与毛毛虫所经历的这些在陌生感上是相同的。
>
> "我长多大，又不需要你的意见！"爱丽丝不高兴

---

[1] 此处及下文中爱丽丝与蛋头先生对话的译文，引自北京联合出版公司于2015年出版的《爱丽丝漫游奇境》简体中文版，译者为陆筱华。——译者注

地说。

"你未免也太骄傲了吧?"蛋头先生说。

爱丽丝听了更生气。她说,"我是说,一个人总是要长大的,有什么办法。"

蛋头先生把长大看作一个需要管理的技能,而爱丽丝作为一个新手,她太骄傲而不愿承认自己需要建议。事实上,死亡医生(Doctor Death)已经悄悄混入了蛋头先生反驳爱丽丝"一个人总是要长大的"那句话时强烈的恶意中:

"一个人可能没什么办法,"蛋头先生说,"但两个人就有办法。"

[Beer, 2016, pp.212–214]

# 注　释

1. 为了清楚起见,我不得不通篇使用男性代词。因为讨论的许多早期过程描述了与母亲的交流,女性代词的组合变得容易混淆,而她/他(she/he)的表述又显得累赘。如今,与20世纪20年代、30年代和50年代相比,这里赋予母亲的许多功能都可以和已经由父亲及其他与婴儿保持亲密、持续关系的照料者来履行。

第二章

# 内在世界

> 上帝让我远离人们
> 只用脑思索的思想；
> 那唱不朽歌曲的人，
> 他用骨髓思想。①

这些诗句来自 W. B. 叶芝（Yeats）的诗《为老年祈祷》（A Prayer for Old Age；Yeats，1933）。当我们思考人类心智在各年龄段的发展时，我认为这些诗句说出了真正的核心所在。关于青少年期的议题，我将不从认知或行为层面，也不从儿童发展或社会适应理论的角度讨论，而是从情感和心灵的角度讲述内在的故事。因为精神分析的图景强调的是内部状态和外部任务之间的复杂关系；强调的是所需要的素质能力（capacity）而非习得的具体技能（ability）。精神分析一直关注的重点不是因果关系和契约关系，而是体验对于一个人意味着什么。所以，我不是按照时间顺序来思考，而是从不同的心智状态去考虑，即无论在什么年龄和阶段，这些状态都可能占据主导地位，即便是暂时性的。因为说到底，精神分析是关于意义的扩展。在济慈（Keats）写给乔治·济慈（George Keats）和托马斯·济慈（Thomas Keats）的信中（1817年12月

---

① 译文引自上海译文出版社于2018年出版的《叶芝诗集》（增订本）简体中文版，译者为傅浩。——译者注

21日，in Gittings，1970），他对这个过程有一个精彩的描述，称之为"灵魂的塑造"。在当代精神分析关于人类发展的图景中，这是一个内隐的、内在的过程：人类发展植根于经历体验的容纳能力，既不逃避体验，也不被体验打败；只有当一个人的体验通过诚实的内在加工变得有意义时，心理上的成长才会发生。一个多世纪后，弗洛伊德（1924c）借鉴了歌德（Goethe）的说法，谈论了"从灰色的理论到常青的体验的有益回归"（p.169）①。也许是追随弗洛伊德，玛丽昂·米尔纳（Marion Milner，1950）谈到"有意识的内在之眼的体验与盲人对颜色体验的理论化的相遇"使阅读的体验常青（p.28）。

T. S. 艾略特的诗《干塞尔维其斯》（*The Dry Salvages*）中也有类似的思考：

> ……突然的启示——
> 我们有过体验，但未领会其中的意义，
> 而对意义的探究会还原体验，
> 以一种不同的形式，超越
> 我们可以赋予幸福的任何意义。
>
> [1963，pp.92-96]

正如我说过的，除了霍尔的工作，把对青少年期本质和功能的理解与精神分析建立关联相对而言是新近发生的。精神分析的心智模型慢慢地发生了根本性的演变：从弗洛伊德考古学式的强调沿着病人的症状追溯他早年的过往，并挖掘那些长期以来被置于无意识"垃圾桶"中的被压抑的创伤性体验，到更具前瞻性地致力于探索那些可以促进一个人发

---

① 在《浮士德》第一部第四场"书斋"中，梅菲斯特对学生说："敬爱的朋友，理论都是灰色的，而生活的金树常青。"——译者注

展、实现潜能、培养他"成为他可能成为的人"的能力的因素，据说这是乔治·艾略特早就提出过的。正如我们将要看到的，后一种模型植根于梅兰妮·克莱因以及受其思想影响的人的工作中。

我要说的大部分内容是基于克莱因的思想和她的两个（也许是三个）被分析者的思考。这三个被分析者分别是比昂、唐纳德·梅尔泽，还有不那么出名但非常重要的埃丝特·比克。正是这些分析师对一种特定的"思想氛围"做出了特别的贡献，使得这种思想在20世纪60年代和70年代开始在这个国家形成气候。人们不仅探索了在最早期心理发展的背景下，极端病理状态的根源——曾经被认为几乎无法以任何一种心理动力学思想去处理的状态（成人精神病，例如精神分裂症和孤独症谱系障碍）——而且探索了更普遍的、正常的发展图景，并着眼于未来而非考古挖掘式的探究。这幅图景的核心是对早期精神生活中心理容纳（containment）的性质及其整合功能的兴趣。也就是说，关注的重点是那些促进一般发展能力的各种体验，以及在缺乏这种容纳的情况下，即便是非常小的孩子也会为了保持自我的完整性而采取的方式。

在生命周期的任何年龄或阶段，发展都取决于当时处于主导地位的心智状态。而这种心智状态又取决于在生命的最开始阶段时心理痛苦被应对的方式，或用一个现在人们已熟悉的术语来说，被容纳的方式。（我所说的心理痛苦，是指那些易于识别的恐惧和焦虑状态，这些状态是所有普遍人类体验的一部分。）此外，一个人无论是在儿童期、青少年期还是成年生活中，如何应对他当前所处的阶段，很大程度上取决于他的前一个状态或阶段是否成功度过。

因为"容纳"的概念是我在本书中所阐述内容的核心，所以我将简要地定义我所说的"容纳"的意思。这是一个具有巨大概念效力的术语。它由比昂（1962a）提出，最初用来描述一个人在非常早期的生活中所处的环境，这种环境促进和帮助个体整合特定思维过程的情感元素。比昂的感觉是，在这个时候，焦虑经常被挫折和恐惧所激发，它会阻碍比昂所关注的那种对情绪的思考；然而，如果焦虑能够在心理上被抱持并且被思考，人们将能更好地承受他们的体验并从中学习。最初，心理上的"抱持"是主要照料者（通常是母亲）要承担的任务。比昂相信，即使在生命之初，婴儿与现实的接触足以让他能够以某种方式行动，让母亲产生那些要么是孩子自己很不想要（并且需要被清空）的感受，要么是婴儿希望母亲体验到的感受。这便是他们传达自己正在经历的情感体验的一种方式。

我们可以观察到，在婴儿时期，情绪在最原始的水平上是如何植根于身体状态和感知觉的，那些感知觉慢慢地"被教育"并由此获得意义。我们也可以观察到感知觉是如何变得组织有序，以及如何受到歧视、评判和学习的影响。这是通过母亲或早期照料者的情绪反应来实现的——用玛莎·哈里斯的话来说，就是"克制和认识"她自己婴儿化的情绪（1982/2011，pp.69-70），并根据婴儿所处的特殊情境对婴儿的投射和沟通做出反应。比昂对此进行描述的用词完美地包含了其中涉及的意识和无意识过程：这个词就是"遐思（rêverie）"（1962a，p.36）。这在很大程度上不仅仅取决于照料者为婴儿提供温暖、营养、怀抱等生理功能的能力，而且取决于为婴儿提供心理功能的能力。这不是简单的满足和挫折的问题，而是理解和不理解的问题。它涉及在情感和心理上对婴儿的体验保持开放，能够注意到这种体验，并且至少在某些时候，为婴儿代谢这种体验。这样做时，养育者就成了心理痛苦的调节器，从而使得婴儿继续他的发展。在这个过程中发生的一件事是，婴儿能够以可容忍的形式经历自己的体验，既不被父母的先入为主侵入，也不受父母情绪状态（例如抑郁的情绪状态）的干扰，也不受父母的认同和焦虑的影响。渐渐地，婴儿可以开始发展一种"做自己"的感觉。

相反地，如果焦虑太强烈，或者经常被误解或误读，那么就必须找到各种方法——用比昂的话说，去避免它、控制它或否认它。这些方法在不同的年龄阶段会有所不同。例如，在后来，有的没有被容纳过的孩子可能会不停地四下疯跑；有的可能会退缩、沉默；有的会炫耀卖弄；还有的，正如我们将看到的，可能会变得沮丧、无精打采和无聊；也有的会成为帮派头目，或帮派中的小弟。

举一个大家也许已经熟悉的简单例子，可以让我们从 7 岁孩子的世界这样一个稍微靠后期的视角，了解他们在更早时期内心可能经历了什么样的事情。这个例子也把对焦虑的容纳（或这种容纳的缺乏）与内在现实的本质联系起来。我会引述并扩展我的同事詹纳·威廉斯所写的，关于在意大利一所小学礼堂举办的画展的趣闻逸事。我将描述一群 7 岁的孩子对一场小洪水的体验是多么不同。这场洪水席卷了他们的村庄，当时山上更远处的一座水坝决堤了，洪水从山坡上奔泻而下。从某种意义上说，每个孩子的经历是类似的：在水的深度、实际的危险程度或者并不存在的危险方面。但是孩子们的画所描绘的情况实则相反。这些画彼此之间有着根本的区别。

一个孩子非常简单地描绘了一座教堂塔楼，在塔顶上一小群人缩在一起，而水几乎漫过了塔顶的矮护墙。天空阴暗可怕，云朵飘过，也看不到月亮。鲨鱼和鲸鱼在周围乱游，每个人的脸上都露出恐惧的表情。而旁边的另一幅画却完全不同——这幅画呈现的几乎是一个度假的景象。地上有水坑、水桶和铁锹，还有几个橡皮球和塑料鸭子。天空晴朗，一个角落挂着微笑的太阳。周围有红色的雨鞋和水的痕迹，但总的来说，只是又小又浅的水坑。第三幅画上有一个看起来像父母的人，背上背着一个标有"供应品"字样的麻袋。他领着一群孩子以两人一组成队纵列的形式走上当地教堂的台阶，并走到水线上方。这条线画得几乎和现实中的情况一模一样。

第四幅画非常精确，到处是表示地点间距离的线条和数值，例如村庄广场与教堂或肉铺与比萨店之间的距离，上面有大量的标注："这是我家""这是我祖父母住的地方""这是我的学校"等。

第五幅画只是刷了一层黑色的颜料，根本没有任何形象的表现形式。

孩子们内在感受的象征性表达与外在事实之间的差异在这些小艺术品中表现得淋漓尽致。第一个孩子对洪水的体验显然带着一种极度焦虑的感知。逆境就是灾难。外界的危险被大大地夸大了。也许这个孩子的父母非常焦虑，他们确实认为逆境就是灾难，并且不能真正帮助孩子们克服与现实不符的恐惧和幻想。相比之下，第二幅画同样是与现实不符的。洪水本身是足够真实的，却被完全低估了，它的后果也被变成一种躁狂式的假日气氛，只有几个水坑和很多鸭子、雨鞋。第三幅画则更接近实际情况。在这个孩子的内在体验中有一个可依靠、有远见的父母，这个父母可以提供帮助，对生活事件有着现实的期待，能够保护并明智地引导孩子们走向安全。第四个孩子似乎受到某种强迫性的困扰，无法用正常的意象表达事物，只会使用数量化、标注和严格精准的方式——一种针对焦虑的僵硬具体的防御——而没有象征性地表达焦虑的能力，这种象征性表达焦虑的能力则表明对焦虑有某种程度的心理消化。第五个孩子完全被这种体验所淹没，以致根本无法找到任何象征性的方式在纸上呈现它。

每个孩子都在展示着我称之为"内在世界"的先天本质和后天特性，这个世界从他们出生的那一刻起就已经在形成——实际上，甚至在他们出生之前就已经开始了。我在这里想要说明的是，内在现实与外在现实是完全不同的，而且外在现实是通过对世界的内在体验这个透镜来经历的。正如埃德娜·奥肖内西所明确指出的："内在世界是外部事件主观意义的源泉"（1994/2015，p.170）。

在这个例子里，我们可以从小画家们描绘的画作中看到，早期容纳焦虑的不同体验产生的不同后果。总的来说，我们可以清楚地观察到在生命非常早的时期，在缺乏适当安全的内在结构的情况下，个体会采用一系列防御性策略，以应对恐惧或迫害的体验。第一个孩子对现实有相当偏执的看法，第二个孩子对现实的看法有点躁狂，第三个孩子的看法比较切合实际，第四个孩子则是强迫性的，等等。重要的是，不仅仅在考虑婴幼儿时要记住这点，在考虑青少年时尤其要将此牢记在心。克莱因（1959）晚年曾总结性地写道，"在无意识中存在的任何东西对人格的影响都不会完全消失"（p.262）。精神分析师唐纳德·梅尔泽则用另一种方式阐述了这一点：

> 早产、保温箱培育、早期分离、母乳喂养失败、母亲或婴儿的身体疾病等干扰因素的影响，在性格发展的过程中都会显现出来，就像木材上的环裂标志着早年的干旱一样。[Meltzer & Harris Williams，1988，pp.25-26]

让我们从生命周期的开始看一个简单的例子。当观察到一个心智与另一个心智相遇时，就可以找出那些可能是潜在心理和情绪发展的滋养因素的种子，同时也可以发现那些可能是阻碍因素的种子。以下是一位观察者对四个半月大的婴儿弗雷德所做的笔记摘录。希望它能传达出弗雷德与母亲早期关系中的一些欢乐和紧张：我们看到了正在进行的发展，这个发展将为他将来经历和理解自身体验的能力奠定基础。

> 今天我进来的时候，弗雷德正坐在洗衣机前他那张婴儿摇椅上，看着滚筒转动。妈妈就靠在操作台上看着他。她大笑着说洗衣机快让他欣喜若狂了。他确实非常兴奋。机器隆隆作响、旋转着，弗雷德挥舞着胳膊和腿，而当妈妈在她胸腔深处模仿着发出低沉的隆隆声时，他兴奋的情绪达到了顶点。当妈妈这样做的时候，弗雷德的脸是警觉的，注视着，聚精会神地听着那个声音。他张着嘴，好像真的是在"把她吃进去"。每次她表演完，他的胳膊和腿都会在一阵狂乱的动作中放松下来，双腿僵直，又突然拉回靠在胸前，手臂上下摆动，双手交

替握紧又突然张开，所有手指都僵硬地伸展。他爆发出各种噪音：尖叫声、嘴唇打泡泡、滴口水和喷口水，使劲咯咯地笑，就像在大笑一样。弗雷德仿佛被这些爆发弄得筋疲力尽，他陷入相对平静的状态中，而他的脸在期待中绷紧着，眼睛盯着妈妈的脸，等待她对自己说话。例如，当妈妈转过身来和我说话，告诉我就在这个星期弗雷德发现了可以用嘴打泡泡时，他保持着紧张，但他的表情是有变化的，就好像一盏灯熄灭了。这种情况发生了两三次。在这些间断里，弗雷德似乎耐心地等待着，暂停下来，他的脸失去了活力，但又一直准备着，一旦他再次获得妈妈的注意，他就会重新参与进来。我发现这些间断是让人痛苦的，并且当她每次又很快地转身和孩子互动时，我都感到如释重负。也就是说，妈妈总是能赶在孩子可能变得过于失望，并因此感到痛苦之前就回到和孩子的互动中（她似乎对痛苦可能发生的准确时间有一种非凡的感觉，并且每次都避免了它的发生）。

这篇观察摘要暗示着各种各样的可能性——随着弗雷德与母亲、家人和外部世界的关系模式的展开，这些可能性可能会得到证实，也可能不会得到证实——但这里如此生动地描述的各种交流的质量和强度，可以随着时间的推移被不断地评估和反思。一个婴儿对洗衣机的视觉效果和不断变化的声音、节奏的迷恋是很常见的。但是，当它出现的时候，弗雷德的摇椅摆放的位置既不会让他分心，也不至于让他像一个大一点的孩子被放在电视机前时那样过于沉迷，而是以这样一种方式加入与他那充满想象力和直觉的母亲充分共享的关系中。观察者对这个交流的独特性很敏感。弗雷德的陶醉和满足感似乎包含了一种"摄入"的感觉，可能甚至是"如饥似渴地吸收"，有一种互惠和认可的令人愉悦的品质。弗雷德正在用他所能支配的一切手段来表达他的喜悦，一点点延迟的满足似乎只会增加他的快乐。

很明显，当弗雷德不得不和这位第三者（观察者）分享他母亲的注意力时，一些重要的心理事件发生了。观察者发现自己痛苦地认同了弗雷德的苦恼，即当另一种关系侵入时他的幻灭感和失望。不过，尽管如此，观察者也能意识到，这位母亲有能力注意到并且理解弗雷德的能力范围，并且当她的缺席快要超出弗雷德的承受范围时，她会重新把注意力聚焦回他身上。通过对同时发生的外部和内部事件细节的观察，我们可以以相当简单但微妙的方式，追踪这些细微之处是如何表明了发展可能性的重要模式的开端。观察者动人心弦地描述了当弗雷德失去了母亲的热情注视时，光仿佛从弗雷德的世界中消失了。然而，他能够短暂地承受此前的与母亲排他性关系的消失，并在他再次找到母亲时重新燃起失去的快乐。如前所述，这是因为母亲知道并能在潜意识中测算出她的儿子所能承受的挫折的程度和时间。

在这里我们看到这样的萌芽形式：婴儿开始能够容忍第三者进入原初的母婴二元关系。用克莱因的话说，这将预示早期俄狄浦斯式的心理集群的某些方面。在比昂的研究中，这些开端可能会证明一个母亲有容纳的能力，以及与她的婴儿相互了解的渴望。这些能力与渴望使得婴儿可以了解母亲和母亲眼中的自己，这将是他迈向了解自己的一步。如此，观察者内心的思考——她似乎同时看到弗雷德的失望，以及母亲容纳他各种情感的能力——使我们能够感觉到这位母亲对她儿子的心理和情感能力的理解。反过来，母亲的这种能力会增强孩子忍受焦虑和挫折的能力，使他懂得失望不一定就是灾难。我们可以推断，这种内摄的能力在弗雷德的身上已经得到相当程度的发展，欲望和满足之间的鸿沟早已被一种基本的心理抱持或"遐思"的形式所弥合。观察者对此既在见证，也在体验，并从中学习。少量的焦虑，如果得到容纳，就会成为了解并深化自己心理韧性的一部分。

弗雷德的这种"情感体验在心理上被抱持和理解"的经验，与婴儿发展研究的理论或公理，或任何哲学模型都没有什么关系。这也与"了解关于婴儿的事"无关。与此有关的是，如济慈在给他的朋友约翰·汉密尔顿·雷诺兹（John Hamilton Reynolds）的信中所说的，公理"在脉搏中得到证明"（1818年5月3日，in Gittings，1970，p.93）。这关乎如何抵抗先入之见对观察的阻碍，关乎能够觉察情绪对自我的影响，并以此为指引去理解于婴儿而言的潜在意义；同时能够不断地对新的发展可能性保持开放。

回到之前的画廊——在这个展览中，我们可以看到小画家们早期非常不同的容纳体验（抑或焦虑体验）带来的后果：孩子们明确采取的一系列防御策略呈现了他们不同的内在状态。将这些见解运用到对青少年期的理解上是非常重要的。因为我们要考虑的是父母的能力、家庭环境，以及之后幼儿园、学校、大学的机构设置，以及这些机构设置运行的（或无法运行的）世界。与外部世界密不可分的是，我们还需要思考孩子自身的性格，以及他在引发、接受与管理自己的体验和在应对不可避免的恐惧、焦虑与挫折方面所具有的迥然有别的能力。

从一个3岁双胞胎孩子萨米的案例中摘录的一段简短内容，让那些有时"控制"了他内在世界的可怕人物变得清晰（尤其令人心酸）。

> 萨米的人生有一个非常艰难的开始。他是早产儿，并伴有几个相当严重的躯体问题，这导致他在母亲和孪生妹妹回家后还在医院住了两个月。他母亲在生产后一直非常抑郁，并在很长一段时间里坚信萨米会死去。萨米人生的头三个星期是在保育箱里度过的，那之后他又遭受多次短暂的住院。他被转诊来做治疗是因为他父母为他的噩梦感到困扰，而噩梦是在他母亲开始用杯子代替奶瓶给他喂奶的时候开始的。几乎每个晚上，他母亲都不得不花很长时间试图让他平静下来，并努力使那个他感觉自己身处的充满迫害的世界变得更容易应对一些。

她描述当萨米醒来时,他似乎经常把她当作一个可怕的人,而不是一个可以抚慰他的人。这增加了母亲的痛苦。日间快乐、爱说话的萨米和夜间惊恐、暴虐的萨米似乎是完全割裂的。他现在可以要求母亲在场,这令他安心;不像以前,当他还是个小婴儿的时候,他不仅心理上是无助的,而且经常在身体上也是与母亲分离的。他可能在母亲身上也感觉到了一种毫不令人意外的困难,那就是她无法集结起情绪的能力来容纳他对死亡的恐惧,因为连她自己都非常害怕死亡。

随着时间的推移,他开始体验到他的治疗师既可以和迷人、爱说话的"萨米"在一起,也可以忍受那个顽皮、凌乱、有破坏性的"男孩",他内在世界的特性里可怕的部分在之前只局限于他噩梦缠绕的夜间生活,而现在开始出现在治疗时段中。暴力幻想开始上演,这些暴力幻想通常被赋予在"讨厌的、咬人的鳄鱼",或者他的双胞胎妹妹"路易莎",又或是他的布娃娃"霍华德"身上。游戏的叙事很少以代词"我"开头,因为萨米在这个阶段几乎不可能对他的愤怒和攻击性负任何责任。原始的、迫害性的恐惧被表达出来,这显然与俄狄浦斯焦虑中好的母性人物的诱惑有关,而这个人物随时有可能变成坏的、女巫般的。("很多很多女巫,她们把男孩放进大锅里,做成青蛙汤,把他全吃掉。")萨米还担心另一些可怕人物的惩罚,他们越来越多地被描绘成一个巨大的、时刻监视的、惩罚性的"神"。

但是,就专业人士的工作而言,将儿童心理治疗师玛格丽特·拉斯廷的一句评论铭记在心是非常有意义的。针对婴儿发展观察者的学习体验,她说:"观察情绪强烈的心理现象的能力是认识自己的基础,也是与心理现实接触的基础,而心理现实是一个人真实人格的核心。"(Rustin

& Trowell，1991，p.244）这些体验对于我们持续的专业发展和个人成长都是不可或缺的。

如前所述，我们可以看到，比昂对思想的思考的模型实际上是一个处理情绪体验的模型。因为情绪体验在此后无限的生命变化中被反复再现，所以它对人格的构建有着根本性的贡献。冲动的生命因此可能会形成有思想的边界，而不是仅仅通过行动和反应来表达。最初，母亲会替婴儿思考。慢慢地，婴儿学会了自己行使这一功能，此后，母亲（或父母）就不用那么多地替他思考，而是可以更多地和他一起思考。

我对婴儿阶段进行了比较详细的阐述，是因为婴儿期对心理机制和防御的逐步形成是至关重要的。而这些心理机制和防御又是历经多年的人格构建的核心部分，特别是在青少年期这个过渡阶段中。需要强调的是，心理发展在任何特定阶段的相对"成功"影响着下一阶段"成功"的可能。从下面的叙述中我们可以特别清楚地看到这一点：婴儿期容纳功能的质量从根本上影响了个体应对的能力，例如，应对重要的俄狄浦斯阶段以及在这个阶段的变化，也就是从二元关系发展到能够应对三元关系，以及逐渐到更多元的关系。青少年期往往是俄狄浦斯动力重现的时期。

当考虑人的内在世界时，梅兰妮·克莱因和她的一些被分析者的思考特别集中在几种因素上，这些因素使得儿童获得对生活的热情、发展有价值和安全的关系、拥有健康的好奇心和强大的想象力。她倾听年幼的儿童说些什么，密切关注他们在游戏中表达了什么。她跟随他们的思想、幻想和想法。这些思想、幻想和想法不仅关于他们日常生活所关心的事情，而且尤其关乎他们内在的议题——关乎他们自己身体里发生的事情，以及在他们母亲的身体里发生的事情。因此，她呈现了一幅描绘幼儿内在生命的极其生动和多样的图景，并由此推断出了婴儿的内在生命图景。心智成为一种使外在体验产生意义的内在剧场，而这些意义与神话和童话有着密切的关系。克莱因逐渐确信，个体从一开始就更多是由人际关系而非生物驱力塑造的。

正如在对生命早期的讨论中所强调的一样，同时观察外部世界中任何特定的互动细节，以及它们在当事人的内在世界中可能具有的意义，是贯穿这本书的重点。精神分析师们现在认为内在世界这一概念是理所当然的，但完全清楚地描述这个概念是非常重要的，因为它在此类书中占据了十分重要的地位。精神分析学家琼·里维埃（Joan Riviere）在描述克莱因的观点时说得非常透彻：

> 虽然在精神分析中，我们总在谈论内在世界，但必须指出的是，这个短语并不是指我们内心中对外部世界的某种复制品。内在世界完全是一个人际关系的世界，在其中，没有任何东西是外在的；这指的是其中发生的一切都指向自体（self），都涉及它作为其一部分的那个人。内在世界的形成完全是基于个人的冲动与欲望……这种内在生命至少起源于出生之时。就像我们与外在世界的关系一样，我们与自己内在世界的关系也从我们降生起便有着它自己的发展。因此，我们对他人的爱与恨，既讲述着我们外在的爱与恨，也同样讲述着我们内在的（甚至更赤裸的）爱与恨。[1952/1955，p.350]

关于人类心灵的无限奥秘仍有许多有待了解。事实上，正如弗洛伊德曾经说过的那样，我们可以说精神分析本身对于心智这一"最奇妙、最神秘的人体设备"（1900a，pp.768-769）的理解才刚刚起步。我在这本书中所关注的，就像在《内在生命》（1998）一书中所关注的一样，与其说是解读青少年期，不如说是在一定程度上准确而连贯地描述青少年期的一些品质和特征，这些品质和特征在历代文学和哲学中都有所体现。但除此之外，我将通过文学作品来强调想象和理解对于个人成长是多么重要，而且一直以来都是如此。我还会强调，思考、形成象征继而从体验中获得意义的能力,与表达人们内在世界的本质和轮廓的能力是多么密切相关。因为精神分析的方法都很容易从描述偏离到解释,这是华兹华斯(Wordsworth,1805)深知并避免的危险:

> 不过,有谁会用几何的
> 规则划分他的心智……
> ……谁能挥着手杖,
> 指出"我心灵之长河的这一段源自
> 那方的泉水"?①
>
> [《序曲》(*The Prelude*),第一册,ll. 203-210]

就青少年而言,我们有时很难记得,每个人似乎都有一种潜在的发展驱力,而且某一阶段或某一年龄段的不利状况不一定是决定性的。一个儿童或青少年在生命的某一时刻为了心理上的生存需要采取的防御措施,可能会使他陷入一种退行或自我保护的模式,或者也可能构成一种有抱持功能的操作,而这又会因为之后更积极正向的体验而有所放松。因为发展是不平衡的,并且总是受到社会经验的影响,这种经验既与一个人对自我的感觉有关,也与他人对自己的期待有关。

发展的能力——慢慢地获得一种真实的认同感,以一种可以真诚地从中学习,而不是简单地知道或做出反应的方式,真正地经历并承受自己的体验的能力——植根于无穷的、相互紧密关联的因素。精神分析理论则为这些因素提供了某些核心概念和描述性机制。将这些概念与一个人鲜活的体验相联系并进行加工与再加工,将提供这里呈现的发展图景的基本元素。这幅图景将传达一个儿童或青少年对世界的感觉以

---

① 译文引自中国对外翻译出版公司于1999年出版的《序曲:或一位诗人心灵的成长》简体中文版,译者为丁宏为。——译者注

及对这个世界中的自己的看法是如何逐渐获得意义和定义的。我将借用我在《内在生命》（1998，p.4）中引用的艺术家本·尼科尔森（Ben Nicholson）的一段话，因为无论我们谈论的是艺术、文学、音乐、精神分析，还是普通人的生活，这段话都准确地表达了我对生命中共通的目标的某种感觉。他在解释艺术教学的意义时说道，"关键在于发现一个人身上真正的艺术才能（每个人都有，但往往被深深埋藏），然后解放它——我想，就是使另一个人（或实际上也是使自己）能够更充分地活着"（引自：Thomson，1989，p.6）。

On Adolescence:
Inside Stories

# 第二部分 2

## 青少年体验面面观

# 第三章

# 青少年期

D. H. 劳伦斯对青春期有一个令人印象深刻的描述,他称之为"陌生人的时光(hour of the stranger)"(1923,p.102)。这个说法将在本书中反复出现。我将把这个极为贴切的描述当作一个隐喻,它指的是童年期和成年期之间那段在发展上具有挑战性的边缘时期、儿童成为他们称之为"大人"的阈限期,也是迈向成年期的"青少年"过程。考虑到这一过程如今往往会远超过 18 岁甚至 21 岁,我现在的任务是试图阐明,当今的年轻人在经历动荡和充满挑战的自我发现的青少年冒险之旅时所处的内在世界和外在世界。我将描述让青少年操心关注、兴奋和焦虑的典型议题,他们与长辈关系的性质,他们应对这些过渡时期的强烈焦虑所特有的防御方式,这些防御的性质,以及这些防御对他们的人际关系和对周围的人(他们的家人、朋友以及关心他们的教育和福祉的成年人)的影响。最重要的是,我将设法澄清这一主题的核心议题:有关意义的议题。某种感觉、情绪与行为,对于青少年自己和我们这些寻求了解生命的意义的人来说,意味着什么?

毫无疑问,就目前而言,我们有这样一代苦苦挣扎的青少年。在过去的 5 年里,在大学寻求心理咨询的学生人数增加了 50%。自杀率也在上升;本来就很缺乏的心理健康服务无法满足日益增长的需求。事实上,自残、抑郁和自杀的发生率(特别是在 14—15 岁的女孩中),是目前有记录以来的最高值。有许多因素被认为是造成这一严重局势的原因,尽管严格来说没有一个因素本身造就了因果关系。相反,它们代表了青少年感到忧虑不安的一些原因,例如身份认同、性别、自我价值、考试成绩、友谊、外表等——不管是什么可识别的问题,与其说它们是由外部因素单独引起的,不如说外部因素加剧了它们。年轻人目前所在的外部世界变化非常迅速,也许比以往任何时候都要快。他们不得不积极或消极地应对互联网,应对社交媒体、目标导向的教育期望、失业,以及数字时代快速变化的可能性和风险。所有这些都会大大加剧已经存在的情绪紊乱。大规模及快速的技术和文化变革使得现代社会的一些机遇成为可能,但也带来了许多可怕的东西:网络霸凌、在线的性诱骗和性侵犯、虚拟现实、游戏成瘾,还有无数其他新近的现象。所有这些都非常具有扰动性,极大地加剧了青少年所面临的各种挑战的有毒混合。人们可能会想起托尼·朱特(Tony Judt)的精彩著作(也是他的最后一部著作)的书名:《沉疴遍地》(*Ill Fares the Land*,2011)。朱特引用了奥利弗·戈德史密斯(Oliver Goldsmith)1770年的诗《荒村》(*The Deserted Village*):

> 沉疴遍地,病魔肆虐,
> 财富聚集,众生危亡。①

换句话说,毫无疑问,我们在社会、政治、心理和生态方面都处于非常动荡的时期。常常聚焦年轻人困境的媒体评论充斥着各种各样的断言,例如,描述"我们"正在经历一种"生存的不适",就像被"焦虑症的大流行"所控制。暴力、战争、恐怖主义、饥饿、移民、饥荒、洪水、绝望和死亡等灾难性事件正在席卷全世界,人们越来越少地感觉到任何人能够处于一种足以控制或应对它们的处境或状况。

---

① 译文引自新星出版社于2012年出版的《沉疴遍地》简体中文版,译者为杜先菊。——译者注

埃玛·格雷厄姆-哈里森（Emma Graham-Harrison，2017）在一篇名为《由年轻人组成的寻找意义的袭击者》（Attackers United by Youth and Driven by Search for Meaning）的报纸文章中写道：

> 极端主义的信仰吸引了不同性别和阶层、不同宗教信仰和种族的人……但是他们的大多数支持者、步兵和独行杀手往往由年轻人组成，跨越各大洲，无论其动机是什么……年轻人往往比他们的长辈更容易面临风险，日常生活中的一系列数据突出地显示了这一趋势；青少年更容易发生车祸，也更容易犯罪。
>
> 科学家们仍在争论这种行为的原因，这可能是由仍处于发育中的大脑的化学物质驱使，或是外部因素造成，包括缺乏评估风险所需的经验。但是，影响一些年轻人去踩油门的相同因素，会使其他人更有可能准备一次袭击或前往战争区域。他们也更有可能在寻找人生的意义和目标。这正是极端主义意识形态和仇恨组织可以提供的——通常是透过他们黑暗但简洁的世界观。

格雷厄姆-哈里森引用了欧洲草根反种族主义运动（European Grassroots Antiracist Movement）主席本杰明·阿布坦（Benjamin Abtan）关于极右翼或极端组织对年轻人的吸引力的观点：

> "［它们］带来了一种超越个体的意义，让一个人抬起头来，重新发现自己的尊严，理解周遭的苦难，并对未来重燃希望。这是一个很有吸引力的主张，对年轻人和其他人都一样。"

这绝不是什么新现象。值得反复强调的是，斯坦利·霍尔在《青少年期》的序言中写道,"大自然用她可支配的一切资源武装年轻人以面对冲突"(1904,第一卷,p.13)。

在青春发育期之后的变化带来的混乱中挣扎,父母们很容易忽视这样一个事实:这个年龄群体的困难往往伴随着人格的发展、兴趣和友谊关系网的扩大、技能的增加,以及新发现的独立性、激情和承诺带来的乐趣。当青少年在梳理被煞有介事地称为"人生的意义"的基本问题时,这样的激情和承诺可能是短暂的,或者这样的决心是会变化的。从这个意义上来说,青少年期可以被合理地称为"试验的年岁"。

我首先要探讨的是,在这些经常麻烦不断但同样富有创造力和回报的岁月里,到底发生了什么——简而言之,什么是青少年期。其次,我会着眼于事情可能会出问题的各种方式、原因,以及该如何应对。本章旨在对这一整个时期做一个总体概述,其不同阶段将在后续章节中详细讨论。我将特别关注压力是如何表现出来的,以及当一个年轻人处于压力之下时会起作用的一些心理机制。许多父母发现这个年龄段的孩子特别难以理解,也不知道如何与他们相处。也许这并不奇怪,因为找到一种与父母和童年期的自己明显不同的存在方式和自我感,是这一人生阶段的核心发展任务之一。

每个人都以自己的速度和方式度过青少年期。但在他们十几岁的年纪,被夹在失去的童年和未实现的成年之间,这些年轻人经常会经历特别冲突、困惑和富有挑战的时期。他们在想要被了解和不想被了解之间、知道想要什么和不知道想要什么之间难以抉择。在他的想法和感觉上,以及他的行为上,不再有一个连贯一致的人。边界正在被检验,假设受到质疑,丧失也要承受。这个12岁的"儿童"刚从小学毕业,正在努力将旧世界与新世界联系起来,经历常常令人畏惧但又可能让人沉醉的必经之事,紧紧抓着熟悉的事物,又对从未尝试过的事物很着迷。到了16岁,这个"年轻人"似乎已经放弃了童年的东西,危险地(也许是过早地)进入了一个极其复杂的个人和社交世界,但到目前为止还没有明确的目标或方向感。他们最关注的问题是身份认同——"我是谁？"——以及那些发生得非常快的事情。

对这些年轻人来说，不利的外部事件可能会产生特别的破坏平衡的影响。父母分居、家人去世、疾病、失业、霸凌、网络诱骗，所有这些在任何时候都可能是创伤性的，会造成特定的困难，并且由于特定的原因，会引起特别强烈的痛苦，尽管这种痛苦的表现或表达并不总是容易解读或了解的。进入青春期和中学教育往往代表着一种长期的危机，这是一种分离，可能涉及相当大的，但也许并不明显的哀悼，即对失去的童年、失去的确定性、失去的养育品质和失去的依赖的哀悼。一个15岁的女孩说："我不再那么渴望我的妈妈了。"她清楚地意识到她所描述的事情是喜忧参半的。

尽管人们往往意识不到，但青少年期是进入一个一切都在变化的世界的过程。当身体、情感、冲动、熟悉的自己都在发生变化的时候，这些年轻人也不得不应对社会的变化，承担起新的、令人兴奋的、具有挑战性的、令人焦虑的责任，以组织他们的生活并思考他们的未来。他们正在建立新的关系，结交朋友，面临重大的决定。所有这一切都是在青春发育期荷尔蒙剧变以及由此增加的性冲动和攻击性冲动的影响下进行的。兴奋和动荡是极端的，既令人兴奋，也绝不总是受欢迎的。本质上来说，这定义了什么是青少年期。正如霍尔非常全面地描述的那样，这是一个在更广泛的社会和文化压力的背景下，修通内分泌、生理、心理、神经系统的变化的发展过程。

需要强调的正是这个"发展性的"方面。尽管"陌生人的时光"强调了许多个人变化的不可预见性，但这些变化通常是对长期存在的焦虑和对未知的陌生感做出反应的方式。许多父母发现，在这些充满挑战的岁月里，只是做一名家长也是非常困难的。因为青少年在努力发现自己是谁和他们真正的想法时，常常挣扎着将自己与父母的态度和价值观区分开——而父母的态度和价值观很可能被认为是独裁的和（或）普遍过时的、无关紧要的——并去寻找另一种替代的存在模式。那些熟悉的和已经尝试过的事物，在没有任何明确的东西来作为替代之前，就会被放弃或拒绝——因此混乱的局面会经常出现，这是十分普遍的。一个人能够做出明智的选择、拥有稳定一致的观点、能够提前思考并做出判断，其前提是在做这些困难的事情时，有连贯一致的自我感。在寻找这种难以捉摸的"自我感"时，年纪尚小的青少年通常会试验各种不同的选择：尝试一种又一种的身份认同，就像换衣服一样（事实上，极端样式的着装往往恰是体现了这一点）。这些试验是令人兴奋的，但在很多方面也是令人忧虑的，会造成问题，其表现就是心境、性情和态度的激烈波动，不仅仅是一天一个样，而且经常是片刻之间就变了。这场斗争是为了发现他们是谁，为了独立于父母那一代人所公认的观点。在这个阶段，这些观点在青少年眼中，往好的方面说，是过时的；往坏的方面说，是不可理喻、日渐势衰的，又或者更经常被认为是怀有敌意的。

安娜·达庭顿把代际差异说得非常清楚：

> 毕竟，养育子女是一种管理角色，尽管是在一种高度紧张的情绪氛围中……通常情况下，当孩子们觉得父母缺乏权威和坚定的信念时，他们更有可能变得具有攻击性并且失控。感到无助的父母可能会陷入抑郁，或者因为太多的挫败而容易冲动地表现出攻击性。这样一来，对彼此失望和相互指责的氛围很容易加重。[Anderson & Dartington, 1998, p.15]

也就是说，这种氛围一方面会升级成越来越尖刻和有刺激性的言语攻击，另一方面，往往会变成为了控制事态而用更加无力和惩罚性的做法进行的徒劳尝试。很多时候，往往正是谁控制谁的议题成为代际交替所面临的困难的根源。正如一位家长在莎士比亚的《冬天的故事》（*The Winter's Tale*）中幽默地抱怨的那样："我希望没有 13 岁到 20 岁之间的年龄，或者说年轻人会睡过剩下的时间；因为在这两个年龄之间，除了让少女怀上孩子、冤枉古人、偷窃、打架之外什么都没有"（Ⅲ.ⅲ.59–63）[1]。

安娜·达庭顿讲述了一个未发表的简短的临床案例，它生动地描述了这种亲子关系的复杂性。

> 卢克，16 岁，面色苍白，在和我一起走向治疗室时他看起来有些焦躁不安。他坐在他通常选择的、我斜对面的那个座位上。他向前伸展双臂，好像要把紧张从他的肌肉中挤出来；然后他放松双臂，并说警察可能在追捕他。我疑惑地看了他一眼。他告诉我，他是在和另一个男孩打架后直接从学校来这里的。那是一场恶战。我问他这是怎么发生的。
>
> "他这样找揍很长时间了。他是个懦夫。像个大笨蛋一样在那个地方转悠。他是个同性恋——他喜欢其他男孩。我看到他在课间休息时间和他那些脓包朋友走出教室，他嘲笑我，所以我就生气了。我径直走到他面前，在他那愚蠢的妈宝男的脸上狠狠地揍了一拳。他四脚朝天地摔倒在地。然后我踢了他一脚。当时一个老师看见我，就把我拖走了。我跑了。X（被袭击的男孩）躺在那里，像个小仙女一样呻吟。我甚至不知道他是昏迷了，还是他们送他去了医院。"

尽管卢克的语气在虚张声势，但他告诉我这些时，看起来很紧张：他的手在颤抖。经过进一步询问，安娜·达庭顿得知：

> "这孩子是个胆小懦弱的妈宝男。每天早上他都还要妈妈送他去学校。我想她还在帮他擦屁股，每天晚上还要陪他上床睡觉。"

随着会谈的进行,治疗师找到了一个办法和卢克谈论他的暴力可能源于什么。她大胆假设,也许这暴力更像是一种绝望的行为,因为他感觉到自己如此需要"体贴关怀的依恋和友谊"。

治疗师和卢克谈话中的某些东西,让他先是喃喃自语道"我孤独一人",然后逐渐更多地说出他不被爱的感觉:"我的问题是我的父母不爱我。在这一点上你治不好我的,对吗?"后来又说:"我妈只会对我尖叫或者把我赶走,我爸就根本不想了解我。我只有我的朋友们,他们不会像其他人那样把我当垃圾一样对待。"

在会谈快结束时,治疗师跟卢克说他是多么渴望被重视和被需要,但同时,他又讨厌自己的这种需要,好像这种需要本身就是某种可怕的、丢脸的软弱表现。卢克这时哭了,并试图掩饰自己的窘迫。

> 他的声音很紧张,他告诉我以前不是这样的。几天前,他妈妈给他看了他小时候的照片:"在花园里,一个快乐的小男孩跑进了爸爸的怀抱。我妈妈在后面笑着。那小孩是我,但我不记得了。"

治疗师说出了她对卢克的体验的理解:事实上,他体验到曾经被人关爱过,也有人为他着想,爱和笑声伴随着他的成长。

恐惧同性恋、种族主义、性别歧视和暴力通常是青少年痛苦与绝望的活现,他们也会将难以言表的残暴的感受投射到选定的其他人身上(在本案例中是 X),或者,特别会投射到兄弟姐妹或父母身上。这次会谈的交流传达了许多关于这些典型活现和投射的可能来源。正如我们在这里所看到的,父母很可能对如何处理这种极端的感受"感到茫然",不论这种感受是出现在他们自己内心,还是令人费解地出现在他们的孩子身上。

这里所描述的案例展现了这 50 分钟的一次会谈内所经过的长途

旅程。

> 再一次平静下来了。而我的印象是，会谈前半部分尖锐的防御性愤怒和后半部分的被抛弃感都消散了。

现在，我要谈谈青少年试图处理这些令人困惑且难以应对的状态的一些典型方式，以及他们采用的各种策略可能对相关的成年人产生的影响，让读者对这些影响有些认识。对于处在痛苦中的青少年来说，就像最初对于一个婴儿来说一样，一个核心问题是：一方面他是否会将痛苦投射出去，试图摆脱（清空）痛苦，或者，另一方面他是否有能力吸收一些东西，从而可以在内部改善痛苦的状态。那个"东西"，最有帮助的可能是父母能够倾听并做出回应的接纳性的心智，同时——再次借鉴玛莎·哈里斯的智慧——能够认识自己婴儿般的冲动或是未解决的青少年的心智状态，并对之保持克制。第一种反应，即对痛苦的投射，通常表征了一种非思考的反应。第二种反应，即内在的改善，证明了一种更有爱和关注但不具侵入性的模式，这种模式有利于思考而非行动化的反应。当我说"像婴儿一样"时，很显然我们必须经常提醒自己，当我们跟青少年在一起时，需要在非常婴儿化的心智状态上对他们进行思考，而且这些心智状态很可能会在相关的人身上引发类似的婴儿化的状态——因此家庭可能会爆发非常痛苦的激烈争吵。

正如我们在上一章所看到的，"正常"退行到非常早期的情绪性心理集群（emotional constellations）和对旧有激情进行再加工，是青少年期过程的核心。青春期通常伴随着破坏性情绪的激增，也伴随着爱和性欲的涌现。一种处理痛苦体验的典型模式很可能是养育孩子的家庭中通用的一种模式——换言之，这种模式很可能是从早期就建立起来的。如果这种模式是为了避免体验痛苦的感觉，或者逃避自身对破坏性和愤怒的责任，或者其实是否认自己对寻求依赖和过度的关注与安慰负有责任，陷入困境的青少年可能会强烈地诉诸投射自己的心理状态——将其归因于他人，让他人感受到或活现这些状态，而不是去体验痛苦，或者自己去完成活现。这些都是强有力的、原始的交流，而且它们对接受者有很大的影响。这些接受者会发现自己不得不与被激起的非常陌生或不想要的情绪做斗争（请参见附录中关于投射和内摄功能的内容）。那些利用投射模式的人通常会找到方法，将自己的感受带给相关的家庭和机构——例如，那些过度的焦虑很可能会导致仓促草率的行动，而不是一种抱持这些感受并思考它们，直到它们能够被更好地了解的能力。（我的一个海洛因成瘾患者经常会缺席假期前的最后一两次会谈。刚开始的时候，我发现自己会给警察或当地医院打电话。我逐渐意识到，她需要把她的痛苦和焦虑留在我这里，让我在休假期间能够抱持这种丧失和被抛弃的状态。在这一段时间里，她成功地做到了这一点。但休假结束后，她总是会准时回到咨询室。）

霸凌现象，无论是在孩子之间，还是在父母和孩子之间，以及在照看者和孩子之间，甚至是在教师和孩子之间，都提供了这些投射过程的一个很好的例子，因为霸凌通常包含在某种程度上把不想要的感受投注于另一个人或另一些人身上。第七章对这一动力进行了充分的探讨，但一个简单、鲜明的例子可以阐明我的意思：贾迈勒是个9年级的恶霸。他比其他人更高大、更强壮，他会不分青红皂白地对别人拳打脚踢，典型的行为是大步穿过更衣室，随机抓起个头小一些的男生或女生，并把他们的后脑勺撞在衣帽钩上。只有唯一一个已知的报复办法。在一次音乐课上，在唱黑人灵歌《可怜的老乔》（Poor Old Joe）时，有一次有人看到贾迈勒哭了。从那时起，每当其他人被邀请点播歌曲时，他们总是选择《可怜的老乔》这首歌，带着轻蔑的喜悦看着眼泪从贾迈勒的脸颊上滚落下来。这首歌是一首关于孤独和丧失（失去了一个永远无法挽回的世界和陪伴）的怀旧歌曲。会不会是那些歌词唤起了贾迈勒深深的丧亲之痛？也许他是个难民，实际上失去了他的整个世界。或者，也许他父母的死给他造成了创伤,这也表明他失去了一种存在的方式和一种他认为永远无法恢复的安全感。关键是我们无从知晓。一些隐藏的悲剧带来的压力与贾迈勒的攻击性行为之间有明显的联系,却没有被建立起来。他的痛苦得不到处理;那些由被迫害而变成迫害者的人看到他被羞辱时,施虐的快感继续有增无减,就像他自己对其他儿童的迫害也仍然没有受到约束。

在这个阶段,羞耻和丢脸是很难忍受的。考试不及格,被"公开袭击",一张令人尴尬的照片的"迅速传播"可能都会对青少年的心理产生深深的令人不安的影响。这些只是众多打破心灵稳定的体验之一,而每一种这样的体验在任何时候都会激起青少年的绝望感和让他们孤注一掷。直到最近我才了解到"B"这个词的恐怖。我的脑海里闪过的是"霸凌(bullying)"或"兽性(bestiality)"这两个词,但有人告诉我,"B"指的是在考试中没有取得"A"的成绩。

有许多不同的防御方式可以抵御那些折磨这一年龄群体的混乱和焦虑。例如,在别人的话还没说完之前,一个人可能会经常碰到一种全知或全能的过于确定或僵化的观点——"是的,我知道……"。这种立场通常既不允许修改也不允许质疑。但是,青少年随时都可能发生转换:他一会儿是个婴儿,一会儿是个诗人、哲学家、政治家、病弱者、罪犯——这对他自己和别人来说都是让人迷惑的,更是难以理解的。在任何时候,当感觉到周围的世界相互矛盾又一直在变化时,选择只考虑一种立场或观点,是陷入困境的人的一种常见的求助方式,特别是在当事人感觉到没有明确的或恰当的立场的情况下。面对这种变幻不定的情况,另一种选择可能是否认——无法承受痛苦,或者无法思考或谈论这一情况的多种可能性(见第五章)。

就像一个小孩子拒绝接受一块有裂缝的消化饼干,因为感觉裂缝把饼干全毁了,青少年会因为一些轻微的误解而责怪父母。好像如果有些事情没有被完全了解,那就是被完全误解了。他们批判的对象,不管是父母中的一方还是另一方，不仅变得有点愚蠢，而且是被完全唾弃的。这正是神话故事和童话故事的素材——好母亲和坏继母，好仙女和坏仙女。当把坏的感觉指向另一个人时，他人就会被感觉为确实是坏的。而且值得注意的是，可能那人也会因此将自己体验成坏的。异常凶猛的和充满蔑视的攻击可能会出乎意料地发生，尤其是针对父母。青少年通常会在其他地方找到替代的理想榜样，可能是在一个年长的"孩子"身上，或在老师、治疗师身上，又或者往往在别人的父母身上。

换言之，父母的形象可能会被分裂成两种：例如，在父母之间分裂（坏/母亲，好/父亲），或者在父母和其他人之间分裂（我的坏父母/你的好父母），或者在父母的不同方面之间分裂。在某种程度上，人们可能会觉得，简单地恨或责怪父母中的一方而紧贴着另一方是一种不那么痛苦的选择，而不是努力保持对双方和每一方的艰难的爱恨交织的情感。当一种独特的存在方式与婴儿化的状态如此紧密地联系在一起时，正如在青少年期，这种保持矛盾心理（梅兰妮·克莱因非常有力地描述了这一点——见附录）而不是陷入理想化和贬低的能力，就显得格外重要了。成为理想化情感的接受者这件事本身往往是很难抗拒的，而对可能发生的过程有一些了解可能对临床工作者有所帮助，否则他们可能会陷入对自己真正能做什么或不能做什么（被认为"就是浪费时间"）的不切实际的看法中。

正如 W. B. 叶芝所说，这个年龄段有一种普遍的倾向，要么"只用脑思索"（狭义的认知意义上）太多，要么完全回避真正的思考，试图通过各种可能被称为反思考的、行动取向的或缺乏理智的模式来应对痛苦的体验。这些可能是基于为了否认、简化、逃脱或避开那些被认为是无法忍受的痛苦和困惑时的倾向。对感受的回避、对他人的贬低、认为自己无所不能或无所不知的信念、行动而不是思考、过于简单化、过高或过低的自尊——所有这些都是抵御青少年的困惑和痛苦的独特而可识别的防御方式。所有更为明显的青少年的心智状态，都将是这一整套数量庞大的防御方式的一部分,而且正如我们将在随后的章节中看到的,可能会有各种各样的试图驱除痛苦或内部冲突的尝试——例如,冲动地采取行动而不是思考;成群结队地行动,有时是帮派行动,而不是冒险成为一个个体;躯体化;滥交;在一个人和另一个人或一个群体和另一个群体之间进行分裂;饮酒或吸毒;或者现在更常见的是消失在令人成瘾的社交网络中。这样的反应,还有更多其他反应,都是为了避免体验痛苦而投射痛苦的方式。正是由于青少年时期的压力和自由,当家庭的容纳(和约束)功能减弱、内部资源的品质和连贯性受到严峻考验时,这些策略就会受到极大的挑战。

正如我们所看到的,这些不同的机制会对相关的成年人产生巨大的影响,通常会触碰到精神上致命的弱点(或者积攒起来对抗这些弱点)。父母们可能至今都没有认识到这些弱点的存在,更不要说认识到它们已经出现而且如此原始。意识到这些防御机制的性质并诚实地反思它们的影响,这是从专业的角度和父母的角度处理这些青少年所处困境的最难的方法之一,也是最富有成效的方法之一。

为了更细致地唤起读者对青少年世界的一些特征性的轮廓和情绪基调的体验,我将描述一些青少年对自己的心智状态的看法——这些评论是在儿童和青少年心理健康服务(Child and Adolescent Mental Health Services)部门随机的一天工作中收集而来的。

首先,一个17岁的女孩说:"我不能忍受心理上的痛苦。"
这是她在心理治疗的第一次评估会谈时最开始所说的话。

她那满是抓痕和伤疤的手臂讲述了一个绝望的故事。它们通过具体的、灼人心肺的形式提供了证据,证明了她无法思考或耐受自己的体验。这些伤痕确切地表明了她攻击自己身体的冲动性需要,仿佛这样可以缓解她无法忍受的心智状态。

一个16岁的男孩说道:"我只是感到生气。我唯一想做的事情就是伤害别人。"

一个14岁的厌食症女孩说:"我觉得我是个十足的失败者。总的来说,我讨厌我的样子。我又胖又丑。我不怎么笑——只有当我抽烟或喝醉的时候才会笑。"

一个怀孕的15岁女孩说:"我感觉家里没有人喜欢我。我觉得是我妈妈的错。我总是跟她和她的新男友吵架。我想我只是希望有人无条件地爱我,而我也可以爱他。"

一个17岁的男孩说:"我觉得自己和其他人不一样,所以我和一群坏人混在一起。我想属于某个地方。我们偷了摩托车,然后把它们都砸烂。当时肾上腺素确实起了作用,我可能还会再这样干。现在一切都一团糟。"

一个18岁的女孩说:"大多数晚上我都会从惊恐中醒来。考试压力太大了。我只想一直哭。没希望了,我就是没办法学习,也没办法睡觉。"

每一句话都以其独特的方式,传神地表达了青少年强烈的痛苦和困惑,以及他们常常无法遏制的采取行动的冲动。我们会注意到,女孩们倾向于针对自己,而男孩们则是针对外部的人或事物。性别差异已经很明显了——女孩们都被学业压力、抑郁、身体形象、缺乏自尊以及表现为害怕被拒绝的分离焦虑所困扰。男孩们倾向于把他们的痛苦投射到别处,女孩们倾向于攻击和贬低自己。所有这些陈述都描述了对无法掌控的心智状态的反应。这些年轻人恰巧在为解决自身的困难而寻求帮助,但他们所描述的问题是大多数青少年所熟悉的。这种极端状态是青少年体验本身的基本特征——可以称之为"正常"。

要处理这些通常代表了青少年心智状态的各种麻烦的(甚至是破坏性的)行为,就是向父母或专业人士提出了一个关于区分程度的难题:

在什么情况下，自我探索会变成滥用或成瘾；在什么情况下，关心和约束会变成强迫性的；在什么情况下，某种程度的轻蔑和自我仇恨会变成自残；在什么情况下，支持性的团体会变成破坏性的帮派，而在这个帮派中，个体的人格被纳入一种非建设性的负性团体价值观之中？在什么情况下，从典型的混乱群体中撤退会变成令人担忧的无聊、精神萎靡和冷漠？在什么情况下，对性身份的焦虑会变成滥交，或者变成对同性恋的恐惧或性别烦躁？在什么情况下，对轻微控制饮食的热衷（特别是围绕身体形象的），会变成严重的进食障碍？在什么情况下，努力工作的倾向会变成一种无法享受生活的状态？在什么情况下，热情奔放会变成躁狂和对抑郁的警示？每一种情况下，在一般的青少年期的进程和更深层的复杂问题之间，可能存在非常细微的界限。找到一种方法来区分这两者是一个长期存在的问题，对青少年和那些关心他们福祉的人来说都是如此。此外，我们必须时刻牢记，一个处于困境中的青少年经常被视为"问题所在"，而问题实际上存在于家庭动力的其他方面。

　　像这样介绍性的章节，需要一个对青少年特征的更积极的注解作为结论，而这种更为积极的青少年特征在咨询室里是不常遇到的——这个特征就是幽默感。因为幽默感往往是一种品质，在青少年时期尤为明显。这是一个"搞笑"可以填补许多功能并且有很多形式的时代：它可能是挖苦、冷幽默、讽刺、耍小聪明；它可能以一种特殊的表达为特征，无论是机智的或是自嘲的；它可能被看成是为了受欢迎；也可能是对友情的夸张或诙谐的表达，一些是防御性的，一些是排斥性的，一些是故作姿态的。但归根结底，"搞笑"可能只是提供了常见的证据，证明在这个年龄段的人群中有一种充分的热情奔放，通常与懒惰、自我专注、粗鲁、自私、对立和无数引起那么多负面关注的负面特征的名词大相径庭。聪明的、爱说俏皮话的人很可能已经发展出一种逃避惩罚的能力，以损害父母一方的代价让另一方开怀大笑，而也许被损害的一方正在努力保持边界。面对父母的管教，共享幽默可以调动兄弟姐妹的团结；轻描淡写或过分夸张可能会通过迷惑反对者而使痛苦的局面更容易忍受。奇怪的是，这也是亚里士多德的观点。霍尔（1904）提名亚里士多德为"最好的古代青年形象的塑造者"（第一卷，p.522），引用了《修辞学》（*Rhetoric*）很长的一段话，即使现在听起来也是如此贴切。亚里士多德总结道，"最终，他们喜欢笑，因此他们变得滑稽，滑稽是训练有素的傲慢"（p.523）。

事实上，这件事可以用在咨询室里出现的一些例子来加以概括。我要引用安娜·达庭顿对我们可以称之为"T恤幽默"的描述（Anderson & Dartington，1998）。在治疗结束前不久，17岁的马里奥向她提供了一份自我嘲讽的"声明"，她确信马里奥知道这将是一种有力而可靠的沟通，即传达出他慢慢获得自我了解和新近发展出放下委屈的能力。马里奥穿着一件非常引人注目的T恤来到咨询室，告诉她一个非常好的消息：他的父母允许他上自己选择的大学，并与祖父母住在他的原籍国。

在会谈期间，他对这件不寻常的T恤只字未提。但当他转身离开时，马里奥在门口停了下来，他的治疗师可以看到T恤背面的文字：约翰感觉像一只被遗落在自助洗衣店的袜子。马里奥"带着苦笑"离开了——这是他说"谢谢"的方式。

另一位患者佐伊有时会穿一件T恤，明显通过"一场温和的滑稽模仿秀"在表达对于她自己的恐惧和需要更客观地思考自己的讽刺式立场。她的T恤上写着：缺乏魅力可以致命。安娜·达庭顿补充道，显然当时最受欢迎的T恤会引用英国摇滚乐队绿洲乐队（Oasis）的第一张专辑。她说，"那张专辑就叫《绝对的可能》（DEFINITELY MAYBE）。就青少年而言，这是再清楚不过的了"（pp.21-22）。

与其他任何发展阶段相比，在青少年期，年轻人更容易受到人格内部的力量、身体和大脑的生理变化以及来自外部世界的特定压力这一系列事件的影响。正如我在这个介绍性的概述中试图说明的那样，协调这一切的方式植根于非常早期的发展过程。反过来，这些方式又在很大程度上取决于焦虑状态在多大程度上以不同方式被调节、被修正，或者从一开始的时候被逃避。随后的经历将对这一情况产生重大影响，但这在很大程度上取决于挫折被承受的程度、活现可以被了解和被控制的程度、思考可以发生的程度，以及精神痛苦可以被容忍的程度。所有这些能力都是在非常早期的人格内在建构过程中开始建立起来的。

青少年期实际上不是一种状态，而是一个过程，一个蜕变（becoming）的过程。这一点想必现在已经非常清楚了。对于所有人来说，这是一个挑战和发现的时期："陌生人的时光"。

# 注　释

1. 莎士比亚戏剧的所有引文都来自阿登·莎士比亚（Arden Shakespeare）的版本。

第四章

# 应对转变：青春发育期和青少年早期

> 人不应该一直是个孩子。他在大自然规定的时间把童年抛在了身后；而这个关键时刻，虽然很短暂却有着深远的影响。正如海浪的汹涌澎湃预示着暴风雨的来临，激情高涨的低语预示着这一动荡的变化；压抑的兴奋警告着我们危险的临近。
>
> ——让-雅克·卢梭（Jean-Jacques Rousseau，1762，第四册）

从某种意义上说，人类生命的整个过程是一个漫长的转变。它指的是不同时期权重和任务各异的发展历程：出生前到出生，婴儿期到潜伏期，潜伏期到青少年期，青少年期到成年期，成年期到老年期，以及最终向死亡本身的转变。我们所有人都必须应对心智和身体的"阈限"或"临界"状态。然而，正如我所提出的，这段历程中的一些阶段对年轻人来说尤为重要，而且几乎可以肯定的是，对那些关心他们的人来说也是如此，包括他们的父母、养父母、亲属、老师，当然还包括心理治疗师。

任何年龄或阶段的"转变"实际上意味着或暗示着不稳定、丧失、变化、不确定性和未知：从熟悉的、因而相对安全的事物转向陌生的、有潜在威胁的事物。许多社会发展出了复杂的仪式来表达和应对这一变化，这一点并不奇怪。青少年期本身就是一个漫长的转变过程。在生命周期里发生的许多重大变化中，青春发育期也许是最重要的一个时期。

因为在这个转变过程中，生理变化、内分泌和神经系统的变化比任何生命阶段所发生的变化都要更大和更快，除了在子宫里的阶段。这些变化带来了新的、未经尝试的心理状态——因此，了解在10—14岁（从童年期通过青春发育期转变到青少年期）发生的事情是困难的，也是绝对必要的。简而言之，成人世界对这个转变的应对，取决于了解这一转变是怎么回事，了解从教育和个人的角度来说，它可能对迄今为止被认可甚至依赖的学习模式产生什么样的影响，以及对迄今为止被认为相当了解和依赖的人格产生什么样的影响。

任何转变都必然会导致人们意识到对过去事物的丧失，以及对即将发生之事的带着担忧的兴奋和畏惧。已知必须让步于未知。我们需要记住，这些年轻人在情感和认知上，可能会以不同的方式对发生在他们身上的事情以及他们应对这种极端的发展挑战的情况做出反应。正如我所说的那样，在这个过程中丧失占据着非常突出的位置。因为这种丧失的影响和意义往往只会慢慢地融入人格中，然后伴随着相当大的挣扎和痛苦。这不仅仅是显而易见且不合时宜的真实的丧失，而且在任何时候，儿童或者年轻人都可能残忍地遭受这些不请自来的丧失：例如，丧亲或父母分居，或处在当前这动荡的时代，家庭中有人失业，从一个假定安全的童年世界突然转变成经济不安全和严重混乱的世界（有时涉及意料之外的转学和搬家所产生的令人惊慌的体验）。从表面上看，这些丧失都过于真实，但我主要指的是所有与正常发展过程相关联的、不那么明显但却影响深远的丧失：当心理瓦解威胁到我们时，丧失了关注和注意力；当孤独和被抛弃的感觉逼近时，丧失了总是提供安慰的存在；当成人世界的压力和焦虑袭来时，却得不到父母对此的关注；当感到缺乏生存必需的精神和情感支持时，丧失了无论是实际的还是隐喻的乳房；当一些考验的时刻让人不堪重负时，失去了勇气；当需要真相时，却没有诚实的回应；当公正的标准被抛弃时，丧失了自我尊重；在面对失望时，对父母失去信心；当觉察到伪装时，丧失了信任；也许最终还有，对丧失爱的无尽恐惧。

所有这些丧失都是生命结构的一部分，也是身为人的一部分。我们必须学会应对它们。在有足够洞察力或支持的良好环境中，这些丧失也许能够得到情绪性的加工，甚至能够被代谢，这样丧失就可以在人格中被吸收，并因此实际上有助于个体的情绪成长和发展。但这些丧失依然会留下自己的印记。

罗宾·安德森和安娜·达庭顿（1998）在他们的著作《面对现实》（*Facing it Out*）的导言中非常清楚地阐述了这一点。

> 当孩子们进入青春发育期时，他们中的大多数人已经通过某种方式达到了某种平衡，但这种平衡依赖于内部世界和外部世界的相对稳定。青春发育期和接下来的情况正好与此相反。青少年期的工作可以与弗洛伊德在《哀悼与忧郁》（*Mourning and Melancholia*，1917e）中所描述的哀悼的工作进行比较。自我（ego）需要审视丧失的客体——丧失的关系——的每个方面，找到这段关系的每一个独特的方面，去探索它、记住它，然后直面丧失，以便放下它。如果青少年要成功地达到成年阶段，他必须在一个新的情境中重新调整他与自己以及与外部和内部客体关系的方方面面——这种活动就是我们通常所说的青少年期的过程。它就像是对迄今为止的人生的回顾。[p.3]

这些丧失很可能以某种方式出现在任何儿童日常生活的普通结构中。我们可以推断出年轻人面对这样的丧失，为了生存而会采取的一系列自我保护措施；有些是显而易见的，有些是不太明显的。例如，一个孩子可能会把困难夸大。另一个孩子可能会出现躁狂行为，甚至是多动，通常与"禁止入内（no-entry）"的心理状态有关（Williams，

1998），即很难接受任何思想性的事物。第三个孩子可能会撤退到自我贬低中，很容易被对失败的恐惧征服，受到任何不完美的东西的危险挑战，无论是身体上的还是学业上的。或者，实际上，第四个孩子可能会以牺牲这个年龄段的其他发展任务为代价，在智力成就和过度表现（可怕的"B"）中寻求情感庇护。关于最后一点，我们需要注意的是，对于那个孩子来说，这些结果和成就的真正意义到底是什么。比如，他的驱动力是取悦或安抚父母吗？是为了满足个人愿望和抱负？是为了超越他人？是为了预防焦虑和内心动荡的状态？还是更多的是关于自我发现、对学习的热爱、尝试和做好事情的快乐和愉悦，以及自尊的提升？

防御模式可能在儿童生命的很早期就已经建立起来，并显著影响了可能发生的学习的种类及其质量，无论是从书本上的学习还是从生活中的学习。但有些防御模式可能被视为在自我发现的波涛汹涌的水域中艰难前行的结果。一位21岁的牛津大学毕业生浮现在我的脑海中。当他在贝利奥尔学院（Balliol College）取得了一等学位后，有人听到他说："这是我为我爸做的最后一件事了。"他后来成了一名木匠。

为了强调早期的养育方式和后来的发展之间的联系，我将再次引用弗洛伊德（1933a）的一段话。虽然他并没有具体谈到青少年期，但这个比喻非常贴切：

> 如果我们把一块水晶扔到地板上，它会被摔碎，但不会随便摔成碎片。它会沿着解理①线裂成碎片，这些碎片的边界虽然看不见，但却是由晶体的结构决定的［p.59］。

解理面②的概念提供了一种思考某些力量的潜在作用的方式，这些

---

① 结晶矿物质受力后，因其自身结构的原因造成晶体沿一定结晶方向裂开成光滑平面的性质，称为解理。——译者注
② 在晶体标本的破裂面上一般会看到闪光的断裂，即解理面。——译者注

力量往往在后期，尤其是在青少年期才变得明显——这个时期，在任何艰巨任务带来的压力下，裂缝、裂痕、脆弱性和弱点暴露了出来，尽管它们可能已经长期存在，但此前还没有显现。从发展的角度来看，这些潜在力量的性质主要与婴儿的早期经历有关，特别是心理和情绪状态从一开始被抱持和了解的程度。正是这些力量塑造了人们的内在生命，影响了他们建立的自己父母的各种内在形象。正如我们所知，这些形象与外在的现实可能几乎没有相似之处。

正如我所说的，这个内在世界的两个非常重要的决定因素包括：最初母婴关系的质量，和后来第三个"方面（term）"被引入并成为第一个二元体的一部分的方式。克莱因（1959）在她的最后一篇论文中总结性地写道："在无意识中存在的任何东西对人格的影响都不会完全消失。"她观察到，"我们的心智、习惯和观点，都是从最早的婴儿期幻想和情绪到最复杂、精密的成人的表现中建立起来的"（p.262）。

简而言之，生命中所有的发展性转变都被早期的爱和丧失的议题影响、定义甚至决定，因为每一个转变都蕴含着丧失，因为离开了先前已知的自我。这或许说明了为什么学习走路往往会受到长时间的抗拒：尽管这是一项非凡的成就，但永远不再是一个爬行的人让我们感觉太冒险了。人生中如此重大的"一步"必然总是伴随着一定程度的哀悼和兴奋。因此，一定程度的哀悼也将伴随着人生中的所有后续变化：不可避免的断奶，第一天参加游戏小组，第一天上小学、中学、大学，或者第一天去外面工作，又或者是第一天失业。

通过探索10—14岁年轻人的内在故事和外在故事的发展性图景，我将从每个青少年在其短暂人生中积累的内部资源的不同质量的角度，阐述这个年龄群体特殊的脆弱性。这些资源可能会帮助和支持他们度过困难时期，或者可能会让他们失望，甚至可能会把他们推向更加靠不住的假性安全的来源——极端的假性安全表现为一整套防御性的措施。例如，正如我们将要看到的，很多青少年会发展出一种"人多势众"的心态,以一种被迫害和反发展的模式联合起来对付其他人,这与同样经常出现在这个年龄段的支持性团体有很大不同(见第六章)。或者,他们可能采取完全相反的形式:变成焦虑、过度勤奋、好胜的年轻人;或者是不爱社交的孤僻者、独行侠,与周围格格不入,关起门来躲在私人空间,和电视或电脑待在一起,沉浸于社交媒体、WhatsApp①、YouTube② 或者电脑游戏——这种方式有时可以给他们提供一个有用的(尽管是暂时的)安全场所。

对于所有人来说,一个基本的、常常令人困惑的问题是,在这个转变过程的最初几年里到底发生了什么。许多父母害怕、愤怒、狂乱、烦躁不解甚至感到威胁的背后,其实是他们认为自己熟知的孩子和他们现在面对的孩子看上去判若两人。安娜·达庭顿(私人交流)引用了一个14岁男孩的母亲说的话:

> "他一直是个乐天派的孩子,在写感谢信之类的事情上从来没有遇到过任何问题,但突然间他变成了一个恶魔。他不洗澡,不按时起床,成了一个激进的素食主义者。"

达庭顿评论道:"我不太清楚这位母亲所说的激进的素食主义者指的是什么,但我听到的意思是'拒绝我做的菜'。"她继续评论道:"15—18岁的孩子们正在发展的怀疑主义,似乎主要关注于揭露所有微妙形式的虚伪。"正如梅尔泽(1973b)所描述的那样,"最大的区别在于,小孩子认为自己上帝般的父母无所不知,青少年则知道他那外强中干的父母从未发现这些秘密"(p.159)。

然而,对青春发育期之后的儿童来说,他们的状态与实际的早期心

---

① 一款美国的即时通信应用程序,可用于向其他用户发送文字信息、图片等。——译者注

② 美国知名视频网站,有时被称为"油管"。——译者注

智状态存在一个关键区别,那就是作为青少年,他们现在确实拥有了根据自己的感受、冲动和幻想采取行动的心智能力和生理能力。他们现在正处于"深水区"之中:能够给予和夺走生命——能够使人怀孕或生孩子,能够伤害或杀死自己,能够对他人、父母和周围环境造成实际的伤害。这种新发现的力量既令人振奋,也绝对令人恐惧。生与死的议题在青少年期是相当普遍的。正如温尼科特(Winnicott,1971)所说:

> 成长意味着取代父母的位置。的确如此……在青春发育期和青少年期成长里的无意识幻想中,有人死了。[p.144,145]

> 成长本身就是一种富有攻击性的行为。而且孩子现在已经不再是孩子的体型了……在背景中的某个地方有一场生与死的搏斗。[p.144,145]

考虑到这些因素,在良好的情况下,学校文化往往是极其重要的,因为在一些学校中,尽管存在着"达到目标"的压力,但一种积极的文化可以意识到这一特定的转变的考验和磨难,并对这些考验和磨难保持敏感。由于父母往往和孩子一样对所发生的事情一无所知,因此学校的文化和对学习的态度可以发挥重要的作用,包括成为青少年利益的倡导者,特别是对于那些肩负着极高期望(这种情况过于常见)的青少年。许多人很长一段时间都记得某位老师的名字,他们觉得自己从这位老师身上获得了特别多的帮助和理解。与此形成鲜明对比的是,一个13岁的孩子被一种内在的矛盾冲突驱使,想要上吊自杀;因为太害怕而不敢和父母说,于是他告诉了一位老师,然后他被开除了。

尽管在青少年早期经常爆发的各种压力和难题可能已经持续了很多年,但这些压力和难题鲜明极端地表现出来通常是始于我们现在正在讨论的转变时期,即青春发育期,然后常常在学校生活即将结束的时候再次出现。在这个早期阶段,情绪性和冲动性的状态被重新激活了。从一般意义上说,在之前被称为"潜伏期"的时期,这些状态被暂停或"隐藏"了。当青春发育前期的孩子在性方面开始成熟时,他的反应、幻想、想法和激情的冲动就会陷入一系列未解决的,而且往往看上去无法解决的冲突的旋涡之中。性激素和生长激素水平的上升不仅导致性器官和第二性征的发育,而且导致性冲动和攻击冲动大大增加——尽管个体之间差异很大,但通常都伴随着强烈的幻想和心境变化。身体在快速变化着。它在身材、气味和质感上都发生了变化,而且在体形上也有明显的变化。月经来潮了,精子也开始产生。男孩长出体毛和面部的毛发,声音开始改变,生殖器的兴奋性往往变得持续。对于女孩来说,身体和情感的变化可能是她们骄傲的源泉,但身材和体形的改变往往让她们不仅感到陌生,而且感到恐惧(见第十二章中哈丽雅特的描述)。重新激起的冲突方面——例如,附属于这些新的身体感觉的有意识的想法和无意识的冲动之间的冲突——部分是由心理因素引起的,部分是由化学因素导致的。

发展性的图景表明,这些冲突是否被认为可控和可思考,将取决于主要照料者早期对婴儿期的冲动和情绪容纳的质量,也取决于在潜伏期内达成的稳定性的程度,以及人格和生活事件方面青少年所承受的内部与外部压力的程度。

很多时候,冲突被体验为"太多",并且必须从有意识的觉察中摆脱或排挤出去。正如我们在第三章中所看到的,在精神分析的视角中,旧的婴儿期冲突作为朝向早期的婴儿期欲望、需求和恐惧的退行,正在被再加工(在生理上更新的生殖器驱力的背景下)。现在出现了冲突和无法忍受的挫败感,这些考验着以前容纳和内化的质量,即儿童是否能够很好地应对自己新近感受到的情绪的力量。青春期的变化可能会引发一系列看似重大的人格变化,通常会让所有人感到震惊,但它们也会因激素的不同强度以及社会和家庭压力而存在很大的差异。因为当内部结构的力量受到如此严重的挑战时，外部环境的力量是支持性的还是进一步造成破坏的，就变得非常重要。无论是在同龄人群体中，还是在学校生活中，或是在家庭中，连贯性和协调性的程度对于是否拥有一个更宽广的容纳结构至关重要。在这个结构中，这些令人困惑与不安的动力可以得到关注和处理。让我们来看一个简短的案例研究。

> 13岁的迈克尔身体发育非常成熟。最近，他"发现了女孩"，开始沉迷于大量的"炫耀"行为，并且非常享受其中。一位助教发现他和12岁的罗茜在车棚后面热情地拥抱在一起，他已经迷恋上了罗茜。对于这种情况——这一现实情况似乎已经渗透到年龄越来越小的孩子身上——那些肩负责任的人应该做些什么呢？

20世纪30年代，精神分析师西格弗里德·贝恩菲尔德（Siegfried Bernfeld，1938）充分认识到了这个问题。当时他写道：

> 青春期发生在某个身体里，但这个身体生活在一个特定的时间、地点和具体的社会文化背景下。青春期的孩子周围都是那些对他应该如何表现有明确想法的人。他为了克服力比多增加而引起的状况所选择的方法，可能与这些前提一致，也可能与它们相矛盾。青少年期可能是顺从的，也可能是叛逆的——这是一个过程而不是一种状态。[1938, p. 258]

这些评论放在当今所谓的"压缩的时代"中也特别恰当。但我想提供一个简短的临床示例，以强调这种过渡与转变具有的极端混乱的特征——这一刻成熟，下一刻幼稚，前一分钟是性猎人，下一分钟对性恐惧，等等。

最近，关于一个 13 岁男孩杰伊的一节心理治疗的一段描述，让我深刻地意识到了事情可以如此迅速地来回变化。这是圣诞节假期后的第一次会面，他的治疗师注意到这位小患者突然显得比以前高得多，声音明显更低沉了，双手也比以前变大了许多。他否认了因为圣诞假期而缺失的会谈的重要意义，并重新开始玩假期前逐渐在减少的那种典型的潜伏期的游戏。长期以来，这种相当重复和无须动脑的活动一直是杰伊满足感的源泉。

他把垃圾桶放在一个矮架子上，然后从房间最远处用一个海绵球瞄准垃圾桶，从而创建了一个目标。他第一次就成功地把球投进了垃圾桶，而且非常高兴。这就像一个高个子篮球运动员的扣篮。他试图把目标置于各种更困难的位置上，但选择有限。最终，他停了下来，坐下来，开始摆弄球。

几分钟后，治疗师注意到杰伊第一次拿出手机，说他要给她播放一首他最喜欢的歌。

一个带着鼻音的男声唱着想和女朋友复合的歌，想念她，希望一切都恢复原样。有一段重复的电子节拍，让人感觉既伤感又时髦。杰伊似乎沉浸在音乐中，随之摇摆，有时还挥舞手臂。会谈接近尾声时，他又回到了他更加潜伏期的关注上，想玩重复的圈叉游戏①，避免谈论他刚刚表现出来的显而易见的强烈感受。

---

① 圈叉游戏指的是，二人轮流在井字形九格中画○或×，先将三个○或×连成一线者获胜。——译者注

在杰伊身上我们可以看到，在这个时刻，与青少年期心理状态的混乱交锋既是令人兴奋的试验，但也是让人焦虑地逃避的东西，让人要逃进一种相对安全的、发展水平较早的心智状态。正如我们所见，青少年早期是不可避免的动荡和身份认同混乱的关键时期，通常在14岁或15岁时达到顶峰。"关键（crucial）"是一个重要的词，因为经历与应对动荡和混乱本身就是这个过程的一个必要方面。因为尽管这种程度的精神紊乱和错位所带来的压力往往会驱使青少年进入各种行为和情绪状态，而这些状态可能会让自己和他人感到不安和担忧，但同样地，经受住这些风暴的考验可能会有重要的性格塑造作用。问题在于，对很多人来说，青少年早期混乱的"正常"表现，很难与那些可能戏剧性地或不知不觉就变得紊乱和"病理性"的表现区分开。

在这个转变时刻，需要强调的是性存在和性格特征的形成是不可分割的（正如霍尔多年前在《青少年期》中强调的那样），以及这种相互关系本身与青少年正在尝试的各种不同的身份认同之间的关联方式。在青春发育期，青少年试图打破早前潜伏期组织对性欲的束缚，并获得一种有性交能力的感觉。但是在早期，这种尝试通常不仅让人感到不可抗拒，而且令人惊慌失措。对男孩来说，这可能会导致对性交能力本身的焦虑，这种焦虑以各种不同的方式表现出来：例如，通过一种典型的被称为"生殖器炫耀"的行为，或者通过一种无所不知的假性成熟的方式，或者通过强化潜伏期的分裂和不愿冒险而逃避亲密关系的威胁，这种方式通常接近于强迫的边缘。

如前所述，对女孩来说，性发育的挑战通常表现在对身体外表的极度关注上：长相问题，尤其是体重问题，以及严重的抑郁和自尊问题。数字时代带来了对身体外貌的极度关注、隐私的匮乏和侵入性的好奇心。自我的不同部分之间经常会发生分裂。内部世界不再作为一个整体，像小学生的结构化游戏和等级排序一样被外化和展现出来；而早期的普遍确定性，无论多么不稳定地维持着，都会变成对好与坏、成人与婴儿、男性与女性等的困惑。正如我们在杰伊身上看到的，在一种心智状态和另一种心智状态之间的切换可能会非常迅速，而且常常令人费解。例如，青少年可能在某个时刻是合作的，而在下一刻又是桀骜不驯的，无法轻易承认承担任务的人和未能完成任务的人是同一个人——也就是他自己。

在这种背景下，团体的重要性就凸显出来了。童年也许从来没有像"潜伏期"这个别称所暗示的那样是稳定的，但现在，正如我们所看到的，这个时期必定是不稳定的。年轻的青少年开始依附于一种以团体为导向的亚文化，在这种亚文化中，同伴关系逐渐具有重大的意义。正如我们将要看到的（见第六章），在这个充满压力和变化的时刻，青少年团体往往可以开始发挥一种极其重要的抱持功能。随着家庭纽带开始松动，社交生活开始扩展，不确定和混乱的感觉开始加剧，寻求朋友的陪伴可能会让年轻人能够与人格的不同方面保持某种关系；这些人格的不同方面，即那些从早期的发展中隐约可识别但又令人感到陌生得可怕的感觉、恐惧和冲动，可能暂时难以整合到先前已知的童年期的自我中。团体成员经常以灵活多变的组合方式聚集在一起，其中不同的个体代表着彼此人格的不同方面，无论是特质还是缺陷；这些人格的不同方面可能是被渴望的，也可能是被否定的。当自我的这些不同方面被放在团体中时，年轻人可以与它们保持接触，这样它们在某种程度上属于自己，但同时自己又不会被它们过度困扰。如今，团体生活常常在网络上建构。在良性的情况下，团体生活可以为这些年轻人提供社交的途径来弄清楚他们自己是谁。对交谈和社交网络看似无穷无尽的欲望，通过"尝试"或者试验不同版本的自我和他人对那个自我的反应，很可能会让所有相关的人产生强烈的兴趣。此外，幽默这一极为宝贵的因素也常常被用作一道屏障，防止他们把自己太当回事。然而，"群体"的成员们比较少在咖啡厅和快餐店流连，而是单独待在房间，更多的是受社交媒体的驱使，而不是人与人之间的接触。

在青少年早期，外部文化的影响尤为深刻。仅举一个例子：由于环境和饮食方面的原因，生理性青春发育期（而非情绪性的）正越来越低龄化，这一事实已经在小学儿童中产生了日益严重的心理困扰。对许多人来说，这可能是非常苦恼的。发现自己与同龄人处于不同阶段的女孩会感到奇怪和痛苦。另一方面，有些人则感到自豪，并且觉得自己有优势。市场对这一点的认识并不迟钝。朱丽叶·朔尔（Juliet Schor, 2005），一位研究青少年营销技巧的学者，指出了"年龄压缩"的趋势——"将最初为年龄较大的儿童设计的产品和营销信息，瞄准年龄更小的儿童"（p.55）。本来8—12岁的"准青少年"[①]标签现在已经被用在低至6岁的孩子身上了。快速成长的压力正变得越来越迫切。经验告诉我们，青春发育期前的岁月越不稳定，个体就越难适应转变的时期，也就越难对"成长"的真正含义持有稳定确信的观念。一切都会感觉不太对劲。

14岁的克里斯汀所处的两难困境和难关（我以前曾在《内在生命》中引用过她的案例），将在一定程度上让我们感受到她这个年龄所面临的许多典型冲突，以及接受和处理这些冲突时所遇到的问题。克里斯汀由于来自社会服务部门、学校和母亲的压力（她的父亲在她还是婴儿的时候就离开了），被转介来接受评估。她一直在偷东西。失窃的物品包括一枚结婚戒指、耳环、一块手表，在最后一次偷窃中，她还偷了一大笔钱——所有这些失窃物品都属于这个家庭，尤其都是她母亲和祖母的物品。克里斯汀把钱花在了成年的、性感的、有吸引力的衣服上，她炫耀地穿着这些衣服，似乎是在邀请别人发现她。

第一次在候诊室见到她时，克里斯汀和陪同她的6个朋友没有什么区别。她们都穿着当时流行的501黑色牛仔裤和厚重的马丁靴。她羞

---

[①] 英文原文为tweenager，即"青少年（teen）"与"之间（between）"两个词的混合，指还没进入一般青少年期年龄段，但又不再是孩子模样的人。——译者注

涩地微笑着表明了自己的身份，不情愿地沿着走廊走到我的房间，在会诊室里说的第一句话是"无论去哪里我的朋友们都会和我一起"。她说的第二句话是，她之所以到这里来只是因为担心警察会介入。她说她已经不再偷东西了，所以真的没有什么问题了。她又一次露出了迷人的笑容。

接下来的叙述清楚地表明，偷窃行为是一系列典型的青少年早期问题的"见诸行动"。克里斯汀描述了她是如何被指责在她母亲与和母亲交往3年的男友保罗之间引起争吵的。保罗最近突然搬进了她家。她们争论的焦点是克里斯汀在家里的习惯，尤其是她喜欢半裸着在房间里四处走动，而她母亲对此表示反对——克里斯汀认为她母亲"蛮横不讲理"，说"她可能是嫉妒，因为她正在变成一个肥胖的老女人"（她母亲当时34岁，身材苗条）。克里斯汀简略描述了她想搬出去的计划，有自己的房子，想把房子装修好，还要生个孩子。但是，她突然泪流满面地补充说，如果她要做那些事情，她就得有妈妈在她身后支持。"我一个人做不到。"她好像突然意识到她的计划在实践层面和情感层面上都是不切实际的。

据克里斯汀描述，母亲时而为"失去了我的女儿、我的小女孩"而流泪，时而对女儿的不守纪律和喜怒无常感到暴怒。俄狄浦斯的议题，也许是在保罗搬进来后第一次显现出来，这一点非常明显。这个家庭的每个成员都很难适应新的情况，也很难认识到究竟发生了什么，以及为什么会发生这些。对克里斯汀来说，害怕长大、害怕分离、害怕成为女人、找工作、找伴侣，这些尤其令她的挣扎变得更痛苦。当她突然不得不放弃多年来一直享受的与母亲的排他关系时，她显然很担心童年要变成往事。受到威胁的不仅是家庭的容纳功能，还有团体的更松散的容纳结构，因为陪克里斯汀去候诊室的朋友们比她大一岁，即将离开学校。

克里斯汀并不觉得她自己是个问题（"我不知道有什么好大惊小怪的"），相反，她觉得是由于母亲的不快和保罗的愤怒，自己被"指派"

成了难相处的人。据说保罗曾对她说:"如果再这样下去,我们就不得不把你赶出去了。"这些非常有选择性的片段和评论只是短短 50 分钟会谈的一部分。从表面上看,这是一场跟一个非常讨人喜欢,但又陷入困境的年轻少女的普通讨论。然而,这场讨论反映了这个年龄所特有的许多问题、执念、反应和防御。例如,它包含了重新燃起的俄狄浦斯焦虑的体验,集中在嫉妒、排他和竞争上。它侧重于一种特定的症状表现,即"未成年犯罪"。它与对分离的担忧有关。它说明了一个只有女孩的团体中的纠葛,一个可能跟违法勾当结伴的团体,但这个团体似乎也提供了一个其成员仍然急需的支持结构。它凸显了婴儿态度和成人态度之间的波动。它指出了同一个人物(母亲)的好与坏的分裂。它揭示了典型的不切实际的幻想("我想买房子,装修自己的房子,然后生个孩子")。它强调了对性的焦虑,等等。

令人震惊的是,克里斯汀在她母亲的男友搬进来后不久就开始偷东西了。在青春发育期,偷窃是"见诸行动"的最常见的表现形式之一。它可能代表着一系列含义中的任何一种:也许是为了恢复那些感觉自己已经失去的东西,在这里是指母女关系。这可能是具有攻击性的,也就是说,出于原始的嫉羡和愤怒,去剥夺别人的宝贵财产,或是珍贵的东西(她的母亲?),而这个人也感觉到自己被剥夺了珍贵的东西,因此变得贫穷。在克里斯汀的案例中,她对保罗的态度很可能有罪疚感和对惩罚的渴望。换句话说,这是一种抗议吗?还是一个关于她有权益的东西被偷走的声明(结婚戒指象征的承诺是她现在觉得自己缺少的东西)?问题是出于一种对自身魅力的焦虑吗(被盗的东西都是女性的物品——戒指、项链、钱包、衣服、手表)?是不是也有指向母亲的嫉妒的攻击,想把她的伴侣从她身边夺走,通过炫耀自己的性存在而活现这种渴望?无论具体原因是什么,克里斯汀显然普遍对改变和成长感到焦虑,对失去目前所依赖的人际关系感到焦虑。

克里斯汀担心被排除在新组建的家庭之外,担心不得不离开安全的校园（尽管对她来说，还有一年的时间才会离开学校）。她告诉治疗师，参军对她来说似乎是一个相当不错的选择；因为参军会有一个严格、纪律严明的组织，而且"一直会有有趣的事情可以做"。很明显，她理想化了这个潜在的结构，就像她理想化了另一个同样不切实际的目标一样——拥有自己的公寓和家庭。也许后一个计划背后的无意识的想法是，她可以继续通过把自己的孩子（自我）托付给母亲来满足她婴儿化的需要。她希望母亲仍然是她的母亲，而不是保罗的性伴侣。因此，她将自己置身于竞争之中（她在运动服里面没有穿内衣）。克里斯汀害怕被拒绝，因此表现出会激起别人对她的拒绝的行为方式（"我们会把你送去福利院"）。她既极度独立（"我想离开家，拥有自己的公寓"），同时又像孩子一样依赖他人（"我希望我妈妈在身后支持我，在家帮我抚养孩子"）。

克里斯汀在青少年早期就试图应对这些问题，而这些问题引发了她（尽管不是有意识地）对被抛弃、被排除在外、分离以及对被超越和退居第二的感受和焦虑。她既无法容纳她目前的困境所带来的影响和威胁，也无法容纳这些威胁所唤起的对过去的回响。她没有一个家庭环境可以很容易地注意到和理解她的感受，此时此刻，她自己也无法用能被人接受的方式表达她的痛苦。她无法理解，除了她自己的情感需求之外，家庭中可能还有其他重要的情感需求。她担心自己不能指望母亲能够在情感上支持她日益增长的女性独立，以及支持她建立自己的安全关系的需要。克里斯汀对这种爱的资源感到匮乏和不确定，她的不安全感使得她偷走了象征承诺和女性气质的物品——也就是说，这是她恐惧情感匮乏的具体表现。

在这个早期阶段，我们可以记录下青少年对他们所处困境的非常广泛和多样的反应。但在这里，我们主要关注的并不是这些逃避精神痛苦的各种策略的细节，或者（不太常见的）积极寻求精神痛苦的策略。相反，我们关注的问题是对青少年早期状况的整体描述及青少年早期状况对人格发展的功能。虽然克里斯汀难以承受上文所描述的压力是她这个年龄段的典型特征，但当普遍的心智状态倾向于行动而不是思考，并激发出婴儿化而不是成人的反应时，这些困难也可能出现在人生的任何后续阶段。因为青少年期的确是一个过程，正如前面所提到的，无论在什么阶段，它的结果都会从根本上影响个体在未来应对人生变化无常的任何能力。

# 第五章

# 学习模式

我们已经看到，一个孩子内在发展和成长的能力与他生命最早阶段开始的学习类型密切相关。根据讨论中的阶段的主导任务或功能，不同的学习模式将发挥其各自的作用。例如，在小学，一个孩子可能既需要也喜欢技能扩展和信息积累的感觉。在青少年期，这种学习似乎与开始独立思考的更具想象力和创造性的能力背道而驰。但是，在一个阶段和另一个阶段之间这种重点改变的背后，还有一个更为根本的区别。那就是叶芝用令人印象深刻的方式描述的那种"用脑"进行的思考和"用骨髓"进行的思考之间的区别。正如我们将要在本章中探讨的，一个相似的区别也同样存在于比昂的作品中：他描述了"关于"事物的学习和能够从世界中的自我的体验中学习这两者之间的核心区别。

因此，关于"学习"的这一章内容应该是这本关于青少年期的书籍的核心内容。这本书关注的是一个人成长的普遍方式——无论是内在的成长还是外在的成长。我发现非常重要的一点是，这些对"学习"的思考也是 20 年前首次出版的那一版《内在生命》的核心内容。因为这一点强调了贯穿这些章节的观点——也就是说，"内在故事"的形成和发展方式可能会受到外部环境的深刻影响和推动，但它们更显著地受到深深植根于人类心智组成部分的内在力量和动力的驱动。当时和现在的目标，都是区分那些有助于性格优势和独立思考能力的思维和认知，以及那些只鼓励学历和专业知识大量增加的思维和认知——后一种"学习"可能会用来衡量外在的成功（在缺乏内在成长的情况下）。我关心的不是社会目标和社会优先考虑的事情，而是最具体和最个人化的问题：儿童从一开始就被吸引的各种认同类型。

简单来说，问题可以被描述为（我将对此加以说明）：儿童最初的认同模式是黏附性的、投射性的还是内摄性的？当然，在它们之间会有持续不断的变动。尽管认同模式有很多的转换和变化，但是通常可以在每个儿童身上辨别出某一种模式胜过另一种的潜在倾向。正是其中一种模式相对于其他模式的主导地位，决定了学习是通过模仿、一种鹦鹉学舌般的黏附性的方式进行；还是通过儿童焦虑地想要成为一个不是他自己的人，投射性地扮演一个角色，甚至将自己体验成另一个人的方式进行；又或者，通过让儿童体验到一种安全的、内在的自我感，从而有弹性地寻求理解的方式，而这种自我感源自一种对良好的、真诚的和善于思考的心智品质内摄性认同的能力。

各种不同类型的认同和根植于其中的不同学习模式之间的关联是非常重要的。这种关联既是基本发展过程的特征所在，也阐明了这些基本的发展过程。当前的任务是尝试探索不同类型学习的起源和本质，以及探索当一种模式相较另一种模式处于主导地位时，对人格会产生哪些可能的后果。

以下三个青少年的梦，无论以多么简略的形式呈现，都可以帮助我们定义和阐明这里所讨论的不同类型的认同。在第一个例子中，黏附性模式似乎从早期就占据了主导地位，严重地抑制了发展。在第二个例子中，一个更具投射性的模式似乎也显著地阻碍了情绪成长。相比之下，第三个例子提供了一些证据，表明了早期黏附性和投射性的倾向让步于一种更具内摄性的能力，从而丰富了一个人的人格。

第一位患者约翰，在 19 岁时开始接受治疗。他是一位非常成功的作家的儿子。他的梦可以看作一种认同的特征，在这种认同中，发展看似正在发生，但事实上这种发展是非常表面化的，几乎没有提供真正的内部支持。约翰主要的认同方式是盲目地观察、效仿和伪装出与他关系亲近的人的社交行为和外表，特别是他父亲。他形容自己在穿衣、说话、手势和行为各个方面都和他父亲一模一样。就好像他需要以某种表皮贴表皮的方式黏在这个老男人的皮肤上。他采纳了父母的品位、生活方式、兴趣和目标。一想到不得不做出独立的选择，他就常常感到惊慌失措。让人毫不意外的是，当他开始接受治疗时，他的人格看上去相当肤浅，好像是二维的。这个时候他的状态完全依赖于他所依附的人的思想和观点。

虽然可能过于自我关注，缺乏生活的乐趣，对他人也没有太多的真情实感，但约翰通过显得成熟的方式挺过了青少年中期。他的行为看上去具有社会适应性，但代价是牺牲了所有内在的发展。他没有任何有意义的性关系或友谊，似乎也没有独立思考的能力，通过死记硬背的学习和"一只耳朵进，一只耳朵出"的鹦鹉学舌般的技巧熬过了教育体制的考核。这种方法使他对自己所拥有的知识几乎没有信心，结果就是他所获得的知识对他的人格没有产生持久的影响。他是一个孤独的少年，向世界展示了一种相当虚假的稳定表象，总的来说，这个稳定的表象几乎没有引起相关成年人的关注。只有当他开始严重抑郁时，才开始引起他人的注意，而在这个时候他的年龄意味着，至少在教育方面他必须采取行动与家人分离了。分离被认为既是创伤性的又具有破坏性，不仅对他自己而言是这样，而且（至少他心里认为）对那些他不得不从中挣脱出来的人来说也是这样。（在这个时候，关于父亲死亡的念头在他脑海中病态地挥之不去。）对于这种原始的撕裂感的特征性防御，在埃丝特·比克（1968）有关"次级皮肤"防御的概念中已经被熟知：通过肌肉、感官或声音的方式，将人格从外部支撑住，这种防御方式可以在没有任何内在安全的心理"容纳"功能的情况下从婴儿早期发展起来。在约翰的案例中，这种模式似乎是属于肌肉的模式。他和父亲一样是一名出色的运动员，但在生活的其他领域，他并不出众。任何超出最老生常谈的和最常规回应的要求，都会引发焦虑。

接下来的梦体现了他所处的困境，聚焦于他厌恶把自己暴露在痛苦的成长过程中，厌恶随之而来的分离的痛苦，以及改变的风险。在这个梦里：

> 我还是个孩子，盯着一辆哈雷戴维森摩托车（伴随的联想与他的父亲有着密切的关联）。这辆摩托车矗立在山顶上，它的轮廓在夜空绚丽色彩的映衬下显现出来。在我和我拼命想要够到的摩托车之间，有一个黑暗的山坡。我得爬上一条陡峭的、下着毛毛雨的、让人感到不祥的路，它蜿蜒伸向山顶。我有一种强烈的想被"举高（养大）①"的感觉，这样我就可以"当"摩托车了。

换言之，约翰渴望成为他的父亲，像他一样长大成人，已经摆脱了令人感到担忧、危险、曲折和有不祥预感的青少年期的过程。他想逃避与分离有关的冒险事情，而他必须经受这种分离才能成为他自己。他那种黏附性的认同模式，使得任何真正的成长都被搁置了。他潜意识的愿望是绕过青少年期的问题，或者，也许宁愿拒绝接受青少年期的心智状态，而选择一个假性的成人心智状态；也就是说，拒绝青少年期在成熟蜕变出一个自己的（而不是借来的）身份的过程中所起的作用。在梦中，他还是个孩子；这一事实表明，从很早开始，他学习过程的性质就阻挡了他成为自己——而不是成为他父亲那样的人——的道路。虽然外表上他已经差不多是一个"成年人"了，但内心却还没有开始。

第二位患者西蒙是一位聪明年轻的医学生，他习惯于在考试中取得好成绩，并被预言会"走得更远"。在期末考试前夕，他做了一个有趣

---

① 英文原文为"(be) raised up"，既指物理意义上的被举高，也有被养大的含义。——译者注

的梦，那时学生们还穿着白大褂，脖子上还戴着听诊器。

  我来到考试的房间，意识到我来的时候没有穿白大褂，也没有戴听诊器。我还意识到我弄丢了那本比昂的《从经验中学习》。

西蒙被这个梦困扰着，当他非常生气和沮丧地来到下一次会谈时，这个梦的含义变得清晰起来。他的期末考试不及格，不得不在第二年重修。我们花了一整节会谈把他考前的梦和他感到羞耻的成绩关联起来。随着时间的推移，他逐渐意识到自己的梦是多么有预见性。因为这个梦表明，实际上他在很大程度上无意识地与现实保持着联系，即当他真的知道他还没有从自己的体验中充分地学到如何能够成为一名真正的医生时，他还配不上医生的打扮。相反，他意识到，他一直在试卷上炫耀自己的医学"技术诀窍"，却没有真正相信它。额外的一年的艰难治疗工作，使他能够在内心与"真实"的自己一起成长，而不是试图在外部靠着他那个"聪明"的自己混日子。

第三位患者汤姆，在他漫长的治疗过程中，开始从约翰所处的那种黏附性的心智状态，经过更具投射性的模式（这是西蒙的学习和功能的特征），然后达到具有更"成熟"的能力的状态，可以与他人建立亲密和爱的关系。在这里我将简要介绍他的两个梦，这两个梦在第九章中会有更详细的探讨。与西蒙一样，汤姆的治疗中的第一个梦生动地描述了他的内心困境。

  我想在一个室内球场打网球，但球场的一面墙不见了。每次我把球抛到空中要发球时，它就会撞到一个异常低的天花板上，然后过早地弹回来。这让我无法把球发出去。

这个梦似乎描述了一位抑郁母亲的孩子的挫折体验。治疗师后来得知，汤姆两岁时，他的妈妈就患上了精神分裂症。这说明汤姆很早就经历了一段缺乏容纳的体验（缺失的墙壁），以及他试图沟通的绝望体验。他的投射被过早地推回到他身上（异常低的天花板），就像从他母亲那无法接收的心智表面弹回来一样。这使得他不可能在生活的游戏中进行投射和内摄的正常过程。

这位患者后来的一个梦描述了一种内在的状况，与这个早期的室内网球场的挫败、不安全的自我截然不同。这个梦表明一个过程在不知不觉中发生了。在这个过程中，汤姆能够在他的人际关系中吸收并利用一种思考和抱持的品质。这是一个以前对他来说不可能发生的过程。他已经开始从最初黏附和投射的倾向，朝着投射和内摄模式之间更加均衡的方向发展了。他已经开始接触并承受自己的体验，而不是逃往他那些能给他过早确定的旧习惯，或是逃进任何一种缺乏思考（mindlessness）的现成方法，这是他之前倾向于沉溺的一种状态。在这个梦里：

> 我在一座房子里，这座房子很坚固，建造得很好，而且相当漂亮。我好像是和一群朋友待在一起，他们不是我以前的酒友，而是大学里的朋友。我还不太了解他们，但我喜欢他们，他们似乎非常认真地对待他们正在做的事情。其中有一位特别的女性，她的名字和你的名字很像，叫玛格丽特［在外貌、态度和品质方面，他经常把我和这位女性联系在一起］。气氛很轻松。我发现我异常放松，能够交谈，能做我自己。在某个时刻我骑上了摩托车。我停下来和我的一个朋友修理一条不安全的车链。

他插话道，最后这个细节跟他早期摩托车的梦以及事实上的体验截然不同，那些梦和体验是鲁莽的，而且经常是失控的：他的摩托车一直需要修理,他经常处于危及自己和他人生命安全的危险之中。相比之下,在这个梦里,他觉得自己在掌控,"并不是以一种不好的方式,而是可以追求自己努力做的事。这种感觉很好,是一种有希望的感觉。我想也许我会安然度过这一切"。然后他完成了对这个梦的描述:

> 我一个人在那个房子里过夜,我的同伴们好像已经去了别的地方。第二天早上,我发现那个年轻的女人也在这个房子里过夜,但我之前并不知道。我真希望我早点知道她昨天留下来了,但我也觉得这样很好,不管我知不知道,她不知怎么就在那里陪着我。

汤姆承认,这个"容纳"的房子看起来比以前梦中的房子都要坚固得多,而且他跟里面的人物在一起时一反常态地感觉很自在。骑摩托车有一种自我表达和个体自发性的感觉,与他以前自我破坏性的"帮派式"活动形成了鲜明对比。但是,最重要也是最有启发性的是他对这位年轻女性(分析师人物)的描述,她以某种方式和他在一起,无论他是否意识到她在那里;在他的内心,她作为一个同伴和"心智中"的资源呈现。他形容她具有他所向往的、让他感到谦卑的品质:正直、忠诚、乐于助人和友谊。这个梦表明,至少在某些时候汤姆能感觉到自己具备这些品质;在他现在更坚固的房子(心智)中,有一个与他以前试图"展开"自己人生的网球场有着截然不同的结构,在之前的结构中没有任何明显的"容纳"的来源。

尽管只有简略描述,我引用的这些患者的梦体现了这里所讨论的不同的认同模式。虽然每一种认同模式可能指向某种特定的、占主导地位的心智状态,但总会存在一定的流动性,而且一个人可能会不断地在一种模式和另一种模式之间进行切换。这些梦提供了截然不同的学习类型的证据:对约翰和西蒙来说,这些学习类型是早期就已经存在的;对汤姆来说，他能够在自己分析性体验的过程中发展出超越先前模式的学习类型。从外部的角度来看，我们很熟悉情绪因素可能对儿童接受事物和学习的能力产生不利影响的方式，无论是从最一般的意义上还是从特定的认知方式上。我们不太熟悉的是所谓的学习技能（learning ability）和学习能力（learning capacity）之间相互影响的复杂性，即"仅用脑思考"和"用骨髓思考"之间相互影响的复杂性。正如我们所看到的，一个人可能会在获得特定技能方面表现出能力，无论是数字、文字、计算机、体育运动还是通过考试，但难题始终存在：简而言之，就是这些能力是否能随着时间的推移，有助于人格整体的发展——唱一首"永恒的歌"——还是这些能力会发展得与自我的其他部分截然不同，或者这些能力的发展以牺牲自我的其他部分为代价。

一个害羞的、处于潜伏期的儿童，她在数学方面的能力可以很好地帮助她获得地位并支撑她脆弱的自尊。但在青春期，这一特定的外壳开始限制她的情绪发展。她的内在自我汹涌而富有想象力的绽放，可能会被一种更容易理解的倾向所抑制，这种倾向会让她只想牢牢抓住那些能够获得认可和让她感到安全的东西。事实上，正如我们将要看到的，早期使用智力对真正的思考进行防御的程度，通常只有在青少年期才会变得明显。与在任何年龄段一样，学习和工作可能成为一种回避亲密关系，以及逃避与痛苦冲突的情感现实进行接触的方式。

\* \* \*

长期以来，心理动力学的思想家和进步主义教育学家一直致力于定义和鼓励一种儿童的学习能力，这种学习能力与狭隘的教育成就和社会关注的可见品质没有太大关系，而更多地与丰富一个人的创造性潜能有关。传统意义上的成功和内在的发展并不一定会彼此冲突，但重要的是，在以任何特别的赞誉欢迎成功之前，需要先确定寻求成功是为了谁、为了什么。从历史上看，精神分析本身一直在关注学习和思维的问题，但在过去的几十年中，研究的焦点已经发生了深刻的变化，现在的思维理论已经名正言顺地成为我们将个体作为一个完整的人来理解的方式的核心。

在弗洛伊德看来，思想或者说思考的能力，粗略地说，是一种填补令人感到挫败的空当（gap）的方式，这个空当是在个体感觉到有需要的时刻和通过适当的行为满足这种需要的时刻之间形成的（1911b）。相比之下，克莱因早期的关注点集中在更广泛和更个人化的儿童教育的问题上：智力抑制和情绪对学习的阻碍。她感兴趣的内容是精神分析和教育如何共同促进人格在各个方面成功发展。她和她的朋友兼同事苏珊·艾萨克斯［Susan Isaacs；她有好几年在格兰切斯特运营着实施进步主义教育的麦亭之家学校①（Malting House School）］撰写了关于智力和创造力受到抑制的方式的内容，尤其是由于焦虑，以及特别是对性好奇的压抑所导致的抑制（Isaacs，1948；Klein，1921，1923，1931）。她们的观点是，儿童只能从他自己的真实体验中学习，而教育工作者应该设法支持这些体验，而不是阻碍这些体验。

这些观点的背后是这样一种观念，即孩子需要认识和了解关于他自己和他对世界（最初是由母亲的身体和心智来表征的）的体验的真相，这是一种非常基本的冲动，几乎相当于一种"本能"。克莱因称之为"求知的（epistemophilic）"冲动或本能（1928，p.188）。她认为这源于婴儿想要了解母亲身体里的内容的无意识愿望。她引入了一个核心的区别，这一区别后来成了一个重要的维度：区分侵入性的好奇心和更有启发性意味的、理解事物的渴望，前者是由窥探性的需要"知道"的刺激而来，目的是为了掌握和控制，而后者则更接近于对知识的渴求，是为了成长而不是为了掌握某些东西。

这些想法提出了一连串的问题：学习和发现在多大程度上会鼓励或

---

① 格兰切斯特在英国剑桥郡附近。麦亭之家学校是一所实验性的教育机构，开办于1924—1929年。它由杰弗里·派克（Geoffrey Pyke）在他剑桥的家中设立，由苏珊·艾萨克斯运营。——译者注

抑制发展中的自体；学习是为心智的真正成长服务，还是为更胆怯的自体提供防御；从根本上说，学习是不是一种情绪性的体验。这些问题成为比昂对这些议题进行概念化的基础。他关于思考的理论（1962b）把情绪性（emotionality）放在精神分析的核心位置。对发展有真正贡献的学习（与单纯的认知相比）主要是通过体验来实现的，而不是通过增加知识储备来实现的。他指出，在某些心智状态下，"拥有"知识会成为学习的替代品。一种"发展不均衡"的心理规律常常可能出现："头脑"与更深层的思考之间存在相反的关系；而操纵真理、意义或美德等概念的智力能力，与真正了解和信奉这些东西的情绪能力，两者间也存在相反的关系。如果获得知识是为了效能而不是为了洞见，那么这样的知识在心理经济中的作用可能就像一种物质的占有。无论这种情况发生在何处，知识都会与任何真正寻求理解的努力背道而驰。这在很大程度上取决于动机——在获取知识的过程中，个体在寻求什么，又在回避什么。

比昂将这些不同的心智功能模式之间的区别命名为 K 和 −K 之间的区别。K 是一种对知识的渴求；而在 −K 的心智状态下，体验被剥夺了其真正的意义，知识被视为一种商品——表面上很有吸引力，但无法带来持久或能够促进成长的影响。正如我们所看到的，比昂借鉴了母亲和婴儿之间的喂养关系作为其学习模型的原型，同时考虑了婴儿的性情和母亲的心智状态或"遐思"的能力。这些议题可以追溯到最早的时期。它们与从一开始焦虑被注意到和回应的方式有关。它们与前面介绍过的各种认同模式有关。根据后来的体验和一系列环境因素，这些模式的主要重点可能会发生显著的改变。然而，这些重要的模式在早期就已经形成。简单来说，这些模式可以界定为源于婴儿和照料者之间关系的性质和质量。

比昂（1962a）提出了"K 连接（K link）"一词，用来表示一种相互依赖和互惠的关系，在这种关系中母亲和婴儿都可以在情绪上有所成长。跟听别人说话的婴儿相比，有人交谈的婴儿能够更好地开始自己说话，而复杂的心智过程也是如此。婴儿接受感官印象的能力与母亲内在相同的能力是有关的，而这种能力让婴儿意识到外部世界的本质和他对外部世界的体验。

> 学习取决于［成长中的容器］能够保持整合，同时又能摆脱僵化的能力。这是一个人心智状态的基础，使一个人得以保持自己的知识和体验，但同时准备好以一种能够让自己接受新思想的方式重构过去的体验。［p.93］

比昂认为母亲和婴儿之间的这种"容器—被容纳物（container-contained）"的关系代表了一种学习经验的情绪性实现，这种体验在心智发展过程中不断以不同的形式重现，逐渐变得越来越复杂，最终包含了获得完整的假设的可能性和科学的演绎系统（pp.85-86）。

正如我们在第四章中所看到的，母亲容纳婴儿投射出来的恐惧（被容纳物）的能力使原始的焦虑变得更容易应对："当他们在好乳房中逗留时，他们感觉到自己被一种方式改造了，这种方式使得重新内摄的客体对婴儿的心理来说变得可以忍受"（Bion，1962a，p.90）。或者更确切地说："处于K状态的乳房将会缓和投射到它之上的死亡恐惧中的恐惧成分，而婴儿在适当的时候会重新内摄一个现在变得可以忍受的，并且因此能激发成长的人格部分"（p.96）。

当某些东西干扰了母婴之间的这种早期的连接，或是相互交流的能力时，一个完全不同的过程就会被启动。如果这个过程发生得太频繁或太广泛，它最终不是服务于理解，而是服务于-K所代表的误解。这种活跃的"误解"是第四章所描述的体验的产物。有时候，被投射的情绪会被认为是极其有害的，或者这个投射本身过于强烈，并且（或者）母亲出于某种原因无法接受这样的投射。在这些时候，她无法了解这样的投射，婴儿会体验到他投射的内容连同"乳房"非了解的一面（non-understanding aspect）被迫回到他的体内。正如比昂所说，"一开始就害怕自己快死了的婴儿，最后却容纳了一种无名的恐惧"（p.96）。

从精神分析的角度来看，导致意义被"剥夺"的情绪被认为是嫉羡的一种原始形式。婴儿认为客体（乳房）拥有自己缺乏的东西，而对客体（乳房）产生敌意和破坏性的感觉。例如，婴儿感觉到乳房在喂养自己，却让婴儿感到饥饿；或者感觉到乳房是好感觉的来源，但乳房却扣留住这些感觉，而不是无限地给予婴儿。这种嫉羡情绪与成长和学习是无法兼容的。它是一些特定问题的根源（也许尤其是在青少年时期），随后表现为宣称自己的优越感、挑剔一切事物、憎恨"人格中新的发展，就好像这个新发展是一个要被摧毁的对手一样"（p.98）。这种看起来像学习的过程，其结果实际上是破坏而不是增进知识。这个过程常常带有"道德"的优越感，这被比昂认为是反学习（un-learning）的特征之一（p.98）。

毒性程度和投射的强度与婴儿对挫折的反应有关，这种挫折感天然地归属于对需要无法即刻得到满足的任何体验。如果婴儿（学习者）无法忍受，就会倾向于尝试逃避这些因缺席、不确定性或未知而带来的痛苦。一种方法是更加大量地、持续地进行投射，直到感觉到自我中非常多的部分存在于另一个人身上，以至于产生了一种错觉，即感觉自我和他人这两者之间实际上没有区别。当没有二元性的体验时，就既不需要感受到分离也不需要感受到嫉羡，但同样地，学习也不会发生。比昂认为，回避挫折所带来的痛苦的另一种方法是转向全知全能的幻想，以此代替那种缺乏精神食粮的可怕体验。因此，"知道"就变成了"拥有"某种"知识碎片"组成的东西（这一误解经常在有关教育的政治辩论中被呼应，并得到了教育品质的"决策者"模型的维护）。这与 K 的含义完全不同——K 是一种能力，存在于"开始认识①"某种事物的更复杂和

---

① 原文"getting to know"表示动态的，是一个过程。——译者注

更艰巨的过程中，并通过能够容忍无限感（总是有更多的东西需要知道）和怀疑感（即能够接受不知道）得到支持。

这种特定的无所不知源自婴儿与主要照料者之间缺乏足够的抱持和整合的体验。它的一个特征是，个体倾向于用一种独断专行的方式断言一件事在道德上是正确的，而另一件事是错误的，以此代替真理和谬误之间复杂的、伦理上的区分。这样，正如比昂所指出的，在真理的主张和道德优越感的主张之间就会出现一个潜在的冲突。在这种情况下，个体试图通过不加思考地强加一种道德确定性以回避道德冲突和不确定性所带来的痛苦，而这种方式会一直阻碍真正的学习。

能够忍受挫折的婴儿，在他所需要的乳房缺席的情况下，也能够利用自己的资源，即便这只是非常暂时的。婴儿以相当于萌芽状态的思想的东西来代替比昂称之为"没有乳房"的状态。也就是说，婴儿依靠自己的力量来渡过难关；因此，在比昂看来，这开启了一种非常早期的思考和学习装置。这些资源来自这样的体验：母亲至少在某些时候能够承受焦虑和挫折；也就是说，婴儿有机会从一开始就吸收母亲人格的这部分特定功能。如果婴儿既没有承受挫折的先天能力，也没有足够的母性遐思的体验，那么婴儿会更加强烈地试图摆脱身体（情感）系统感觉到的无法消化或代谢的任何东西。

在这个非常早期的阶段，对学习进一步造成阻碍的因素，也是 -K 连接的一个特点，源于这样一个事实：在困难的环境中，婴儿的困境是他既需要将自己那些没有被改变的感受收回到内心，还要吸收母亲无法接受投射的那部分心智状态。因此，留存在婴儿内部的不是一个能够了解他的客体，而是一个"故意误解的客体，一个［他］认同的客体"（1962b，p.117）。

比昂提出，这些早期的互动会变成思考和学习过程的"模型"。因此，无论是对个体还是对团体而言，这些模型能够在以下两种学习和思考之间建立一个基本的区分，即促进人格成长的学习和思考，和与之相反的阻挠成长的学习和思考。后一种学习和思考会倾向于阻碍性格发展的方面——例如，优越感、不诚实或道德主义。当"K"心智状态占主导时，通过引入新的思想或新的人，团体得到了提升，而且正如比昂所说，团体的氛围是"有利于心理健康"的（1962a, p.99）。相比之下，在 –K 心智状态的支配下，会出现一种完全不同的功能，比昂将其称为"说谎的团体"，这个团体被嫉羡支配。在这样一个团体中，新思想和新的人的意义被剥夺了。这个团体会因为任何不是来源于其成员的兴趣或者意义而感到被贬低。其结果是，作为一个团体它不再能够发展。许多团体过程中的顽固执拗的核心在于对变化的固有的抵抗。团体认为变化会威胁团体的生存。变化会将团体置于这样一种压力之下，即把性格和功能的某些方面整合起来的压力，而当这些方面保存在其他地方、在另一个人身上、在另一个团体时，这个团体会感觉更舒适。

无论是在个体关系中还是在团体关系中，K 和 –K 意味着自我和他人之间的本质上不同的连接。个体的学习能力既取决于之前讨论过的内部动力的类型，也取决于在任何特定时期、特定的家庭和文化中占主导地位的学习模式。事实上，在任何情况下，学习的品质都会受到进行教育的团体态度的显著影响，也就是说，该团体是在促进还是阻碍个体的诚实。尤其是在教育场景下，被扰动起来的自卑感和防御，以及对确定性的追求，都会削弱创造性思维，其中对确定性的追求会阻碍个体向未知领域的进一步探索。也许这一点不足为奇，这方面在几个世纪以来几乎没有什么变化（见第十章），正如乔治·艾略特在她最后一部小说中对丹尼尔·德隆达这个人物第一次去剑桥时的幻灭感受的描述：

> 但那张旧支票来了，它一直伴随着他的成长而增长。他发现，内心对理解和彻底性的倾向越来越偏离了考试标准所划定的轨道：他感受到日益强烈的不满，因为一味地要求过度记忆和灵巧敏捷，而不去深刻了解构成知识之间重要联系的原

理，这些令人感到厌倦、徒劳而疲惫不堪（1876，p.220）。

正如我们所看到的，在任何一种学习情境中所进行的思考，都是以母婴关系所提供的原型过程为基础的。一个人能在多大程度上保持自己的思考能力，在很大程度上取决于一开始时他进行的学习的性质。它取决于对心理痛苦的最早期的防御，这些防御在人生的体验中是不可避免的，无论在哪个阶段或年龄。正如已经指出的那样，它也取决于个体在试图解决需要和挫折之间以及最终的爱与恨之间的核心冲突时所发展出来的、占主导地位的认同模式。我们回到最初的问题：处于痛苦中的婴儿是试图通过把痛苦投射到一个容纳客体中来摆脱痛苦，还是他有能力、有机会内摄一种可以从内部减轻痛苦的体验？在描述不同的学习过程时，第一种认同模式，即前面已经概括的黏附性模式尤其清晰可见。正如我们所看到的，当容纳体验缺乏三维属性时，这种存在模式往往会防御性地发生，取而代之的是发展出一种二维的、将自我黏附在他者之上的模式。在没有内部结构的情况下，外部结构被认为是生存所必需的。其结果是，尽可能少地承受分离的感觉，而且学习很少会发生。对于确实发生了的学习而言，它往往是基于记忆和死记硬背的方法，这就是约翰的教育体验的特征。

认知和情绪的学习与它们背后的心智状态之间的关系到底有多么复杂，这一点也许已经越来越清晰了。问题并不仅仅是情绪因素影响个体思考、学习和理解的能力，而是在于情绪因素影响个体真正接受事物的能力，以及利用这些事物形成关于自我在世界中的更真实图景的能力，这样的能力植根于非常早期的体验。这些不同的学习模式往往只有在青少年期时才会开始出现尤为明显的区别。

这个关于促进发展的学习类型和破坏发展的学习类型的问题，将克莱因关于追求知识的本能的描述与比昂所深信的观点联系在了一起——比昂认为每个人都有一种潜意识的渴望，即为了了解自我而寻求真实的体验；相信人从根本上是在寻求真相的。在他看来，真实的体验是心智的食粮。说谎的体验则是它的毒药。在某些方面，克莱因提出的"求知本能"的积极和消极方面看起来与比昂对 K 和 -K 的阐述非常相似。克莱因发现，早期知识的获得与施虐和焦虑之间存在着密切的联系。她认为，这种求知本能最初是在孩子焦虑地渴望探索他眼前世界的本质的背景下产生的，在最早期，母亲的身体内部就代表了这个世界。当婴儿感到挫折和有需要时，这种探索性的渴望在幻想（phantasy）中被消极的冲动激发，也许是嫉羡的冲动，想要通过消除令人恐惧的对手来破坏、控制或占有。焦虑驱使的偷窥的好奇心被认为是主要的刺激因素。在克莱因看来，稍晚些时候，婴儿开始怀有一种好奇心，这种好奇心更像是对知识的渴求，而不是"知道关于"事物的强迫性冲动。他既渴望了解自我，又想了解他人，想探索母亲心智中他的自我。这种探索是通过各种投射过程进行的，这些投射过程是为了了解而不是为了否认。这些发现可以被重新内摄和借鉴，被用来认识自我和进一步了解外部世界。第一种类型的探究对真正的学习极为不利。它鼓励了一种心智状态，即认为知识是一种需要"拥有"的东西，可以被占有，通常是为了野心勃勃、敌对竞争和自私自利的目的。它带来了许多陷阱，因为它会激起个体对欺骗的恐惧，并在成功的时刻引发危机，例如，担心内部的资格条件未能符合外部的称赞。

\* \* \*

举几个简单的例子就可以说明，辨别真正进行中的学习的品质和它对人格的确切作用，以及它背后的动机和目标是非常重要的。每个例子都有其自身的独特性，但它们没有以特定的年龄来进行精确的划分。无论例子所描述的儿童和青少年的实际发展阶段或年龄如何，它们都可以被视为代表了这里所讨论的不同类型学习的可识别的方面。

玛吉 2 岁 6 个月大。她一直在非常努力地接受她小弟弟罗伊的存在。从先天气质来说，她一向非常脆弱和紧张，与罗伊随和放松的性格形成了鲜明对比。在罗伊出生后，玛吉和母亲的关系变得不稳定，实际上充满冲突。玛吉和她那非常爱读书的父亲的关系明显拉近了，而父亲反过来又为女儿早熟的智力和新近产生的对他的喜爱而感到高兴。在这个特殊的场景下，玛吉发现无论罗伊想做什么，她都很难不去干涉和阻挠他。她会坚持用她那些比罗伊更强的能力，尤其是她灵巧的动手能力来"抢走"他的风头。罗伊勇敢地面对她轻蔑的评论，毫不气馁地继续做他的事情。看着玛吉不断地阻挠罗伊把不同形状的木块塞进它们各自的洞里，他们的母亲越来越感到挫败，并强烈地抗议道：如果玛吉继续这样做，茶点时就没有果冻吃了。玛吉只气馁了片刻，立刻就转向她的父亲，问他们是否可以"玩上学的游戏"。她坐在那里，仿佛坐在一张假装的课桌旁，而她父亲问了她一系列问题。对于一个非正式的观察者来说，这些问题对于这样一个年幼的孩子来说似乎非常复杂："首相叫什么名字？""英国国旗是什么样的？"等。玛吉完美地回答了大多数问题，这让她父亲非常高兴。但当她犯了一个错误时，她感觉受到了极大的委屈，并大声质疑她父亲的正直。

　　这个简单的例子非常清晰地描述了，玛吉需要通过获得智力技能的方式，帮助她对抗自己被迷人的弟弟取代的感受。她求助于事实性的知识来增强自己的信心，并且能够让她在幻想中赢得父亲对他的聪明小女孩的青睐。这样做或许是为了说服自己，作为爸爸喜欢的才智超群的伙伴，在某种程度比获得母亲对"小宝宝"类事情的关注要更好。她贪婪地收集事实和信息，就是为了减轻她对自己曾经作为妈妈唯一的孩子所占据的特殊地位的渴望。最终，讨好聪明的爸爸，虽然可能只有暂时的效果，但对她受伤和被取代的自我的痛苦感受来说，这起到一种脆弱的保护作用。我们可能会感受到一种看得见的风险的力量，那就是她的父母会从玛吉的"大女孩自我"中获得愉悦和智力上的满足，而她的"婴儿自我"会被忽视而不是被了解。玛吉需要有人来帮助她把这些婴儿化的感受整合到她自己作为一个真实的人，而不是一个表演的人的感受中。

* * *

智力表现常常被误认为心理健康，而认知功能背后的绝望情绪往往在社会和教育的赞誉中消失了。两名成绩优异的女孩被转介来接受心理治疗：桑德拉能干、才华横溢，但厌食又沉默不语；克莱尔曾经获得过剑桥大学的奖学金，但却很容易频繁哭泣和感到莫名痛苦。这两个聪明而又身陷困境的女孩在5岁左右都遭受了严重的丧失：桑德拉的父母分居了，而克莱尔的小弟弟死于脑膜炎。这两对父母都描述道，两个女孩当时的表现非常出色，以及当他们发现她们现在看上去如此痛苦时，是多么震惊。不出所料，我们很快就发现桑德拉和克莱尔都以学术实力为避难所，通过这种方式逃避她们无法忍受的悲伤。她们都试图通过学业上的成功来"处理"自己的悲伤，从而让父母免受更多的痛苦。他们潜意识的生气、内疚和愤怒，甚至可能是喜悦，都在社会可接受的竞争和成就领域得到了很好的"照顾"。结果证明，这是以牺牲整合她们人格的某些方面为代价的，而在当时她们无法承受这些方面。两个女孩都觉得有必要否认自己的痛苦，并把它归咎于别的地方（在这两个案例中，碰巧都归咎于一个麻烦而倔强的弟弟或妹妹）。

乔治·艾略特的描述很好地捕捉了这些不同的心智状态之间的差异：一种是自我中心、故步自封的心智态度，另一种则是能够与所有寻常的人类存在形成一种连接感的状态。

> 无论如何，这不是一种轻松的命运，因为具备了我们所说的高深教养，却无法从中得到享乐，望见了广阔无垠的前景，却不能超脱琐碎的烦恼和战果，始终觉得光荣可望而不可即，始终不能体味到自豪的欢乐，从而使思想变得活跃，感情变得奔放，行动变得朝气蓬勃，只能夜以继日地埋头在故纸堆中，寻章摘句，管窥蠡测，既野心勃勃，又胆小如鼠，顾虑重

重，目光如豆。①［1872/1965，p.314］

以上这些节选自《米德尔马契》中的文字将本章的主线串联了起来。而弗洛伊德把一本《米德尔马契》送给他的新娘玛莎·伯奈（Martha Bernay），也就不足为奇了。有助于人格成长的学习，是那种满怀激情和即使令人感到痛苦而仍然诚实地投入生活的学习。这是一种鼓励改变的学习，一种激发成长并且支持一个人独立思考的学习，从而让一个人成为更加真实的自己。

在青少年期，致力于这种学习的能力可能会有波动，或者感觉只是偶尔有可能达成。它来源于早期开始就占据主导地位的认同模式的性质，但之后内部动机和社会期望之间的复杂关系也会对这种学习产生影响。正如前面的例子所表明的那样，在那种"学究式却缺乏创见，野心勃勃又胆小怯懦的"学习方式和那种能激发抱负和进一步努力的学习方式之间，可能会不断地发生转换。在青少年期，-K 和 K 之间的转换会变得更加明显，但这些年轻人通常还处于这样一个阶段，即在有人帮助和安全感增加的情况下，他们也可能会处于谱系中更灵活和积极的一端。

---

① 译文引自人民文学出版社于2018年出版的《米德尔马契》简体中文版，译者为项星耀。——译者注

## 第六章

# 团体和帮派

在人的整个生命周期的发展过程中，青少年期团体生活的特征、品质和整体表现方面比其他任何一个时期都更加具有塑造性和重要性。青少年不得不开始应对"陌生人的时光"的体验，这不仅涉及全新的身体和情感层面未整合的人格的动荡，通常还包括身体的不稳定，一种身体"重心"不稳的体验（Tabbia，2017，p.95）。潜伏期强迫性的约束力和家庭抱持功能逐渐消逝，随之而来的是自我的弥散或分裂——上述功能现在需要另一个替代性的团体结构实现，以抱持自我的这些部分，并防止自我进一步破碎。

正如玛莎·哈里斯（1976）所说：

> 青少年期可以被视为这样一个时期：在此期间，家庭的容纳功能消失了，并且必定会从外部，以及最终从人格的内部被取代；在这个时期年轻人必须前进，通过"去整合（disintegration）"而达到一种新的整合，成为一个独立的成年人。在这个转变中，青少年团体有可能会发挥次级皮肤的抱持功能。在这个时期，过去婴儿期的冲突必须在新的、强烈的生殖驱力影响下被重新处理，这检验了先前的客体关系和认同的内化的质量。[p.123]

换句话说，这个团体可能正在利用比昂（1970）所说的积极的"外骨骼"功能来代替家庭的抱持功能，直到内骨骼或内部脊柱更加稳固地建立起来（p.23）。通过这种方式，团体可能也会有一种整合和保护的作用：这种作用来自一种网络，将所涉及的人格的不同部分抱持在一起，直到它们各自所属身份的更独特方面开始出现。如前所述，团体中的不同成员承载了团体中其他成员分裂出来的那部分特定特征，这一点并不罕见。例如，在团体中会有聪明的成员、爱开玩笑的成员、当替罪羊的成员、私生活混乱的成员，等等。

对于团体形成来说，也存在一个"人多势众"的维度。它可以起到保护作用，使青少年避免感受对孤独的恐惧。对孤独的恐惧往往伴随着那些令人困惑的新的感受所带来的混乱，那些感受常常让青少年感觉自己"和别人不一样"。各种各样的混乱纷至沓来：性别认同的混乱，成人与婴儿的感觉和斗争的混乱——从前那个"已知"的人格几乎无法识别这些混乱的状态。这些年轻人发现自己被困在一个完全陌生的地方。伪装成团体的成员，孤独感有时会得到缓解。对差异的恐惧可能是他们在着装要求、口音、音乐品味等方面必须与他人保持"相似"的驱动力。由于身体在体型、气味、质感、比例等方面呈现出完全不同的特征，这些都令人费解且往往令人恐惧，所以对外表的敏锐的自我意识会被风格的相似性掩盖。因此，在这个早期阶段，团体往往具有性别特异性，以此防御那个时期因为荷尔蒙激增和内分泌变化而引发的陌生的、不受欢迎的性冲动或性厌恶（在第四章中讨论过）。

关于这类团体的形成，最后需要提出的但也很重要的一点是：加入一个团体并不一定要与父母对立。一个团体成员可以脱离家庭，加入一个促进发展的团体，就如同一个团体成员可以与父母结盟，如果他觉得朋友可能有麻烦——这些麻烦可以是进食不足、过度工作或过度锻炼、吸毒、抑郁焦虑、社交媒体成瘾，或者任何其他麻烦。多年前，我在儿童和青少年精神健康服务临床中心的候诊室里遇到过具有这两种截然不同的心态的鲜明例子。

在第一个场景中，我走进候诊室去接待转介的患者———个 15 岁的年轻人。我遇到了 8～10 个女孩，她们完全一样地穿着时下很流行的服饰：马丁靴、501 牛仔裤，梳着紧紧的马尾辫（非常像第四章中与克里斯汀的第一次相遇）。我困惑了片刻之后，其中一个人羞涩地举起了手说："我就是你要找的人，其他人都陪着我，确保我真的到了这里。"

在这之后不久，我发现自己遇到了一个有些相似的情景。我要见一个 16 岁的"女孩"，她因过度吸毒和抑郁而被转介。现在有一个熟悉的场景在等着我：一群穿着相似的女孩，但她们的集体态度比上一次更具威胁性。在一个长长的停顿后，其中一个人站了起来，指着她的一个朋友，颇带挑衅地说："你要找的是她。要么我们都来，要么谁都不来。"

在这些截然不同的表现中，存在着一些可识别的共同的防御特征："相似"的重要性；消除差异；"融入"的必要性，无论隐藏的顾虑是什么。这些都是对这个年龄段心理和情绪的不断变化［青春发育期的重大变化所导致的情绪和心智状态的不稳定（见第四章）］的反应。当你感觉你正在失去"重心"，你周围的一切都在变化而且几乎无法控制时——这既令人不安，也可能令人兴奋——简单地看起来像"其他人"可能会带来极大的安慰。这其中有一种人多势众的心态，青少年共享同样的风格和态度。所以，在刚刚描述的这两种友谊中，我们有着外在的一致性，尽管意识和无意识动机截然不同。在第一种情况里，首要任务是确保那位陷入困境的年轻朋友能够真正参加她的会谈。第二个团体则是为了阻碍她们的朋友得到她需要的帮助。这种"阻碍"可能有很多背景原因：嫉妒她得到特殊的待遇；担心这样的帮助会导致她离开她们；担心她们功能失调的生活的共同外壳上会出现一个洞，这样整个团体可能会面临解体的威胁。可能是出于上述任何一种或全部原因，甚至更多原因。重点是第一个团体是促进发展的，而第二个团体则是施加反对发展的压力的，尽管几乎可以肯定的是这个团体并不是有意识地这样做的。

比昂（1961）对这两种团体功能模式做了重要区分。他会将我们第一群"候诊室"同伴的成员关系命名为"工作团体（Work Group）"，这个团体在促进发展方面是相互合作的；第二群成员则命名为"基本假设团体（Basic Assumption Group）"。他所说的"基本假设团体"是指一个团体心理集群，其表面目的被无意识的破坏机制所削弱，一般来说，这是团体功能所特有的机制，但有明确任务和目标的团体不一定会让这种机制占主导。他描述了这种"基本假设"的三个主要形式，即基于"战斗或逃跑""依赖"和"配对"的假设，会导致救世主式的希望，"无论是对人、思想还是乌托邦"（p.152）。在青少年早期，这些无论是外部的还是内部的团体，常常起到一种潜意识的防御作用，以此防御变化、亲密、痛苦和对丧失的恐惧，同时也起到一种"基本假设"的功能，逃入缺少思考和具有破坏性的活现中。

基本上，这些截然不同的情景所呈现的问题，是关于青少年时期（尤其是青少年早期）所特有的团体和帮派的起源、性质和功能的问题。正如我所提出的，在适应青春期的骚动和向成年期过渡的崎岖道路上，所有这些团体都以各自不同的方式提供了一种至关重要的情绪抱持和容纳的形式。对许多人来说，普遍的混乱在青少年早期尤为严重并且造成问题，因为在这个时期寻找某种个体和团体身份往往非常困难，而其重要性又是非常明显的。正如我们所看到的，有些团体有一种整合的功能，有助于把人格的不同部分整合在一起。另一些团体则具有一种更为瓦解性的功能，会促进人格不同部分之间的进一步分裂或冲突。一般来说，在这个阶段，团体成员之间的关系，无论是良性的还是有害的，通常与至少理清一种身份"感"有关。正如我们所看到的，这种身份感通常会涉及一种与众不同的统一服装或着装规则，甚至包括交通方式。团体可以提供安全的场所，在这里人格的不同方面可以被"尝试"，被展现出来并与个体保持联系；换言之，这是发展性的。或者与之相反，团体可能是提供不安全感和反发展的场所，会对个体施加负面的影响；家庭团体和其他团体都是如此。事实上，正如我们将要看到的，主要指向工作团体或基本假设团体的对立倾向是植根于典型的家庭关系的文化中的。

关于这一点，我们可以从一段历史趣闻中看到一些东西——自从好几年前我第一次听到这件事，我就一直记得这个清晰说明上述观点的情景。这段趣闻是关于两个 10 岁的足球迷受到的影响（粉丝是一个庞大团体的成员，可以说这个庞大的团体永远在团体文化和帮派文化之间进行着切换）。这两个球迷是邻居。蒂埃里·亨利①（Thierry Henri）将要离开阿森纳俱乐部②。萨姆的妈妈说那天早上萨姆非常心烦意乱。下楼时，他手里紧握着亨利的人物模型，痛哭着说亨利要离开球队了。据萨姆的妈妈说，成为一支成功的球队中一名成功球员的球迷，这让萨姆也觉得自己很成功，而亨利的离开让他感到自己被拒绝了，觉得自己很失败。他感到失落，悲伤欲绝地哭了起来。

与此相反，据说住在萨姆隔壁的朋友愤怒地撕掉了墙上所有阿森纳的海报，并且加入了在最后一场比赛后在球场外对亨利喝倒彩的"帮派"。在妈妈的帮助下，小萨姆努力地容纳自己的哀伤。他愤怒的朋友则参与了一场丑恶的活现——转眼之间理想化变成了诋毁。这种感觉就是，一直以来萨姆从他体贴的妈妈那里获得一种特定的理解，这种理解对他潜在的责备和愤怒以一种他朋友无法做到的方式进行了调节。

就这些个体或团体现象而言，事情的核心是，我们所有人都会有的愤怒、攻击、施虐和恐惧的感受在最开始时的命运如何：最初的情绪"重心"是如何安全地、持续地建立起来的。正如我们所看到的（见第四章），它根植于母亲和婴儿之间从一开始就极其复杂的关系之中，甚

---

① 法国足球运动员，曾效力于阿森纳足球俱乐部。——译者注
② 阿森纳俱乐部（Arsenal Football Club，简称阿森纳）是一家位于英国伦敦北部伊斯灵顿社区的足球俱乐部，参加英格兰足球超级联赛。——译者注

至在出生之前就根植于可以被称为"胎儿体验的文化"之中。正如马耶洛（Maiello，1995）所描述的那样，其中至关重要的部分包括了母亲的心智状态、她的声音、她的话语、她的心境，以及在出生后，随之而来的她热切的凝视和情绪的接收能力。精神分析描绘的人类心灵的图景是，每个人自我破坏的部分和健康的部分、反常的部分和创造性的部分，都有许多方面。在适当的环境中，破坏性的一面可以被容纳、被了解，进而在某种意义上可以被健康的部分中和。但在更困难的情况下，破坏性的部分被感知为会威胁自我（随之而来的是对碎片化和混乱的恐惧）和（或）威胁那个或者那些原初所爱之人。

"适当的环境"是指婴儿最初的环境，即母亲或照料者的心智，有能力接收、容忍和了解婴儿日常关于痛苦、愤怒和恐惧以及满意和爱的交流；用依恋理论家的语言来说就是，母亲能够对婴儿的提示和信号做出反应和调谐。在面对饥饿、孤独或死亡的恐惧时，婴儿般的无助感所带来的挫折和焦虑，以及通过分裂和投射来沟通这些状态的相应的努力，是所有人共同的感受和采用的机制。婴儿和青少年一样，在气质上有的"好带"，有的"难带"，他们承受挫折的能力也各不相同。在性格和发展上造成差异的原因，是母亲（父母）应对这种激烈且通常是有毒的沟通的能力、承受住这些沟通的能力——或者相反，在面对这些沟通时感到过度愤怒、无助或绝望的状态。至关重要的是，能够通过内部资源（逐渐从内在的父母那里获得，并体验为内在的父母）来了解通常被认为是敌意攻击的东西，这样就可以对这些东西进行思考、调节，从而使其变得有意义。

我们需要考虑哪些早期的因素可能会在以后促使一个人趋向一种团体而不是另一种团体。为此，我们必须关注早年的体验，包括身体的和情绪的体验。例如，父母无力承受焦虑、挫折和恐惧，或者通常以愤怒的形式表现出来的这些精神痛苦，就可能会使婴儿在自己的感受中挣扎，而这些感受却没有得到调整，或者更加糟糕的且经常发生的情况是，如果母亲的愤怒和不胜任感被推给受到惊吓的孩子，婴儿的感受还会被加重。在这种困境中，孩子会面临各种各样的选择。有些人会切断感受并发展出一种假性独立，过于害怕冒险，无法找到所需要的反应。另一些人可能会试图更用力地投射，在精神上痛击他们体验到的母亲心智的"油盐不进"的外壳（但通常不幸的是，他们反过来会在身体上被殴打，因为母亲无法应对这些婴儿般的绝望，就会以身体的伤害作为回击，试图把这种绝望扔回给婴儿）。还有一些人会分裂他们的感受，把好的感受留给一段关系，把不好的感受放在别的地方。

在第七章中可以找到这些早期动力的例子。这个简短的例子来自婴儿观察，它可能会以一种提示性而不是确定性的方式将我一直在追寻的一些线索汇集在一起。我借鉴了欧内斯特·琼斯的论文《青少年期的一些问题》（Some Problems of Adolescence，1922）中关于这些最早年的内容，在这篇论文中他描述了在青春期——

> 发生了向婴儿期的退行……这个人又再度经历了一次他在人生第一个五年所经历的发展，虽然是在另一个水平上……它意味着个体在生命的第二个十年中，重复并扩展了他在人生的前五年中所经历过的发展……（pp.39-40）

换句话说，过去的冲突，特别是婴儿期的冲突和俄狄浦斯期的挣扎，（在新的生殖驱力的背景下）正在被重新加工，这些冲突考验着早期容纳和内化的品质。

不同的年龄和阶段有不同的表达内心扰动和焦虑的方式。让我们看一下历史上的一个故事片段：正如我们所看到的，对于青少年来说，至少在青少年早期，要疏解这些难耐的感受往往会以团体的形式而不是以个体的形式表达出来。我将提供一个简短的例子，这个例子来自一个备受瞩目的审判记录。在这个案件中，一个少年被一群同龄人误杀了。在一个周五的晚上，16岁的尼克在离开乡村小镇的青年俱乐部时遭到了袭击。4个年轻人打了他一顿，然后发现这位受害者没有带任何贵重物品。显然，他们因此感到愤怒和挫败。他们把尼克从一座桥的护拦扔下，桥下是一条水流湍急的河流。"我不会游泳！"尼克紧紧抓住砖块尖叫道。袭击者踩着他的手指，直到他松开手掉进河水中。他被冲到河流的下游，溺水身亡。

也许在这个书卷气、戴眼镜、不会游泳的小伙子的外在轮廓和特征中，其他人害怕遇到他们自身脆弱和不够好的内部图景，即他们想要攻击和摆脱的某些方面。也许没有得到即时满足（没有钱）激起了暴力的冲动，这些冲动必须加以实施，因为它们无法在内部得到处理。也可能是因为各种各样的事情，我们不得而知。但其中一个男孩在随后的审判中所说的话提供了一个线索："我和其他人一起，我们失去了所有人类的感受……我们想让他受到伤害，感到害怕和孤独。"

在同一份报纸的另一页上，有一篇关于一名纳粹战犯的报道。当时他刚成年，但在立陶宛围捕杀害数百名犹太人的行动中，他却发挥了重要作用。在长期服刑后，他接受了采访："你现在对这一切有什么感受？""瞧，我在里面待了15年，就这样。我当时在服从命令。""你感到后悔吗？"他停顿了很长时间，然后耸耸肩。"有趣的事情是——你扣动了扳机，然后人们倒下了。"

在这两篇令人不寒而栗的报道中——一篇是英国本土的，另一篇是世界历史的——我们听到的是行动与思想的分离，是行为与意义和结果的分离。对于这帮男孩和纳粹战犯来说，这个问题与其说是关乎认识个人责任，以及是否有内疚和自责的潜在能力（"我做了什么？"），不如说是关乎一个更偏执的、被迫害的、更冷酷无情和被异化的心智状态（"他们让我做了什么？"）。

关于团体和帮派，正如我之前提到的，在青少年时期逃离到团体生活中是这个年龄段所具有的特征，而且往往对发展非常有帮助，但也可能会呈现出一种更邪恶的帮派性质的特点。"帮派"善于指派人格中更具破坏性的部分来充当犯罪同伙的角色。所有团体有时都会对其成员施加胁迫的压力，要求成员做他们作为个人不敢做的事情。但这与从众是两回事，因为他们似乎表达了自我中更胆怯或更邪恶的部分，重现了一种恐惧和压迫的氛围，这对那些曾经受到过胁迫和压迫的人特别有吸引力。正如婴儿在感到不被容纳时，会因未被满足的需求而爆发出"愤怒"一样，正在与那些青春期版本的婴儿期冲突斗争的青少年也如此。这种帮派式的心态引发了一种集体性的许可，以表达破坏性的情绪或态度，而这些情绪或态度是很难在个体层面加以控制的。

如果我们回到那个被谋杀的男孩的例子中，我们就可以看到与之相关的男孩们如何集体遭受着无法忍受的愤怒和挫折。他们想在身体层面驱除这种无法忍受的感觉，而方法就是摆脱那个他们感觉给自己带来不适和挫折的人。他们把他扔进河里，当下并不担心他不会游泳，也不担心他肯定会被淹死。在这里我们可以看到，每个男孩都在以一种他独自不太可能做到的方式，在同伴帮派中盲目地行事。换句话说，这种投射的汇聚导致了一种冲动的见诸行动。这种汇聚的力量摧毁了个体的思考和判断能力。这个可怕的事件是情绪状态的很好例证，如果在一种情绪状态下，婴儿期承受挫折的能力较低，或者如果婴儿或幼儿受到过度的挫折，那么具有容纳功能的母亲的缺席会被认为是当下的迫害者，并且不允许思考发生。这种焦虑的体验是压倒性的。个体必须通过一种全能的见诸行动来摆脱这种焦虑。

赫伯特·罗森菲尔德（Herbert Rosenfeld，1971）和梅尔泽（1973b）率先从内部帮派的概念出发，探讨了这些难以忍受的感受的帮派式表达。詹纳·威廉斯（1997）在关于帮派动力学的一章内容中概述了她借鉴的理论参考框架。她特别引用了弗洛伊德、罗森菲尔德、梅尔泽、约瑟夫（Joseph）和斯坦纳（Steiner）的著作。例如，在关于《青少年期的认同和社会化》(Identification and Socialisation in Adolescence)

的论文中，梅尔泽（1973a）描述了在某些情况下，吸引青少年的团体类型可能是内部集群（internal cluster）的镜像，这个内部集群容纳了自我中破坏性的部分。这样的团体更加适合被定义和命名为"帮派"（p.52）。他在《恐怖、迫害和恐惧》（Terror, Persecution and Dread）一文中详述了这一观点。

> 当依赖内部的好客体变得不可行的时候……当对一个好的外部客体的依赖无法获得或不被承认时，与自我坏的部分之间的成瘾关系，对暴虐的屈服，就会发生。破坏性部分的全知感和由所涉及的倒错或成瘾性品质所产生的全能感，分别渲染了和产生了一种安全感的幻觉。[1973c, pp.105-106]

罗森菲尔德（1971）和梅尔泽将这一"破坏性部分"描述为一个内部帮派：

> 这些患者的破坏性自恋往往是高度组织化的，就好像一个人在对付一个强大的帮派，而这个帮派由一个头目掌管，他控制帮派的所有成员，以此确保他们相互支持，使犯法的破坏性工作更加有效和有影响力。[p.174]

威廉斯强调了罗森菲尔德是如何着重指出帮派组织的本质是为了进行"犯罪的、破坏性的工作"而联合起来的。她指出，罗森菲尔德强调了为了"维持现状"，帮派对人格的其他部分有着严格的控制。换言之，帮派的凝聚力就是其破坏性目标本身。帮派打着保护成员的幌子聚集在一起，但其首要任务是破坏。相比之下，虽然团体常常弥漫着非常具有伤害性的动力，比如让外人感到被排斥，但它并不是为了伤害他人而聚集在一起的。

另外两个简短的例子可以阐明，年轻人在外部世界中恰当地努力前进并拥有潜在的成人能力方面的发展，在青少年期如何不断地被内在的拉力阻碍着，而回到某些反常状态。他们看上去似乎被这些状态束缚。正如威廉斯和我合著的一篇名为《对反常心智状态的反思》（Reflections on Perverse States of Mind）的文章所指出的那样，"当患者第一次尝试摆脱内心'老大哥'的支配时，反常心智状态的成瘾特质就更容易被观察到"，这一点似乎与当前的社会和政治氛围密切相关（Waddell & Williams，1991）。

正如我们在这篇文章的参考架构中所明确指出的，这里的反常与对性选择的描述方面无关，而与一种对关系的负性讽刺描述有关，就好像在奥威尔（Orwell）的《一九八四》一书中服务于真理部的倒错，在那里："战争即和平""自由即奴役""无知即力量"[①]。

这样的心理过程在两位年轻患者的梦的材料中是显而易见的。他们两个人都很聪明，富有创造力，致力于在社会上获得外部受人尊敬的地位和有意义的亲密关系。然而，他们不断地受到迫害性焦虑的威胁，受到来自内部的对欺诈和欺骗的指控的威胁。两个人都保持着相对传统的外表，然而都被与墨守成规的外壳不相符的梦和幻想折磨着。

安德鲁（一位18岁的实验室技术员）在防御来自分离、亲密关系、体验到"渺小"的痛苦，特别是在防御为了改变而挣扎的痛苦时，其典型的防御模式是同性恋的幻想和梦境，通常是与部分客体或者肛欲期类型的幻想和梦有关。内部冲突的本质已经在一些早期的梦中清楚地呈现出来，其典型表现如下。

---

① 在乔治·奥威尔（George Orwell）的政治讽刺小说《一九八四》中，真理部（Ministry of Truth）是大洋国四个部门之一。主人公温斯顿·史密斯就在真理部上班。和其他三个部门一样，这个部门处理的事务与头衔截然相反。真理部主要负责根据现实和宣传需要，改写历史文献、报纸和文学著作。——译者注

> 我被关在一间黑屋子里。每次我试图从地平线上逃往生命、光明和自由的时候,我都被一个帮派拉了回来,他们的头目叫"凯夫(Cave①)"。

安德鲁将这个"头目"与流行音乐界的一个人物联想在一起,据说后者小时候喜欢把昆虫的翅膀和腿从昆虫身上扯下来。这个细节在安德鲁的脑海里留下了特别深刻的印象。

类似的情景在另一位患者比阿特丽斯(一位19岁的学生)的梦中也是显而易见的,而背景正如她所说,是"《一九八四》类型的建筑"②。

> 这座建筑是一座巨大的谷仓形状的建筑,内部呈洞穴状,是一个"老大哥"组织的总部。在这个组织的监视下,穿着制服的人们在附近的田野和果园里劳动。我意外地发现自己在远离人群的地方,沿着一条长满青草的小路,享受着夜晚的美景。我突然意识到,无意当中,我差点逃走了。我害怕警报会被拉响,就跑了起来,在泥泞的小路上滑啊滑,滑回了总部。在那里我碰见了自己的老大哥(事实上,那是一个在她孩提时代对她进行专横控制的男人,并且作为她内在的一个形象,继续这样对待她)。我被吓坏了。

安德鲁的"黑屋子"和被拉回到洞穴(幽闭空间)中(Meltzer, 1992),以及比阿特丽斯回到泥泞湿滑的小路上,这些都清楚地显示出了人格的破坏性部分联合起来与追求自由、光明和美丽的部分之间的对抗。安德鲁有关帮派头目凯夫的联想,对他而言揭示了他自己与他

---

① 意为洞穴。——译者注
② 乔治·奥威尔的政治讽刺小说《一九八四》中描述的建筑类型。——译者注

所体验的流行文化版本之间的明确联系——这个版本的流行文化有着卑屈的奉承和盲目的团体行为。这一场景同样被大众媒体宣传机器控制，与比阿特丽斯梦中的《一九八四》的情景并无不同，尽管稍微有一些伪装。对大团体现象的缺乏思考的本质的感知，是这两个梦的特征所在。此外，施受虐将这些梦与对一种内在的反常世界的倾向联系在一起——这种施受虐在安德鲁有关折磨昆虫的联想中是显而易见的，在《一九八四》世界里的支配/服从之轴中则是隐晦含蓄的。这两个梦都明显地加剧了个体在庸俗、玩世不恭和反常的力量与那些可以被描述为站在生命一方的力量之间的痛苦挣扎。

为了进一步阐明就在内在世界中发挥功能的典型模式而言，团体和帮派之间的区别，我将再次引用西蒙的案例（在第五章中讨论过），他在被转介时是一名18岁的医学生。一段时间以来，西蒙承受了各种各样的焦虑：在和男性顾问一起时他会变得惊慌失措；他害怕与女性发生任何形式的性接触；他对自己大量的理智化防御的脆弱性以及建立亲密关系的普遍困难都感到极度不适。但是，正如他在治疗之初就告诉我的那样，他做的一个梦最终让他决定前来寻求帮助。

在我工作的医院的妇产科的走廊里，有一个巨大的、粉红色蜗牛状的怪物。这只怪物硕大而多肉的尾巴里面好像形成了一个隧道，有一群男生在隧道形成的腔体里嬉戏玩耍。他们用令人惊慌的充满诱惑的笑声劝我说："进来吧，这里很好玩。"那里面是令人兴奋和迷失的，带有一种相当变态的享受的滋味，就像在儿童游乐场一样。这种气氛开始让我非常焦虑，我突然发现自己惊慌失措。我跌跌撞撞地跑了出来，沿着走廊冲了出去，最后挖隧道钻进了一个演讲大厅。在大厅里，我在投影仪后面找了个位置，这个位置是顾问/教授们通常站的地方。

思考这个梦时，西蒙描述了一种清晰的感觉：他被邀请进入一个类似子宫的物体。虽然他本人并没有提及"亵渎"，但他的叙述确实传达了一些这样的感觉。他所描绘的"团体"是以一种不尊重和嘲弄的方式聚集在一起的。他说："在一个未出生的婴儿正准备进入产道的地方，不知何故有一种破坏的、暴力的、狂躁兴奋的气氛。"他说，他有一种感觉是，这样一个团体更有可能扼杀生命，而不是培育生命。

西蒙还形容自己经常有一种幽闭恐惧的感觉，处于一种焦虑之中，这种焦虑可能伴随着那种帮派的心理状态——它控制着学生们在那个多肉的腔体中的活动。在梦的第一部分中，他设法让自己摆脱那些看似唤起了他对性亲密的恐惧背后的某种东西。第二部分描述了他的另一个担忧，而这一次，他无法回避。当他让自己处在投影仪后面时，我们看到他倾向于进入另一种类型的认同，这一次是一种理智化的防御，以此抵御与自己的胎儿自我（一个还有很多东西要学习的自我）有过多接触。他站在讲台上而不是在学生观众席中，这一事实突显了在这种心智状态下，他如何摒弃了自己实际的困境，转而妄想自己与那些有更高地位的人物是同一类人，而他是如此渴望拥有那些人的地位和学识。

随着治疗的进展，这种妄想开始与一种信念联系起来，即他比我（他的治疗师）更加精通精神分析理论。尽管他对这个学科的狂热的阅读与思考和他真正的兴趣与建设性的好奇心有一定程度的联系，但同样很明显的是，这种对知识的渴望，有时会被一种兴奋地进入我的内在或心智的贪婪而具侵入性的特质污染——在某种程度上，这与那个在蜗牛隧道般的内部嬉戏的帮派有一些相似之处。我们可以看到，成为一名教授/讲师并不能代表这是一种进步，而只是通过一种不同的隧道进入一个男性权威人物的角色之中，就好像他属于那里一样。当我们把这个早期的梦的内容与最近的梦联系起来时，我们可以看出西蒙的心智组织发生了一个明显的变化。在第二个梦里：

我是我最近工作过的一家医院的"员工团体"的成员。哦，那并不是真正的员工团体。不，那不是一个员工团体，而是一个患者团体。有一位顾问负责这个患者团体，他是一个身材高大的男性，在我的脑海中会把他与一种鸡奸的、原始和施虐性质的氛围联系起来，就像我昨晚看的一部老电影《生死狂澜》①（*Deliverance*）中所表现的那样。这位顾问似乎不知怎么地衰弱了，他浑身发抖；他的不确定性和他阴暗的存在有一种转瞬即逝的特性。我在梦中有一种清晰的感觉，也就是那个团体代表了我的某些部分。对于第二位顾问的到来，人们有一种期待，他将具有强大而慷慨的理解力、专注力，还有你所说的那种容纳和感知的能力。

事实上，当西蒙描述这些特征时，他传达了一种潜在的（即将到来的）对一个真正的父母人物，甚至是治疗性人物的认同。这个人物结合了母性和父性特征的各方面。在早期的材料中，他难以识别这些特征，例如，把蜗牛描述成女性，同时强调了讲师/教授的男性气质。在以前，他总是小心翼翼地把他的父母分割开——甚至梦见自己躺在他们之间，引诱一方离开另一方——尽管他不能完全确定这个引诱是指向哪一方的。

在第一个梦中，母性和父性的表征之间有一条走廊——它们是分开的——而第二个梦中的"西蒙"顾问被视为一个父母的形象，结合了父性和母性两个方面。感觉上，西蒙在与年长资深的人物之间的关系中，更能接触到自己的渺小了，正如第二个梦所明确表明的那样。他意识到，他所属的团体是一个患者团体，而不是他最初所想的员工团体。

---

① 《生死狂澜》是一部1972年的美国惊悚电影，在这部电影中有男性被强奸的场景。——译者注

第二，在思考这个梦的时候，我认为他自己非常有洞察力地描述了一件他称之为"拆除"的事情，他感觉到这件事在他自己身上发生了。他对此做了澄清，提到了去掉甲壳虫的坚硬外壳，这样一来甲壳虫内在的柔软和脆弱就可能处于风险中，也能够被感受和充分体验。似乎在治疗过程中慢慢被"拆除"的是他的自我保护性的、理智化的膜／皮／壳——如果这些被去掉，西蒙人格中更脆弱、柔软甚至胆怯的部分就会暴露出来。这两个梦共同表明西蒙越来越有能力依赖一个受人尊敬的人物，这个人物能够对他的婴儿部分承担起父母的关注的责任。这与西蒙过去的那些具有施虐和侵入特质的、更为专横的顾问／权威人物非常不同。西蒙一直很尊敬和服从这些人物，但却在暗地里轻视他们。

这两个梦之间发生的转变确实标志着西蒙开始"拆除"那些对成年期的婴儿式妄想，也标志着他朝着有能力成为一个依赖他人的患者的方向迈进，去真正更多地了解自己，而不是精神分析和医学理论。此时，西蒙感激地认为，精神分析提供了一种可以让他从自己的抑制和破坏性的部分中"分娩"出来的方式，并引导他逐渐发展出吸收一些真正的思想食粮的能力。这与第一个梦中变态的"分娩"场景形成了鲜明的对比。因为在那里，没有活着的婴儿出生；相反，一帮男性医学生亵渎和攻击着母性人物；由此可以推断，他们攻击的恰恰是生育孩子的能力。

我描绘了这样一个进程：从以性别之间的分裂和对更强大的人物进行投射性认同为特点的、婴儿化的、自恋的组织，发展至具有更加整合和谦虚的成人能力，能够感激养育性的内在人物，并与之保持联系。这样的描述有把青少年期经历的变迁中所特有的、被期待的发展过分简单化的危险。事实上，随着时间的推移，这些不同的心智状态之间会不断地发生振荡。换言之，我思考的不是贯穿青少年时期和之后的岁月的线性发展，而是各种不同且处于变化中的心智组织与心智状态之间的反复转换和连接。

贝蒂·约瑟夫（Betty Joseph，1982）非常简洁地描绘了这幅图景：

这样的患者感觉到被自我的一部分所束缚，这部分的自我支配并囚禁着他们，不让他们逃脱，即使他们看到生命正在外面召唤……重点是……不仅仅是患者会被他自己攻击性的部分所支配……而且在这个过程中，攻击性的部分会主动地对自我的另一部分进行施虐，而后者以受虐的方式卷入其中，而且这已经成瘾。（p.451）

在过去，安德鲁和比阿特丽斯都倾向于通过相当原始的认同过程进行青少年期的学习——要么通过与专业地位保持一致来完成（对安德鲁来说，是科学家/实验室的地位等级），要么通过与现实的家庭成员保持一致来完成（比阿特丽斯的情况）。在这两种情况下，表面的顺应和隐性施受虐之间的关系是清晰明确的。

这两位患者的材料的不同方面表明了关系的连接——比昂将这些连接理论化为爱（Love/L）、恨（Hate/H）和知识（Knowledge/K）的连接（见第五章和第九章）——是如何不断地受到阻碍，从个性、亲密和审美感受力的自由状态转变成对团体规范的盲从（无论是内部还是外部）。这里的团体规范常常伪装成名望、社会等级和地位，或者转化为"新语（Newspeak）"[①]和二维文化力量的帮派心理状态。所有的这些过程，最终都是在负性模式下发挥功能的。这些模式更具有反连接、反思想和反知识的特征——简而言之，就是-L、-H和-K。比昂曾短暂地把这种模式称为一种"负性网格"，一种心理和情绪性的集群，实际上代表了一个生产"谎言"的系统——也就是说，它是为误解和反思想所服务的一个系统。在比昂看来，这些谎言对心智造成了毒害。这一理论立场的含义在当时是一个未知的领域，它仍持续在进一步的临床探索中被呈现出

---

[①] 新语是小说《一九八四》里专制政权所创造的语言，目的是满足意识形态的需要。——译者注

来，甚至在大规模的社会和政治行动中被呈现出来。显然，我们必须始终强调这些内在的心理过程与社会和政治领域之间的联系，特别是在这里所讨论的年龄群体之中。在最后两个例子中，我们看到了团体和帮派对这些年轻人而言的风险（这是青少年时期所特有的风险），无法找到某种解决办法。这些发展的困难可能有多种成因，既有内部的，也有外部的。青少年可能对孤独、被排除在外和受迫害怀有过于强烈的恐惧，也对性和亲密、分离以及身份怀有过于强烈的焦虑。但也应强调的是，穿越这片常常充满危险的区域的各种道路可能会继续蜿蜒曲折，直到进入所谓的成年期，尽管在这个过程中问题常常会得到逐步解决。

# 第七章

# 霸凌的心理动力学

在一个野蛮的时代，如果你放任男孩子们自行其是，他们自己被粗鲁的环境残酷地对待，由于暴力的规训和总是严苛的童年，他们会变得具有攻击性，而你就会被霸凌。即便完全没有这些情况，你也一定会被霸凌。在这些世纪里，霸凌总是在发生，持续不断并且很凶残。

乔纳森·盖索恩－哈迪（Jonathan Gathorne-Hardy，1977，p.60）描写了公学现象（public school phenomenon）的一些特殊方面。他说："每个世纪都有一些可怕的报道，但很明显18世纪到19世纪初是一个高潮。男孩子们相互厮杀。"（p.60）

引用这40年前的，但仍然非常具有当代特点的叙述，我想从一开始就确立这样一个观点，即霸凌现象是外部和内部事件极端复杂情况的产物。尽管具有特定的历史、阶层和性别的背景，引文中所提出的问题对于当前任何青少年发展的探索都是至关重要的。不言而喻，至少从外部看来，霸凌者必须有霸凌的对象或人。这里存在着一种动力关系，在这个关系中，由于外部环境的恶化或刺激，人格的某些方面会表现出来——从来都会伴随代价，而且有时还会带来悲惨的后果。

正如盖索恩－哈迪所说，发生在儿童和年轻人中的霸凌行为与更广泛的社会、文化和政治环境密不可分。因为这个主题可以说是涵盖了所有事情，所涉及的范围可以包括，从一个压力大的母亲把她的孩子从商店里的玩具旁边拽走,对他说"如果你再碰那个东西我就揍你";到家庭纷争,工作中的人际关系,阶层结构、种族主义和性别歧视以及宗教和部落战争——事实上,包括任何形式的压迫,只要是一方凭借权力、暴力、残忍或邪恶对另一方进行的迫害(无论是以团体还是个体的方式进行)。一个人如何了解人类内心的邪恶,我们所有人内心的邪恶?什么样的因素使得一个人——无论是施害者还是受害者——容易受他的冲动所支配?以及,什么样的因素使得另一个人能够容纳和抵御这些冲动?

与上一章一样,本章也会提及团体和帮派,但特别强调的部分是:在霸凌者或受害者身上存在的,霸凌心理的潜在决定因素及其后果。在儿童和青少年时期,有一些因素通过非常独特的方式促进了这些破坏性力量的形成。正如我们所看到的,通常情况下在青春发育期,那些早期的缺陷和弱点会被重新扰动起来,而且不得不重新加以处理。此外,在青少年时期,个体一方面要面对从众的压力,另一方面要面对个体化的压力,这两方面的压力往往都是最复杂和最绝对的。对身份的焦虑,会让个体极度难以容忍自我或他人身上的差异——这会成为团体身份的来源(如果是良性的),或者,当共同的目标变成以牺牲他人为代价来残酷地增强自我时,这会成为帮派或团伙心态的温床。对于帮派的态度和行为,人们会遵循政党的路线或屈从于领导者,而作为个体时他们会完全避开这些态度和行为。

盖索恩-哈迪告诉我们,伊顿公学的男孩子们所遭受的恐惧和侮辱超出了可以描述的范围。查塔姆(Chatham)勋爵说,"鲜有人能看到一个没有被伊顿公学的生活吓倒的男孩"(Gathorne-Hardy,1977,p.66)。珀西·比希·雪莱①(Percy Bysshe Shelley)没有被吓倒,而是变得充满

---

① 雪莱是英国文学史上最有才华的抒情诗人之一,被誉为"诗人中的诗人"。1804年,他被送到伊顿公学,并在此度过了6年的中学生活,在此期间受到了同学的霸凌。——译者注

全能感和复仇之心。他在 10 岁就读预备学校的经历，以及 12 岁就读伊顿公学的经历从根本上影响了他的人生，或者更确切地说，是让他的人生伤痕累累，而他只是众多有着相同经历的群体中的一员。他的传记作家理查德·霍姆斯（Richard Holmes, 1974）生动而痛苦地描述道，"猎捕雪莱"持续进行着，特别当雪莱拒绝对他的"老大"[①]卑躬屈膝时，以及为了回应雪莱个人"狂野和显眼的怪癖"时，这个猎捕的过程会尤为狠毒（p.19）。不服从命令和表现得与众不同是一个致命的组合。霍姆斯记述了一场"打钉子"的游戏，在回廊里等着吃晚饭时，"一只沾着泥巴的足球在人群中被踢""大家拼命地朝一个公认的靶子射门，通常雪莱就是这个靶子"（p.20）。

> 某个男孩的特定的名字会被大家一个接一个地念出来，直到成百上千的人不断地重复这个名字。雪莱！雪莱！雪莱！回廊里传来雷鸣般的声音，但往往这个声音会伴随着恶作剧——比如把他的书从腋下打掉在地上，在他弯腰捡书时抢走他的书，拉扯和撕烂他的衣服，或者用手指着他。（p.20）

这对很多人来说都太容易辨认了——虽然雪莱的反应可能不是这样的。我们被告知，"结果是……一阵愤怒的爆发使他的眼睛像老虎一样闪闪发光，他的面颊变得苍白如死，四肢颤抖，头发竖立了起来"（p.20）。

雪莱后来对有组织的权威和社会墨守成规的仇恨，似乎与这些年的经历有很大关系。但与这些年的经历有关的，还有他自己痛苦的、愤怒的和暴力的爆发，这些都在他之后的生活中重现。他的同辈人的野蛮暴行可能看起来更类似于戈尔丁（Golding）的《蝇王》（*Lord of the Flies*,

---

[①] 原文为 fag masters，指由低年级生伺候的高年级学生。——译者注

1954）一书中男孩们行为的某些方面，而不像现在大多数被描述为霸凌的行为——尽管纵火和杀戮，以及现在的持刀行凶和泼酸攻击确实都是相当普遍的。

我首先强调的是易感因素，即较少聚焦于试图建立直接或特定因果关系的因素（例如，暴力电影或视频、虐待、社交媒体、线上行动等），更多聚焦于需要关注的一系列潜在的心理动力。例如，雪莱为什么会以狂暴的愤怒回应，而另一个孩子可能退缩到抑郁和无声的痛苦里？一个孩子是如何拥有抵挡作弄和辱骂的复原力的呢？在面对嘲弄或折磨时，他是如何拥有内在的能力以保持一种自我的安全感的？复原力是天生的，还是后天习得的？如果是后天习得的，什么样的因素能产生或培育出这种品质呢？这个问题没有简单的答案。孩子的性格发挥着核心作用；父母童年的特点，他们被养育的经历以及养育子女的经历，都同样发挥着核心作用。家庭文化、家庭支持网络、社会环境、教育供给、财政资源等亦是如此。我们需要探索的是，从一开始在儿童、成人和外部世界之间的沟通矩阵中，所有这些外部因素和特别是内部因素之间的极其复杂的关系。

为什么有些人在学校会被残暴地霸凌，而另一些人却没有呢？或者，为什么有些人（就像雪莱），一旦受到霸凌就会带着对残暴和专制的仇恨度过这一关，而另一些人则会有强烈的霸凌倾向呢？为什么一个人会认同霸凌者，而另一个人会认同受害者？我们如何解释这些不同的认同呢？例如，在《蝇王》中拉尔夫（Ralph）和杰克（Jack）之间形成的鲜明对比①。在戈尔丁引人入胜的故事中有一个有趣的细节，那就是在坠机前，杰克和他那帮最恶毒、凶残的猎人都是唱诗班的成员。这个细节可能意味着什么呢？也许这些男孩之前被从众和顺从的外部结构支撑

---

① 拉尔夫和杰克是《蝇王》这部小说中的两位主人公。拉尔夫代表着理性勇敢，杰克则与前者对立，代表着人性的恶、兽性和非理性。——译者注

着，但在极端情况下，他们尤其无法应对和容纳自身更加致命的冲动。没有外部强制性的禁止，或者没有来自父母的容纳，他们内在约束的欠缺（就像伊顿公学的学子们一样，他们同样缺乏成人的监督）就会导致最原始和变态的行为，而这些行为是由焦虑、恐惧和仇恨滋生的。

我们所谈论的事情比以下事实要复杂得多，即除了明显的一些例外，那些被残暴对待的人，反过来往往会公开或暗地里以残忍的方式对待他人。正如安娜·弗洛伊德（1958）明确指出的那样，对痛苦最基本的一种防御就是向攻击者认同。但个体采取的防御的性质在很大程度上取决于其他一些议题。

在易感因素方面，我想首先描述一个大家都熟悉的、很有普遍性的故事。这个故事涉及前面提及的一些更广泛的社会和环境的影响，以及这些影响可能对个体人格产生的影响，尤其是在它们与未解决的内部冲突产生共鸣，或者激起未解决的内部冲突的情况下。然后，我会更详细地探讨一些例子，从心灵内部现象的角度，运用发展心理学和精神分析理论，大胆地去理解这个令人担忧的棘手问题背后的原因。

就在第二次世界大战开始时，一位年轻女子格拉迪斯和一位年轻男子亚瑟结婚了。格拉迪斯有一个悲惨的童年，她母亲嫉妒心强、恃强凌弱。在面对母亲的情感剥夺时，她是被动的。格拉迪斯下决心努力不让自己的孩子重蹈覆辙。亚瑟也有一个在经济上和情感上被剥夺的童年，但他并没有被吓倒。他拿到了奖学金，并很早就脱离了对家庭亲密关系和同龄人团体文化的期待，从而弥补了他善良但劳碌过度的父母对他的关注不足。

他们的第一个孩子克里斯托弗，出生在第二次世界大战中德国对英国的闪电空袭战期间。当时亚瑟正在外打仗，当炸弹落在伦敦市中心时，他的新婚妻子独自一人带着一个小婴儿。战争结束时，他们的第二个孩子玛丽出生了。克里斯托弗因此遭受了双重的剥夺。他的父亲——一个陌生人出现了，并夺走了他的母亲；然后母亲按照惯例，把儿子送到一个陌生的托儿所度过了 10 天悲惨的日子，并且神秘地生了一个儿子的竞争对手——一个小女孩，她似乎得到了所有人的关注。克里斯托弗从托儿所回到家里，心中充满了愤怒和嫉妒。他永远不会原谅妹妹的出生，也不会原谅父母的背叛。他的愤怒有增无减，直到格拉迪斯和亚瑟对控制他持续的霸凌和不良行为感到绝望，并对他学习或接受事物的能力感到担忧，于是在他 7 岁时把他送去上学。他们相信制度化的英国会提供他所需要的纪律结构。（事实上，他们后来得知，他们的儿子在这所学校遭受了严重的身体虐待。）在容纳与约束、理解的结构与压抑的结构之间的关系方面，他们几乎没有什么经验意识到，在学校放假期间，他们年幼的女儿再次遭到更为猛烈的攻击。后来他们发现，她被吓得沉默不语，并且受到非常可怕的霸凌，屈从于克里斯托弗和他当地的一伙迫害者。据她父母所知，她是快乐、受欢迎和成功的；她哥哥则是不快乐、令人头疼且失败的。两个孩子都跟恶棍结了婚。两个人的婚姻都失败了。

　　从这个概述中可以看出一些有趣的元素。事实证明，克里斯托弗的问题并不是从他妹妹出生时才开始的。他的母亲后来向已经成为她的知己的玛丽描述道，克里斯托弗从一开始就是一个非常难带的婴儿，同时她感到自己没有能力带他。他是她的第一个孩子，当时她在饱受战争蹂躏的伦敦感到孤独而恐惧，既没有带孩子的经验，也没有情感支持。她回忆道，他似乎从来没有想要任何情感接触，即使是在他很小的时候，他也从来没有拥抱过她，哪怕是依偎也没有；他似乎从来没有想念过她，总是"极度独立"——这与她的女儿形成了鲜明的对比，玛丽从一开始就似乎是一个完美的婴儿。"他是如此陌生的一个小人儿，但从我看到你的那一刻起，我就觉得和你在一起很自在。"玛丽说，她母亲说过这样的话。

　　看上去，克里斯托弗可能是依恋理论家们称之为"不安全—回避型（insecure avoidant）"的孩子。也就是说，在刚出生的几个月里，他经历了一种不匹配的养育关系。在他1岁时，可能会表现出玛丽·安斯沃思（Mary Ainsworth）著名的"陌生情境"实验（Ainsworth & Bell, 1970）观察到的那种反应。当母亲离开，留下孩子和一位不认识的实验人员在一起待3分钟，然后又单独留下孩子3分钟后，有些孩子在实验中没有表现出外显的痛苦迹象；他们在重聚时往往无视母亲，并在游戏中保持着疏离、警惕和抑制的状态。他们与更"安全型（secure）"的孩子形成了鲜明对比，这类孩子会因与母亲分离而痛苦，但在重聚时能够被母亲安抚和重新开始游戏；他们也与"不安全—矛盾型（insecure ambivalent）"的孩子形成了鲜明对比，这类孩子会感到痛苦，但不容易被安抚，紧紧黏着母亲但同时又会推开母亲，既寻求接触又拒绝接触，而且无法进行任何探索性的游戏。

这些结论是根据在孩子自己的家中进行的、持续一年的观察得出的，观察针对的是照料者（通常是母亲）对婴儿的需要与沟通的反应和调谐情况。毫不奇怪的是，我们发现，那些矛盾型依恋的孩子的母亲，会在孩子快乐地玩耍时打扰他们，而当他们痛苦时，往往会忽视他们——换句话说，母亲对他们的回应是不一致的。"安全依恋"根植于与照料者之间积极、互惠和有回应的互动体验中，这种互动的质量似乎比数量更重要。据观察，"不安全—回避型"的孩子与照料者的关系与其说是被忽视的关系，不如说是线索和反应明显不匹配的关系。例如，问题可能不是婴儿没有被照料者足够多地抱起和抱着，而是婴儿伸出手臂想被举起来的请求总是被照料者忽略。当孩子在忙别的事情时，他会被抱起来；焦虑的哭声会被解释为饥饿或愤怒，微笑会被忽略，而痛苦会被无视。

基于纵向研究的统计数据追踪了这些不同分类的1岁孩子的性格和行为，其结果令人印象深刻。这种基于调查的研究，为精神分析实践者长期以来一直在探索的发展图景提供了有趣的佐证。像玛丽这类"安全型依恋"的孩子，有更积极的社会知觉，能够集中注意力、学习、以富有创造性和恰当的方式做游戏,并且能够处理分离和丧失。相比之下,克里斯托弗这类儿童似乎更偏向"回避"的类型,对他们来说,社交和行为问题,以及退缩和冲动控制不良的发生率要高很多。

这并不是说不可能有大的可变性。从性格方面来看,一个孩子会比另一个孩子更好地应对不良经历。此外,既不指责也不下定论是很重要的。一个抑郁或过度焦虑的母亲,最初无法给予她的婴儿充分的回应,但随着环境的变化,她也许能更好地照顾她的学步儿。另一个亲戚、保育员或者托儿所教师的投入也可能从根本上影响这些事情。但是,这些非常早期的动力的特点,以一种有意义的方式建立了一个最基本的存在模式。这个模式可能会因为后期的体验而经过各种修改,或者被证实,甚至被强化,但第一年构成了一个基础——确立了许多易感因素,而这些因素与个体应对后续事件的方式有很大关联。

就霸凌/被霸凌的轴线而言——正如我在第六章中所说的那样——事情的核心是,从一开始我们所有人都有的愤怒、攻击性、施虐和恐惧的感受的命运。精神分析描绘的人类心灵的图景是:每个人的"自我"都有很多不同的方面——包括破坏性的和健康的部分,反常的和创造性的部分。在适当的环境中,破坏性的一面可以被容纳、被了解,并在某种意义上可以被健康的部分中和。在更困难的环境中,破坏性的部分被感知为会威胁自我(随之而来的是对碎片化、痛苦和困惑的恐惧)和(或)威胁那个或那些原初所爱之人。

再次重申,我所说的"适当的环境"是指婴儿最初所处的环境,即母亲或照料者的心智,有能力接收、容忍,并因此能够了解婴儿日常所表达的痛苦、生气和愤怒,以及满足和爱;这样的母亲(回到依恋理论家的分类)更可能对婴儿发出的线索与信号做出回应和调谐。在面对饥饿、孤独、对死亡的恐惧时,婴儿般的无助感所引发的挫折和焦虑,以及通过被称为"投射"的机制(在早期通过尖叫、排便、呕吐和哭泣)来表达这些感受的相应努力,这些感受和机制对所有人来说都是一样的。在气质上,婴儿有"好带"的,也有"难带"的,他们承受挫折的能力也各不相同。母亲至少在某些时候拥有的凭借直觉了解婴儿心智状态的能力,正如之前提到的,就是比昂认为的母亲保持"一种遐思的状态"的能力。需要提醒和重申的是:婴儿的感受以某种方式被回应,使他逐渐获得一种自我感,对冲动和情感体验的特点渐渐产生觉察和了解,在这个过程中一点一点地发展出一种为自己在心理上抱持这些感受的能力。因此,婴儿慢慢地获得了这种容纳的能力,这一能力最初是母亲的功能。再过一段时间,容纳也成为其他人的功能——也许是父母双方或者是更大的家庭所具有的功能。再后来,如果容纳功能在很大程度上是积极的,这一功能又会得到同伴团体的补充,或者由学校、工作场所或社区补充。个体能在多大程度上获得并提高自己承受和容纳情绪体验的能力,非常取决于这些环境各自的文化,以及这些文化随着时间推移所带来的影响。

父母若无力承受焦虑、挫折、匮乏和恐惧,或者通常以愤怒的形式表现出来的这些心理痛苦,就可能会使婴儿在自己的感受中挣扎,而这些感受也得不到调整;或者,如果母亲的愤怒和不胜任感经常被推回到受惊吓的孩子身上,婴儿的感受会变得更加糟糕。正如我们所看到的,在这种痛苦的情况下,孩子的一种求助方式就是分裂自己的感受,把好的感受放在一段关系中,把不好的感受放在别的地方(这一点在之后往往更容易被识别,例如,当家里的"乖孩子"变成学校里的捣蛋鬼时,或者像克里斯托弗和玛丽一样:一个孩子仍然是"好人",而代价是另一个孩子变成了"坏蛋")。导致这种不愉快的情况的内在问题是,一个孩子不断地将一些坏的和破坏性的感受,投射到(towards)一个无法容纳这些感受并且进而转化这些感受的父母身上,或者投射进(into)父母。这个孩子常常认为父母已经成为这些攻击性冲动的化身,随后,孩子会内化一个迫害性的和引发内疚感的人物形象,这个人会不断地挑战和破坏任何好的冲动或更美好的感觉。这是一个内在的心理集群,后来被认为是"破坏自我的超我（ego-destructive superego）"（Bion，1962a，pp.97-98）。

通过密切的观察，我们通常可以发现一种情况，这种情况似乎在心灵内部活现了与心灵之间发生的现象非常相似的过程。自我的不同方面在一种内在的家庭斗争中争夺主权，就像在外部环境中不同的孩子开始展现或认同他们被分配的角色一样。在格拉迪斯和亚瑟的家庭中似乎就形成了这样一种动力。克里斯托弗是个坏男孩，他总是毁掉一切；玛丽则是个好女孩（虽然很痛苦），她拿走了所有的奖励。每个人的真实人格都付出了巨大代价——不过在玛丽的例子中，由于她在社交和学业上的成功掩盖了这一点，所以问题花了更长的时间才表现出来。正是她跟哥哥/恶霸/丈夫的不幸结合，以及她儿子也成了一个恶霸的事实，与她在其他方面的成功和能够应对的外表背道而驰。人们可以很清楚地看到我一直在阐述的，这个家庭中的分裂和投射功能，虽然这样的阐述可能过于简单化。正如我所说，克里斯托弗和玛丽结婚的对象都是恶棍：克里斯托弗也许是为了控制自己的冲动，并认同了一个此前被分裂出去的受害者自我；玛丽则是将其作为自我感的一种延续，这个自我尽管受到了迫害，但免除了她对自己攻击性冲动的所有责任。玛丽人格中破坏性的方面，先是被放在她哥哥身上，然后被放在她丈夫身上，这使得她很无辜，又有些缺乏信心。这些破坏性的方面现在表现在她儿子的问题上，即他要如何以某种个人整合的方式将自己的两面结合在一起。这是玛丽自己从来没有解决的问题。这个例子的重点是，如果我们能更早地识别出上面所描述的动力，人们或许就有可能从这个看似由多因素决定、一旦形成就会自动演化的循环中解脱出来。

通过一种提示性而非确定性的方式，一个婴儿观察的例子或许可以把我一直在追寻的一些线索联系起来，这些线索在青少年时期常常以夸张的形式再次出现。我之所以举婴儿早期的例子，不仅是因为婴儿早期作为后期发展基础的公认的重要性，而且是因为婴儿早期也是儿童日后各种关系的模板——和家庭、学校、工作的关系等。

对母婴互动的观察每周在家庭中进行一小时，持续了两年。这位母亲对她的第一个孩子乔舒亚的到来感到激动不已。观察员记录了乔舒亚和他母亲之间热烈而亲密的"对话"的例子，这些"对话"让他们两个人都非常开心。然而，为了当前的目的，我将强调这段关系的一个方面，这一点在初次拜访时就被注意到了，之后又以不同的方式重复了很多次：这位母亲难以忍受婴儿的任何痛苦和苦恼（"如果他哭了，我会无法忍受"），她自己承认这一点。幸运的是，乔舒亚很少哭，但每当他要低声呜咽时，他的注意力马上就会被转移。他的需要总是可以被母亲预料到，避免他遭受片刻的挫折或焦虑，同时也避免他通过任何生气的方式向母亲表达这些挫折或焦虑。虽然这段早期的关系在很多方面都令人愉快、充满激情、让人感动，但是却没有对于痛苦感受的任何交流。

乔舒亚看上去是一个非常随和的婴儿——当受到焦虑威胁时，他心甘情愿地接受不断地用物体代替持续的情感在场。在这一阶段，最为强烈地感受到那些未被回应的痛苦的人，是观察员。乔舒亚的经历似乎是这样的：在他出现不适的感受之前，这些不适会持续地被预料到，并且被转移，因此一个重要的发展过程被剥夺了——在这个发展过程中，母亲能够通过接受无意识投射来调节痛苦、容忍痛苦、处理痛苦和消化痛苦，这样的能力可能会减轻由不良体验引发的孩子的焦虑，从而让他在今后可以应对这些痛苦，进而帮助他建立起复原力。

我们接下来的故事就从乔舒亚大约 5.5 个月时进行的一次观察中的细节开始。观察员看到了一个她在随后的观察中会多次目睹的场景：母亲平静而慈爱地坚持要一勺一勺喂给他压碎的香蕉，直到他最后把香蕉都"吞下去"；乔舒亚绝望地转过身，满脸通红、气鼓鼓的，第一次哭了起来。让这位观察员惊讶的是，这位母亲突然说可能她没有怀孕，因为她还在给乔舒亚喂母乳。这是她第一次提到打算再次怀孕。到了第二个星期，乔舒亚已经完全断奶了——或者可以说，在他显然有攻击性地咬了乳头之后，乳房立即被撤回了。在这次观察中，乔舒亚哭得很厉害，他看上去并不累，但突然戏剧性地在给他喂食的过程中睡着了。

当乔舒亚的母亲看到他的脑袋倒在喂食盘上，她似乎有一瞬间感到震惊。他显然处于某种危机之中。在他父母尝试怀孕的背景下，他和乳房的关系突然终止了（他仍然睡在父母的卧室里），显然这是因为他母亲体验到了口腔施虐。咬乳头这样一个"攻击行为"是他母亲既无法理解也不能忍受的。他无意中目睹了父母性交，他母亲的一部分注意力放在了其他地方（第二个孩子），同时也缺乏一个容纳和可用的心理空间来让他发泄焦虑和想杀人的怒火（尽管母亲仍然给他提供了很多东西来帮助他转移这种情绪）。

乔舒亚觉察到他母亲的笑容是始终存在的，但令人费解。他可能会因为无法将自己的感受与对母亲的感知相匹配而感到更加困惑。在这个时候，乔舒亚再也不可能通过不断地把注意力从坏的知觉、恐惧和混乱中转移开，以持续努力避免他母亲和自己的痛苦了。看上去，这种因为母亲缺席而造成的创伤性体验让事情恶化，以至于他薄弱的内部资源消耗殆尽；缺乏任何习得的应对焦虑的方法也让他疲惫不堪。他通常是非常随和的，但他突如其来的、罕见的愤怒却没有得到任何回应，所以他干脆放弃了，通过突然入睡把自己与痛苦隔绝开。

在一年半后的一次观察中，发生了接下来的一件事。乔舒亚的母亲形容他很"迷恋"瓢虫。从后来出现的情况来看，这是一种讽刺的表达。据说他房间里有很多瓢虫。显然，他特别喜欢蜘蛛和瓢虫，但其他人经常会听到他低声说"杀死蜘蛛"，而且发现他悄悄地用手指"碾碎"了许多蜘蛛和瓢虫，在他房间的秘密角落"谋杀"了它们。在母亲的叙述中，乔舒亚背对大人坐着，一直唱着"摇啊摇，小宝宝"，一直唱到最后一行：

> "树枝断，摇篮掉，
> 里面宝宝吓一跳。"

很有意思的是，在这个例子中，我们发现了乔舒亚对母亲的存在模式的表面适应与他隐秘的虐待行为之间的关系。如果乔舒亚正常的攻击倾向继续得不到理解或被惩罚，他可能会霸凌其他孩子和虐待昆虫，或者认同受害者，让自己成为被霸凌的那个人。这并不足为奇。确切地说，在这个家庭里，表达愤怒或破坏性的感受是不被允许的。他的母亲只能容忍理想的孩子，拒绝真实的孩子。乔舒亚只能独自处理这些不好的感受，以及因为有这些不好的感受而感到的内疚。他可能会觉得自己是个坏人，应该受到惩罚，因为他想把自己的虐待冲动强加给别人。

但情况是更加复杂的。这种情形不单纯是，不好的感受不被容许表达而被分裂并放置在某个替代者身上，或者是指向某个替代者。因为可以观察到，坏自我对人格其他部分的支配通常具有一种兴奋或成瘾的特征，带有一种倒错的基调，暗示着施受虐而不仅仅是攻击性。就霸凌而言，我们可以相当确信的是其背后有施受虐的基础。正在碾碎瓢虫的乔舒亚也在为自己被碾碎的体验而挣扎。为了给他的受害者自我寻找一个外在的表现形式，他无情或戏谑地折磨瓢虫。这样做是为了避免接触被抛弃的痛苦，或是避免感受到分离的痛苦，又或者是不想感受到被背叛的感觉——当母亲不再关注他而对再次怀孕感兴趣时，他感到被背叛。另一种描述这种情形的方式是，乔舒亚无意识地试图把自己受伤害的感受转移到某人或某物上，让他（它）们代替他去感受；或者事实上，他试图让其他人或其他东西感受到这种伤害，以此表达自己的感受，这样他们就可以更好地了解他受伤害的感受。

在一个儿时的回忆中，这样的关联尤为清晰明确，证实着同样的观点。史密斯先生回忆起战争期间，他和一群7岁的男孩被疏散到英国约克郡一个偏远地区的一户人家里。随着时间的推移，男孩们未被意识到的不快和乡愁越来越强烈，他们坚定不移地认为房东太太（或者养母）把他们所有的口粮都给了她至爱的猫。在他们看来，这只猫被她过分娇惯了。一天，男孩们决定绑架这只猫，把它从当地的一座高架桥上扔下去，然后他们真的这样做了。

这个简单而又悲伤的故事表明了很多种可能性。这些男孩与分离有关的体验似乎没有得到成年人的充分考虑（他们有了一个很好的家，并且远离危险，难道不是吗？）。孩子们把他们被动承受的痛苦变成了主动的残忍行为。也许他们是想通过把痛苦的源头发配到遥不可及的地方来尝试摆脱它——试图消灭内心的折磨——对食物和爱的渴望。也许他们有些人在惩罚那些被留下的母亲和弟弟妹妹们（养母和她的猫代表了他们）——虽然处于危险之中，但他们至少是在一起的。当一个大一些的男孩问他们为什么要这样做时，他们相信了自己的答案："可是［猫］吃了我们所有的口粮！"作为对痛苦的进一步防御，史密斯先生把这件可怕的事情转变成了一个优雅的故事，他常常会把这个故事和另一个故事一起讲。在另一个故事中，他母亲在他的手提箱里装了一瓶麦乳精，这瓶麦乳精碎了，还漏到了他仅有的几件衣服上。他除了身上穿的衣服外，没有别的衣服可穿了。他吓得不敢提这件事，把手提箱藏在了床底下。几个星期后，人们再也无法忽视这越来越浓的气味，手提箱被打开，里面的衣服上沾满了一层恶心的、黏糊糊的绿色霉斑。史密斯先生传神的叙述，也许类似于成年人夸耀他们过去的苦难，这样他们可以不再触碰苦难中的痛苦——这就导致了"那从来没有给我带来过任何伤害"的态度。

早期深深的伤害和哀伤的来源，在后来的压力或脆弱时刻典型地重现的方式，都汇集在一个心酸的故事中。在一个不快乐的青少年埃米生命中的一次简短的临床干预，澄清了前面提到的施受虐的动力——这些动力在许多不幸的学校环境中非常普遍，却很少被识别出来。

埃米14岁时被全科医生转介到了儿童和青少年心理健康服务部门。她的父母带她去看医生，因为她抑郁，并且没有朋友。有人认为这是因为她在学校受到严重的霸凌。自从3年前她上中学以来，这种霸凌行为一直在持续。她来接受心理治疗评估，我为她提供了4次初始访谈。

埃米在第一次会谈时呈现出典型的霸凌受害者的形象。她神色苍白、痛苦紧张，详细地描述了被辱骂、孤立、结伙针对、嘲笑和戏弄的痛楚。我们详细地讨论了这些痛苦的经历，然后谈到了她生活的其他方面。她想告诉我有关她弟弟的事情，弟弟出生时患有先天性脊柱裂，心脏上有个洞。他在 8 年前去世了，当时埃米 6 岁，他 3 岁。埃米说，失去这个她一直很喜爱的小弟弟让她感到非常悲伤。家里没有人谈论过弟弟去世这件事，这虽然可以理解，但是她对此感到很痛苦。在埃米面前，她的父母似乎无法表达任何难过的情绪，也无法向她解释到底发生了什么。虽然那时她还小，但她说她记得弟弟去世那天晚上的每一个细节，以及从那以后她如何感觉到"他总是以某种诡异的方式跟我在一起"。她描述了她与弟弟"在自己的头脑中"交谈的情况。她没有被允许参加葬礼。

埃米还想告诉我她的内疚感，因为她有时对弟弟会有不好的感觉，甚至偶尔还伤害了他——比如，把他的手指夹在了门缝里。很长一段时间以来，她一直认为弟弟的死与她有关。在这次令人感伤的会谈结束时，以及在随后几次会谈中，两件重要的事情浮现了：埃米觉得如果弟弟死了，她就没有权利成为一个快乐和受欢迎的女孩了，但同时她又偶尔会感受到愤怒和破坏性的冲动，并对此感到十分焦虑。

对于这些感受，心理动力学的理解是，埃米在无意识地扮演受害者的角色。尽管这对埃米来说很可怕，但至少让她免于感受到跟去世的弟弟有关的内疚感和战胜他的感觉。我们也可以推断，她提到的那些愤怒、破坏性的冲动，以及她对这些冲动在她弟弟的死中所起的作用的恐惧，可能不得不投射到其他孩子身上，留给自己一个受迫害（但最终不会那么受折磨）的受害者自我。不管她所说的话的具体含义是什么，令人吃惊的是在第二次会谈，尤其是第三次会谈中，埃米报告说她在学校的情况有所好转了。她还说，她开始觉得弟弟可能希望她快乐。她似乎觉得自己不再总是需要成为一个不快乐的人了。她腼腆地笑着说，最欺负人的那个女生团体邀请她参加一个学习项目。在最后一次会谈时，埃米的面部表情完全不同了，开心了很多，她宣布有一个女孩邀请自己做她的特别好友，而这个女孩之前是霸凌者当中最残忍的之一。

当我问她是什么原因导致了她在学校的这些巨大变化时，她主动说道，她觉得"自从来到这里，自己就开始'变了一个人'"。她认为这似乎与几件事有关，包括我和她一起思考她的弟弟意味着什么，弟弟对她来说意味着什么，以及当她谈到家人不愿意听的事情，或者是家人认为与她不开心无关的事情时，有人可以倾听和理解她。

从全科医生的转诊来看，她的父母显然非常担心她。他们来的时候既担忧又关切，但不太可能把女儿被霸凌和过去的丧失联系起来。在与埃米的第四次会谈中出现的一个细节是，家里的状况也变得更好了。显然，母亲因为埃米欺负"替补"的小妹妹而对埃米非常生气。埃米若有所思地说，这可能不仅发生在她自己因为学校的事情而感觉特别难过的时候，还因为她的妹妹是在弟弟去世之后出生的，而埃米无法忍受她来取代弟弟。埃米说她恨妹妹，因为妹妹从来不认识弟弟，也不知道他死后大家有多么痛苦。

在咨询过程中，埃米的情况有了很大改善，所以我决定不推荐她继续接受心理治疗。我告诉她，一个月后我会在这里再跟她见面，而且我们可以在那次见面的一个月后一起进行回顾。我还提到，我的一个同事可以和埃米的父母面谈，如果埃米和她父母认为这样会有帮助；这样做是为了让他们有机会探讨他们自己的担忧，反思自己的丧失以及他们与女儿的关系。埃米觉得她的父母会很乐意接受这样的面谈，她自己也可能会问他们，对于弟弟去世当晚发生的事情，他们的体验如何。她似乎意识到，当家庭中出现一些没有被完全理解但却被深深地感受到的问题时，一个孩子尤其难以面对或理解创伤的经历。她感觉到，当她对自己的困难有更加清晰的了解时，整个家庭都会得到帮助。

后来，埃米的母亲一个人来了。她说自从埃米来临床中心后，就像

"变成了另一个人"。她把注意力集中在她的小女儿身上,并能够开始思考,这个小女儿麻烦不断和挑衅的行为,与她和她丈夫自身未解决的丧子之痛之间的联系。她承认他们在哀悼儿子过世,以及接受小女儿真实的自己而不是把她当作她哥哥的替代品时,遇到了巨大的困难。父母双方都参加了接下来的两次会谈,之后这个案例就结案了。

对这个案例的描述虽然非常简略,但可能指出了霸凌的恐怖及其可怕的紧迫性,往往源自过去的情绪动力——例如,家庭环境中缺乏容纳,或者对早期的丧失感、自卑感、内疚感或愤怒感缺乏容纳,这些感受可能会在霸凌者-受害者的场景中以破坏性的方式重新上演。埃米富于思考的回应,给她和她的家人带来了异乎寻常的快速解脱。

我们可以从这种痛苦的(但在很多方面也是更有希望的)叙述中看到,这些霸凌的互动是个体试图处理心理痛苦,以及自我中被感觉为不受欢迎或不可接受部分的方式。个体可以否认脆弱的自我,并把脆弱的自我归于别的地方,并从外部对其进行迫害;或者否认自我中霸凌者的部分,并占据一个不幸的和无助的受害者的位置,这涉及迫害者所代表的、人格中被否认的方面。很多时候,自我的这些不同的,而且通常是无意识的部分,与个体更熟悉的身份感是截然对立的,以至于它们无法被识别,根本不会被感觉为人格的一部分,既不被渴望也不被欢迎。或者,有时会有一种假性整合,给人一种稳定的幻觉,但往往这种假性整合会被勃然大怒或者令人震惊的施虐性暴怒,或者被同样强烈的抑郁发作和常见的自我伤害所出卖。事实上,在某些案例中,被霸凌本身就构成了一种自我伤害。

霸凌者和受害者代表着施受虐的捆绑中的不同方面,这就是为什么霸凌者往往最能了解作为受害者意味着什么。霸凌者身上优越、嘲弄和嫉羡的一面,连同他对受害者的蔑视行为,往往清晰地代表着霸凌者自己的恐惧或幻想——被一个地位更高的人嘲弄,觉得自己渺小和被轻视。当个体把这种感受归于他人时,这种感受就会暂时得到缓解。而且，为了避免自己感到内疚，个体会为残忍的行为找一些表面上正当的理由——通常是基于外部的差异；例如，在怪异的言行中寻找；在某些个人习性或弱点中寻找；最普遍的情况是，在某种程度上被认为格格不入的行为中寻找。

在比昂的自传《漫长的周末》（1982）中有另一个动人的例子，这个例子中的霸凌和丧失的经历有关，或者和与情绪基地的隔绝有关。他晚年时对容纳在人格发展中发挥的作用的理解，一定与他小时候在印度，然后在英国的小学和公立学校系统中，对让人茫然与无法理解的成人世界的困惑和恐惧有关。

8岁的比昂独自挣扎着，试着去思考即将到来的分离。他的父母在情绪上似乎无法帮助他克服恐惧。他将从印度，从他唯一熟悉的家，被送到一个神秘的、叫作"英格兰"的地方，更令人困惑的是这个地方也被称为"家"。"这让我感到很难过，就好像其他一切事物一样……长大，现在长成了一个大男孩，英格兰……"（p.20）

> 我妈妈只是抚摩我的脸颊，没有恐惧，只是难过地恍惚着。我受不了这样。
> "妈妈！你不会难过吧？"
> "难过？"她会笑着说。"当然不会！我为什么要难过？"
> 好吧，她为什么要难过呢？我无法思考。这太荒唐了。
> 难过？当然不会！
> 但她是难过的。［p.21］

后来，当雨季来临时，我发现她竟然对此视而不见。"什么雨？"我不抱希望地问道。我站在她面前，如她所说的"淋成落汤鸡"。更糟的是，她一直在笑——在心里。

我说："你在笑。""没有。"她说，看上去很严厉。所以

她既不难过，也没有在笑。[p.30]

在这之后不久：

当我发现自己独自一人在英格兰的预备学校里，在与母亲无泪吻别的操场上时，我可以看到，在把我和她隔开的树篱和那条作为广阔世界边界的道路上，她的帽子在上下摆动着，就像绿色树篱波浪上带着的一块做工奇特的女帽蛋糕。然后它就消失不见了。

我麻木了，呆住了，然后我发现自己正盯着一张明亮、警觉的面孔。

"你属于哪里，A还是B？"那张面孔说。其他的面孔聚集到一起。

"A"，我连忙说，以此回应我在他们的好奇中感受到的那种迫切感。

"你不属于A！你最好说'B'！你什么都不懂！"

这一点是千真万确的。

"B。"我顺从地说。

"你这个肮脏的小骗子！"第一个人说。他激动地号召着其他人，说道："他刚才说他属于'A'，不是吗？"这我不得不承认。

"你不能反悔，"B的拥护者说，"你必须说'B'，否则你会变成一个卑鄙的小叛徒！"他激动地喊道。

"好的，我会说'B'。"

一场战斗开始了。我听到第一个人喊道："他是个卑鄙的叛徒，无论如何都是个骗子。我们不要他了。对吗，兄弟们？"

人群已经壮大到令人生畏的规模,有六七个人。

"对!"他们喊道。

这场神秘的争吵原来是关于比昂是属于 A 学舍还是属于 B 学舍的。这两个学舍自然是竞争对手。

最后,可怕的一天结束了,我可以钻进被窝里哭了。

"出什么事了?"和我同住一间宿舍的三个男孩中的一个问道。

"我不知道。"我哭着说。他似乎很同情我。他想了一会儿这件事。

"你想家吗?"

"想。"我立刻意识到我做了一件多么糟糕的事情。

"不想,B。"我连忙说。他回他的床睡觉了。这一天就结束了。

我学会了珍惜那个幸福的时刻,那个时候我可以上床睡觉,把被褥盖在头上哭泣。随着我的欺骗能力的增长,我学会了默默哭泣,直到最后我变得更像我的母亲,不笑也不哭。这是一个痛苦的过程。[ pp.33–34 ]

这段令人心酸的节选进一步证明了在第六章中提到的霸凌行为的特征:霸凌经常发生在团体中,或者更确切地说,经常发生在帮派中。比昂在他成年早期写了一些关于团体过程的文章——特别是那些影响着团体功能的无意识、非理性的元素,这些元素破坏了团体更为有意识与理性的目标和价值观。在他之后的人生中,特别是与罗森菲尔德和梅尔泽一起,比昂开始思考那些影响内在生命的相同的过程。正如我们通常所看到的那样,出于面对被排斥或与众不同的感觉时的不安全感,或是出于对自己是谁以及归属于哪里的困惑，或是处于恐惧和绝望的状态中，个体拉帮结派聚在一起。同样，人格的各个方面似乎也会勾结起来，通过排除任何明显的弱点、不确定性或脆弱性的痕迹，以获得某种并不稳固的身份感和安全感。无论我们是从内部帮派还是从外部帮派的角度思考问题，主要目的似乎都是维持一种主导地位，要么是通过在他人身上引出某些自我的部分——那些太痛苦而无法承受的感受，要么是通过抛弃这些部分或将其边缘化。那些部分是无法既整合到人格中，又不会对脆弱的心理平衡造成过度破坏的。

青少年特别容易趋向这样的团体和帮派——但应该强调的是，并不是所有这些团体和帮派都是有害的。因为，正如我们所看到的，成长中的人格的脆弱性和易变性适合"人多势众"的心态，特别是在家庭的容纳功能正在减弱的时候。整合感通常是由不同的团体成员，以相对流动和实验性的方式表征每种人格的不同方面来实现的。正如我所说，在青少年早期，当适应青春发育期的动荡的挣扎特别激烈和造成问题时，尤其会出现上面所说的情况。如果无法在适当的时候被容纳，那么在这个阶段再次出现的暴怒的、复仇的、施受虐的、婴儿式的冲动可能很容易在一个霸凌的角色中寻求表达和确认，不论是否有帮派的支持。这在很大程度上取决于每个儿童的复原力——也就是说，在很大程度上取决于儿童在生命最初的几年里开始建立的容纳的能力和被理解的感觉。在青少年时期，身份受到威胁，还会经常出现一种自私和无所不能的假象，特别是在遭受实际的丧失或悲剧的情况下。正是因为这种流动性，霸凌阶段往往会过去，就像埃米一样，或者它可能变得更加隐蔽，这取决于这里所讨论的内部和外部因素。

看到一个8岁的男孩刚刚向他的母亲告别（事实上，对他来说告别的是他的整个人生——他的家和祖国），独自站在操场上，这一幕一定会在比昂新的同龄人团体中的每一个小成员身上引发同样的痛苦感受——如果他们能允许自己去体验。在远离人群的地方，一个男孩能够在睡前给比昂带来慰藉——比昂想家了吗？但在操场上，他们没有一句同情的话或搭在肩膀上的手，而是蜂拥而至，叫喊、嘲笑、拉拢——看不到一个成年人在监督、召集或理解。"回顾我人生中那段极其糟糕的时期，"比昂写道，"我不像我当时那样认为这是我的错，也不认为是同龄人的错，或者是当地学校当局的错。那些父母、工作人员都陷入了'无定向威胁（undirected menace）'的圈套之中。"（p.47）

我将用"无定向威胁"这个概念来总结这一章，因为思考霸凌行为的困难之一是，霸凌不像我们确信的那样，与特定条件有关或由特定的原因导致。找出具体原因不仅会鼓励人们相信有具体的解决办法，而且有引入"指责文化"的风险。这并不是说，我们不应该寻求办法来处理这个问题，并减少其危害性。这是至关重要的，但我们也必须处理潜在的动力，并了解一些个人和文化方面的诱发因素。我们太容易说，我们自己或我们的父母，或父母的父母，应该或者可以做一些不同的事情——一种"要是……多好"的文化。

总之，抵御破坏性体验的能力——也就是复原力——存在于早期发展阶段。霸凌者实际上会继续"杀害"他人，受害者则会杀害他们自己。这个现象的种子深植于文化和个体的心灵深处，这样的心灵从最早的时候就需要支持和关爱，以及某种特定的回应性——适当的支持、关爱、回应、容纳，事实上还有监督——这只有在一个不会对儿童和年轻人视而不见，而是真正重视儿童和年轻人，也重视为人父母的责任的社会里才有可能实现。在这个神秘而复杂的成长过程中的每个阶段，都需要强调监管和不忽视。然而，要做到这一点是非常困难的。以下内容引自玛格丽特·阿特伍德（Margaret Atwood）关于霸凌的本质和影响的经典研究《猫眼》（*Cat's Eye*，1989），它深刻而微妙地捕捉了即使是最勇敢和善意的人如何也会感到畏惧，甚至败退。然而我也感觉到，这里不仅有一些复原力。

她说:"在我小的时候,当其他小孩子羞辱我时,我们常会说,'棍棒和石头会打断我的骨头,但谩骂永远伤害不了我'。"她的手臂有力地旋转、交错,快速而有力。

"他们没有羞辱我,"我说,"他们是我的朋友。"我相信这一点。

我妈妈说:"你必须学会捍卫自己。不要让他们左右你。不要怯懦。你要有骨气。"她往罐头盒里挤黄油。

我想到沙丁鱼和它们的脊骨。你可以吃掉它们的脊骨。骨头在你牙齿之间碎裂,只要一碰就碎了。我自己的脊梁骨一定也是这样的:几乎不存在了。发生在我身上的事是我自己的错,因为我没有骨气。

我妈妈放下碗,然后搂着我。"我希望我知道该怎么做。"她说。这是一个忏悔。现在我知道我一直在怀疑什么了:就这件事而言,她是无能为力的。

我知道松饼必须在舀出来后马上去烤,否则会变扁、弄坏的。我承担不起这种分散注意力的安慰。如果我屈服于它,我仅存的一点骨气就会化为乌有。

我从她怀里挣脱出来。"它们需要放进烤箱了。"我说。
〔p.186〕

# 注　释

1. 本章的早期版本于2002年发表在《自由联想》第九卷第二期,pp.189–210。

On Adolescence:
Inside Stories

# 第三部分 3

## 临床情景

# 第八章

# 评估青少年：寻找思考的空间

为了找到可能的治疗方法而探索青少年的困难，就要试图让一个烦恼又经常困惑的青少年个体开始思考，并且是以一种非常具体的，而且可能是青少年不熟悉的方式思考。开始思考本身就是一个令人恐慌的过程。它让人不得不去了解自己。"所有人都讨厌学习（learning）——"在比昂最后的《回忆录》（*Memoir*①）中，这位精神分析师说道，"学习使他们成长——肿胀"（1991，p.438），也就是在心智中孕育出一个新的想法，一个新的创造/思想。

通常在青少年时期，不同类型的学习和思考的议题及其对发展的影响会变得特别清晰。青少年们发现自己会以令人担忧且常常出乎意料的方式，陷入青春发育期及其复杂后果所引发的情绪骚动中。内心的冲突和焦虑被激起，然而这是很多人尽可能设法避免的。正如我们所看到的，有些人似乎完全停止了独立思考，沉浸在群体生活的共同心态中，和（或）沉溺于盲目的或自我破坏性的活动，比如毒品、酒精、物质滥用，或是经常令人上瘾的社交媒体世界。在另一个极端，有些人可能试图依靠将聪明和认知上的占有欲作为一种防御方式，以避免面对和思考新的、动荡的且往往矛盾的感受——作为一种逃避亲密关系以及逃避与"缺乏经验的躁动（agitation of inexperience）"接触的方式，正如普希金（Pushkin）所形容的那样（Copley，1993，p.57）。

---

① 全名为 *A Memoir of the Future Book Three: The Dawn of Oblivion*。——译者注

当青少年到了寻求帮助的地步时，我们经常看到的是，他们诉诸缓和内心动荡的防御系统失效了。在此之前，这些策略或多或少起了作用，为他们人格中更受困扰的部分提供了暂时的伪装，或是暂时的缓解。但是额外的压力，诸如考试压力或者虐待、疾病、丧亲、霸凌和孤独，可能会考验家庭或团体越来越不稳固的抱持结构，或者考验相对安全的学校生活的抱持结构。这可能会突然引发一场危机：自杀未遂、惊恐发作或自残。在进食、学习或与他人的关系中可能会出现一些紊乱。当家庭的容纳（同时也是约束）功能减弱，内部资源的质量和连贯性受到考验时，由于青少年时期的压力和自由，那些熟悉的防御策略面临极大的挑战。

在我曾经工作多年的塔维斯托克诊所的青少年部[1]，所谓的"评估"是在最初的"初始访谈"决定之后进行的，这个决定针对是否接受那些大体上可能会从该部门提供的服务中受益的青少年的转介或自我转介。评估会谈通常最多4次，其作用是：为陷入困境的年轻人提供参与一种思考过程的机会；评估当事人寻求帮助的动机程度，以及开始面对私人的或被隐藏的事件，对他们会有怎样的影响；探索他们是否有能力承受被仔细审视、忍受可能的发现，以及冒险进行改变。它可以被描述为这样一个过程：它几乎完全摒弃了搜集个案成长史一类的步骤，而是聚焦于"共同思考"，既考虑事实的搜集，但也引入一种不寻常的工作方式，在可能带来缓解的同时带来进一步的扰动。比昂有些格言式的论断——例如，如果痛苦能够被思考，就更容易被忍受——无法完全令这个年龄段的群体信服。但是，这个"过程"可以提供一个空间，以审视通常与寻求帮助相伴随的焦虑和矛盾心理，它可能有助于确定个体对变化的恐惧是否大于寻求缓解和情感释放的努力。

对比19岁的萨拉和16岁的安妮这两位年轻女性的评估，可能会让我们所讨论的这个"过程"更加具体化。两个女孩都让周围的人充满了担忧，她们自己也是忧心忡忡。下文详细描述了对萨拉的评估，并对安妮的情况做了一个概述。两个女孩都很聪明、有魅力,却又都深陷困扰。

对评估者来说,首要的是尝试确定真正的问题主体:是家长、学校,还是来访者本身?以及为什么现在来求助?在萨拉刚上大学时,她的困难让她丧失了功能,而且在那之后越来越严重。在大学第一年快结束时,她写信给青少年部:

> 在过去的几个月里,我感到越来越抑郁。我一直饱受自卑、无望感和注意力不集中的折磨。我不停地哭泣,常常坐立不安……我感到绝望,我的学业也受到了影响。如果您能提供任何帮助,我将不胜感激。

萨拉的导师建议她联系塔维斯托克诊所,然后他给诊所打了一个电话。我们得知萨拉是他们最出色的学生之一,如今正面临期末考试。她当时的状态很糟糕,让人担心她可能无法参加考试。他问我们:能不能按急务处理,尽快与她面谈?

评估过程本身可能为学生提供一种急需的"抱持"形式,因为他们感受到的焦虑和恐惧非常急迫,而且很难等待回应。这只是一场考试带来的危机吗?还是像通常一样,在任何年龄或阶段中,是考试的额外压力暴露出来的一种完全不同类型的未解决的冲突?

随后的一周,我见到了萨拉,她高挑、时尚又温柔,而且看上去很成熟。她在咨询室里有些羞怯地笑着坐下,然后立刻开始说话:"我不知道发生了什么事。我一个人的时候就会陷入这种可怕的状态。我不知道我是谁。我无法思考。[长时间的停顿]我有时想死。"我对她说,她告诉我的这些内容非常重要。但我觉得也应该让她知道我们所进行的评估过程的结构,所以我向她解释:我们将进行最多4次的评估会谈,每周一次,目的是尝试理解让她担忧的体验,并思考如何才能给予她最好的帮助。也许她可以多告诉我一些关于她自己的事情。无须任何提示，萨拉用迷人的语言清晰地描述了她的生活状况。两年前，她父亲出人意料地离家出走了。这对萨拉、她的母亲以及弟弟的影响是毁灭性的。萨拉说，她母亲现在仍然无法接受被抛弃的事实。她详细地描述了母亲的愤怒和绝望，以及她自己在试图平息事态、担负责任、提供支持和照顾方面的角色。正如我向她指出的，她好像认为她对整个家庭的情感幸福负有全部责任。萨拉不能像她的弟弟那样，对自己的感受直言不讳（"他不会做任何他不想做的事，或者说任何他不想说的话"），而她发现自己不可能表现出任何问题。恰恰相反，她表现得似乎对一切都从容不迫。

一幅关于萨拉的画面开始浮现出来：她体贴、通情达理、勤奋、受欢迎又善良。她爱她的母亲，不想让她因为自己的任何问题而担忧。她和父亲保持着规律的联系，但不愿和他谈及自己的感受。她用一种热情洋溢的语言描述了她的朋友们，特别是她的男朋友戴维。据她说，戴维是一个充满爱心、才华横溢的人，有一个美好、温暖又具支持性的家庭。

她花了很长时间去描述这些。我感觉我遇到了一个由善意、宽容、慷慨以及合情合理组成的难以穿透逾越的屏障。完全没有自我理想化，只有一个陷入困境、关心他人、非常可爱的年轻女子。但也有惊恐发作、恐惧、焦虑以及死亡冲动。我们谈到了她的这些反差很大的体验，也谈到了将这两种体验联系起来是多么困难。萨拉对自己的感觉似乎植根于她的"好女孩"外壳，以至于我担心她如何能够与外壳之内的任何东西发生联结。这样做对她来说似乎太冒险，因为她在个人和智力方面的成功完全依赖于与这些东西保持距离——这是青少年第一次寻求帮助时非常常见的问题。

我谈到了这样一个事实：萨拉对她生活中所有的烦恼、压力、冲击和悲伤已经有了清晰全面的思考。而她的惊恐状态似乎源自她自身的一个领域,对于这个领域她既不了解,也无法在有意识的日常生活中碰触。我发现自己问了关于她的梦的内容,这是在一般评估工作里不常做的。她回答说,她有一种感觉,自己有许多生动的梦,但她通常不记得这些梦。"哦,等一下,"她说,"我昨晚还真做了一个很奇怪的梦。要我告诉你吗?"

> 我在一个仓库里,那里有很多工人在吃饭。我手里拿着一杯普通的茶,味道还不错。但之后,因为某种原因,我发现自己拿着一个更大的碗。碗里面装的是凉的茶。很难喝,里面全是透明的、像欧洲大陆特色的糖一样的东西——非常甜,不是我平时喝的口味。一个朋友过来坐下。我听到自己在说:"我恨我的父亲。"隔壁桌的另一个学生喊道:"你不应该那样说你父亲。"

萨拉困惑地看着我。"这很奇怪,因为我不恨我的父亲。"我们简短地思考了一下,在梦中,她自己以及她与父母的关系(无论是内在的还是外在的)似乎是两个截然不同的版本。一个版本的萨拉如同一杯普通的、好喝的茶,这也是她觉得已经很熟悉的萨拉。但是还有一个不那么普通、不那么讨人喜欢的萨拉,一个碗/容器里装着冰冷的、用了人工甜味剂的物质,这也许与她(有欧洲大陆血统)的母亲有某种联系。一个是恨她父亲的萨拉,另一个是好女孩萨拉,后者会立刻审查任何这类敌意或愤怒的情绪。

这是她在第一次评估会谈前夜做的梦,的确是一个非常重要的梦。无论这些细节的确切含义是什么,它确实在提醒萨拉,那些对她有意识的自我来说"陌生"的情感的存在及其本质。"这很有趣,"她起身准备离开时说,"我以前从来没有这样想过这些事情。"

在随后的会谈中,萨拉的梦非常绝妙地表达了她的焦虑和她的困境。当评估过程在有意识和无意识的层面上被体验着,这些梦似乎对这个过程本身提供了一种现场评论。就梦境材料的数量而言,这些会谈在此类评估中并不具有代表性。但是它们确实可以作为一个过程的范例。这个过程让我们对青少年出现的问题的潜在原因,投入心理治疗工作的能力,以及适合的治疗强度(每周的治疗次数)有一些感觉。比如说,不管我们对萨拉的梦的内容有什么理解,这个梦在多大程度上代表了一种初期建立的、针对设置和针对我的移情关系呢?这些梦本身是出自"好女孩"萨拉的版本吗——这些版本为母亲/治疗师提供了一杯美妙的、"治疗之梦"的茶?还是说这些梦表达了萨拉多么渴望认真理解自己内在所关注的事物?

一周后,她来参加第二次会谈。她说她感觉好多了。考试"还行",尽管在考乔叟①这个部分时,某些时候她不能思考了。她现在担心尽管自己感觉好些了,但只是在一个层面上而已。"除非我明白底下发生了什么,否则在以后的某一天,某些东西可能会再次迸发出来。"她有点害羞地笑了,说自己还记得一些梦:"它们听起来很疯狂,可能没有任何意义。"萨拉似乎在把她认为别人想要的东西给他们(我,还有除她以外的其他人),尽管我意识到她的合作有些可疑,但带来这些梦似乎也代表了萨拉本人的一个认真的尝试:她在试图审视自己身上那些她无法独自了解的方面。

我开始觉得萨拉的态度是值得信任的,而不只是为了安抚我。自从上一次会谈以后,很明显她在自己身上做了相当多的情绪工作,也在考试中做了智力方面的工作。她表现出一种值得被尊敬的勇气。尽管如此,由于我自己无法继续与她会面(而且第一次会面时我就告诉过她),我担心她会做过多的自我暴露,超出她可以承受的程度(这不是一个

---

① 杰弗雷·乔叟(Geoffrey Chaucer),被誉为英国文学之父和中世纪最伟大的英国诗人。——译者注

不切实际的担忧，因为第三次会谈就证明了这一点）。在第二次会谈中，萨拉带来了两个详细的梦。如她所描述，在第一个梦中：

> 不知怎么地，我同时既在里面，又在外面。我感觉自己置身于超市中一家温暖明亮的餐厅里，货架上摆着很多商品，还有一个朋友可以聊天。与此同时我又在外面——一个阴暗、寒冷的欧洲大陆风情的广场上，有一群学生，都是陌生人，他们正躲在单薄的泡沫塑料板后面。那里没有任何挡风避雨的设施。在广场中心的一座雕像周围，一位年长的女人竖起了一些板子，其中一块板子的顶上放着一只塑料猫。这是一个小孩子的玩具，这个女人把它奇怪地放置在板子的边上。

萨拉几乎没有停顿，就继续描述另一个梦。她笑着说："这个梦真的很奇怪。"

> 我和两个朋友在一个游泳池旁边的沙滩上。我们一起在玩一种猜谜游戏，在游戏中我必须说出一段被改动的、莎士比亚戏剧中的独白，出自哪一部戏剧、哪个人物以及原话是什么。［她已经记不清确切的那段话了，而在梦里，那些话是很清晰的。但她知道那是《奥赛罗》（Othello）里伊阿古①说的一段话。］我注意到有一个矮小的男人，他长得像小精灵，很黑，一直在跳来跳去，喋喋不休地说着话，不知为什么以一种充满威胁的方式挡在了路上。但似乎只有我很受困扰，而我的朋友

---

① 伊阿古（Iago）是《奥赛罗》中的一个反面人物。——译者注

们却没什么反应。然后我在一个罗兰爱思①风格的卧室里。之前提到的两个朋友坐在其中一张床上。屋里的装饰，要说有什么特点，那就是过于雅致，相当时髦，但没有太多个性。窗台上摆着一大盆可爱的花——黄水仙和郁金香——我正试着在里面放一些巨大的儿童彩色铅笔，好像它们也是花一样。

很难知道要在什么层面上，以及在什么程度的细节上处理这么一大堆材料。某种程度上，这个梦似乎表明萨拉很快就意识到，人有可能同时生活在两个世界里：一个是外部的，另一个是内部的，每个世界都可能有自己非常不同的文化和特点。她的其中一个世界是资源充足的：有朋友、关心、爱护、才智、食物，这些各种各样的好东西。而另一个世界则恶劣得多，对于破坏性情绪的冲击只有脆弱的防御。这些防御措施只提供了一种保护的表象，要隔绝的要么是她身上不同的且陌生的方面（陌生的学生），要么是广场上稀奇古怪的雕像。在这种情况下，唯一提到的女人，是那个把小孩子的玩具放在不能够提供保护的遮挡物上的人——就好像成年人身上这种特别的或古怪的孩子的部分，与缺乏真正的庇护和暴露于情绪风暴中的极端感受有关。

我强烈感觉到，对于萨拉来说，进入她心智中这个荒芜而陌生的区域是危险的。这个区域与餐馆/超市的部分形成了鲜明对比，在后者那里，各种各样的"商品"②可以很容易地获得和使用。似乎另外一个领域没有受到父母的保护，特别是来自一个母亲人物的保护。这也许就是矛盾移情开始时怀疑和恐惧的一面？景象中唯一的女人在雕像周围筑起了一道脆弱的屏障，好像是在试图保护一座纪念碑（婚姻？丈夫？）。可

---

① 罗兰爱思（Laura-Ashley）是一个具有代表性的英国优雅品牌，以其浪漫、富有女性细腻感性特质的印花图案与色彩、深具英国传统特色与高雅气质的设计风格而著名。——译者注

② 商品的英文是 goods，是一个双关语，也指好的东西。——译者注

能这些孩子气的东西与（她母亲煮成人咖啡时用的）欧洲大陆的那种糖晶有关，萨拉小的时候显然吃过它，就像糖果一样。这个儿童/成人的混淆或许可以与第二个梦中萨拉自己的努力联系起来，她试图把孩子的东西（如彩色铅笔）塞进花盆里，仿佛它们属于那里。她似乎试图保留心灵中那个装饰精美的房间，而不必意识到功能失调、冲突和未被充分理解的孩子气部分；相反，她想把这些好的和坏的部分混合起来，这样整体就像是"一盆玫瑰花"。这个梦本身已经让人怀疑这个地方是否真的像萨拉所描述的那样美丽。它有一种只是好看的甜腻性质，而没有真正美丽的深度。

把移情和她对外部父母的真实感受放在背景中，我们的讨论集中在梦的伊阿古部分，以及这个部分可能揭示出的萨拉对参与心理治疗过程的体验。有人可能会说，她有能力辨认伊阿古说的话，可能表明她开始有能力在自己身上分辨出一些嫉妒和破坏性的冲动，这些感受以前被隐藏或者投射了。这些冲动现在以萨拉人格中不受欢迎的部分呈现出来，播下了恐慌和困惑的种子。也许这部分可以联系到那个很黑的（阴暗的）、精灵般的男人，他上蹿下跳，不断闯入萨拉更加有序的、友好的、海滩/游泳池般的自我，而且他只让萨拉而不是她的朋友们感到困扰（"他们似乎都没注意到"）。

当我们探索这些迥然不同和稀奇古怪的元素时，萨拉以出乎意料的方式回应道："说来奇怪，这周我第一次对我的男朋友非常生气。更奇怪的是，我真的感觉很开心。"她咧嘴一笑，"我当时并没有真正表现出来，这只是我内心的体验……我一直认为戴维是如此优秀，从来没有发现他有什么缺点，这让我觉得自己不够好而感到很有压力。也许我太黏人、太依赖了。生气的感觉让我有点高兴。这有些诡异。"萨拉接着说："我以前和每个人都相处得很好，一点儿也不挑剔，但这周我坐在考场里时，没有真正在想什么，只是凝视着窗外，我感觉到'我非常想扇他们所有人耳光'。"萨拉听上去很生气，但实际上她在笑。

我把这些愤怒的冲动和她的第一个梦联系在一起。在这个梦中，她听到自己的一部分说恨她的父亲，而另一部分则立即出来审查删除这个想法。这与第二个梦似乎也有些联系，梦中有一个女人试图用明显不够结实且孩子气的材料来保护一座雕像。萨拉内心深处隐藏着许多愤怒和怨恨，甚至是嫉妒，远比她心智中更具吸引力、更宽容和美丽的领域所能轻松容纳的要多得多。"好吧，"她试探性地说道，"我可能是对妈妈有些生气，因为她一直过不去那个坎儿——但她是一个非常好的妈妈。"她赶紧补充道："我们相处得很好。"她停顿了一下，语气又变了："但当她沮丧或恼怒时……就是那样啦［暗示她自己生气的感受］……我爸爸还好［再一次，换了口气］，但他确实一走了之，把所有的垃圾都留给了我们……［长时间停顿］但是伊阿古——不，我不可能是伊阿古。"会谈是以萨拉下面的评论结束的。她说，她发现很难去思考这样的事实，即她深深拒绝的感受可能正是她自己的一部分。似乎这些部分现在正如此执着地强行进入她的意识。

下一次会谈开始时，她长篇大论地描述了男友戴维突然发现他自己陷入情绪波动，主要是因为他与父亲的关系很糟糕。这段关系以前曾被间接地提到过，但用的是相当理想化的词语。现在这段关系被描绘成非常痛苦和极度匮乏的。她（萨拉）感觉好多了，但是他（戴维）的情况很糟糕。萨拉形容他第一次在他们的关系中哭了。她发现她在对此做出反应时感觉自己变得更强大了，能够帮助他，而自己也不那么可怜无助了。她还认为自己真的很自私："我一直在不停地说自己的问题，而戴维内心却如此地不快乐。我现在确实感觉好多了。也许我不需要再到这里来了。"我指出，她今天带着戴维来到了这里，而不是她自己。她点头表示认可，并重申她认为自己非常自私：当别人的境况比她还糟糕时，她怎么还能认为自己有问题呢。我好奇是不是她自己"有问题"的一面太可怕了，以至于她无法对此加以考虑，所以认为别人而不是她自己有问题，对她来说更容易。萨拉若有所思地说："好吧，我确实做了这个梦。"

在这个梦中，我和几个人共同在一个又黑又脏的公寓里，其中肯定有戴维和他的父亲。一个插头短路了，我很害怕发生火灾，但似乎别人都没有担心这个。我往外面看，事实上，外面有小火在燃烧。但它们似乎是可控的。我害怕的是火灾会发生在公寓里。戴维在安慰我。

在这里，在第三次会谈中，似乎有证据表明萨拉需要从伊阿古这部分自我（Iago-self）中撤退出来，转而关心和担忧戴维。这个梦清楚地说明了为什么会这样：她婴儿化的分裂机制（戴维很棒而萨拉很糟糕）和相关的其他维度（强壮 / 虚弱；聪明 / 平庸；安全、充满爱的家庭 / 破碎的、失功能的家庭）崩溃了。她的好女孩形象受到了破坏，可能会引发可怕的火灾——一场灾难性的爆炸，那些恐惧的东西来自内部，而不是来自外部现实。提到不再是一个好女孩给她带来的困难时，萨拉泪流满面，然后是长时间的沉默。"我谈了一些我以前从未了解或从未向任何人提及过的、我自己的某些部分，这些是我很难去思考的。"

这个评估的过程，就其梦的材料的数量而言，是不同寻常的。它试图确定萨拉面临的困难的大致领域，以及她能否承认这些困难的根源可能在哪里。就目前而言，她付出的代价可能太高了。萨拉害怕发生火灾。她现在呈现出来的防御方式是又薄又脆的泡沫塑料板，没有强度和重量，很容易被吹得东倒西歪。从狭义上而言，她非凡的"思考"能力无疑为她提供了一个重要的堡垒，以抵御家庭生活的动荡和变迁。但这些防御也提供了一种虚假的安全感，这种安全感切断了她与自己人格某些部分的联系，而这些部分现在开始强有力地表现出来。萨拉深陷挣扎之中。她认为伊阿古声名狼藉，她无法忍受去承认他身上所具有的东西也可能是她自己的一部分。

萨拉以不同方式进行思考的能力正迅速发展，同时，她性格中破坏性部分给她的心灵安宁带来威胁，而且这正变得越来越明显。一个延长的评估为萨拉提供了一个机会，去审视新能力发展的可能性与破坏性部分带来的风险之间的关系。在剩下的第四次会谈中，我们将就可能的治疗达成共识。不管决定是什么，我都感觉到一项重要的工作已经完成。在这一阶段，进一步的治疗工作可能不会继续进行，因为萨拉感受到的火灾威胁确实太大了。但这种冒险"思考"的短暂经历，很可能是萨拉在更强大（或者也许是更绝望）的时候会回归的体验。

在几个星期里所做的评估提供了一些机会：以测试最初将一个年轻人带到诊所的动力强度；探索这种动力是否来自他自己；看看是否有可能在与治疗师分离期间保持思想和情感的联系；以及是否能与治疗师培养出一种可以带来思考的关系，而不仅仅是"倾倒问题"的关系。在这个早期阶段，如何能判断治疗的利弊得失呢？一个必须确定的关键问题是，痛苦到底是谁的？这在萨拉的案例中我们只提及了一些。痛苦是属于青少年还是属于父母？或者属于男朋友、兄弟姐妹？是否也可能存在于所有这些人的复杂纠缠之中？

简短地看一下第二个评估案例，可能会有助于理解最后这个议题：问题起源于何处以及问题存在于哪里。安妮刚刚参加了 GCSE 考试①。第一次会谈，她气喘吁吁地赶到，随即就打开话匣子。她很瘦，有一双大长腿，很迷人，戴着像猫头鹰一样的眼镜。她在走廊里喋喋不休："嗨！这个地方真宽敞。我还以为会是一个很小的地方。"当我们进入咨询室，她突然显得很害羞："嗯，现在来到这里了，我不知道该说什么。"然后，安妮几乎是不停地说了 50 分钟。她表达的大概意思如下。她有许多身体不适，最初推荐她来的全科医生已经对此做了详尽的

---

① 英国学生完成第一阶段中等教育所参加的主要会考。GCSE 的全称是 General Certificate of Secondary Education（普通中等教育证书），相当于国内的初中毕业考试文凭。——译者注

检查。她曾担心她的胃痛是阑尾炎，或者，也许她是得了慢性疲劳综合征？或许真的只是消化不良。她不能吃东西，经常觉得自己病得很重。她觉得和 S 医生谈话时她感觉好些了，但之后每一次都会出现一些其他的担心。可能根本就不是身体上的问题？也许只是压力太大？我问安妮她可能会对什么感到有压力，她说："困难就在于我对每件事都感到内疚。但我也没有太内疚，因为没有什么事情真的值得内疚。就是说，我不是任何人的烦恼。我已经表现得不错了，但是，不知怎么，我无法忍受自己的坏情绪，并且对自己所做的每件事都很挑剔。"接下来的一些小事确实说明了这点：安妮对于轻微的犯错行为有一种夸张的负罪感。安妮形容自己有时会陷入"近乎疯狂的焦虑"中，她的父母似乎很难理解这样的状态。"他们只是批评我如此暴躁和难以相处。好吧，也不能算是批评，但是，好吧，你懂的。"

在评估过程中，我们渐渐发现安妮的童年是极其不快乐的，充斥着她父亲的酗酒以及父母双方对问题的极力隐瞒。他们甚至试图对孩子们隐瞒，相信孩子们并没有注意到这件事。她描述了许多痛苦的例子。在她父亲尝试自杀时，这些痛苦达到了顶点。一个相当容易理解的内疚似乎来源于：无论在家庭里，还是在朋友之间，她都一直生活在双重谎言里（与"不知道"共谋）。但在第一次吐露家庭史的过程中，一个不同的、更复杂的图景开始浮现。在她的讲述中，有些情况下，安妮被父亲的醉酒行为弄得心烦意乱，她再也不能假装这件事情没有发生了。这时，她会感觉自己背叛了父亲。父亲依赖的似乎是他的女儿，而不是他的妻子，他将女儿作为心照不宣的支持和理解的来源。与此同时，据说母亲的尊重和爱是指向弟弟汤姆的。安妮嫉妒地把他描述成机智、聪明、帅气和成功的，而相反，她则把自己描述成"愚蠢、丑陋和不好的"。从母亲身上感受到的对自己的拒绝和批评的态度让安妮深感痛苦，同时她对父亲对她的依赖感到困扰。

此外，安妮带着困惑描述道，尽管父亲有那些伤害性和破坏性的行为，她还是对他有深深的依恋。她述说了许多可怕的情况：在夫妻争吵中，她的父亲会提及安妮在情绪和行为上的困难表现，以此为武器攻击妻子。安妮自己对卷入这些纠缠不清的家庭结盟和认同感到十分内疚。她在意识层面对自己的问题行为感觉很糟糕，因为这种问题行为似乎是导致父母婚姻不和谐的原因。但她也开始触及另一种她没有意识到的内疚来源。也许她也为自己对父亲的强烈依恋感觉很糟糕，因为这是损害母亲利益的。事实上，也许她自己对母亲的拒绝和挑剔比她能够意识到的更多。第一次会谈即将结束。"我以前从来没有这样想过这些事情，真不敢相信。"她说，"刚来的时候，我以为没什么好谈的。哎呀——我真的要开始想想了。"

在随后的会谈中，这些初步的推断得到了证实。安妮莫名其妙的强烈内疚感与躯体化的问题，似乎越来越明显地与整个家庭未解决的困难以及安妮自身的俄狄浦斯冲突有关。我建议全家人一起来做一些思考，这可能会有帮助，而她对这个主意感到很焦虑。事实上，她的父亲已经戒了酒，而且安妮觉得是她在扮演问题成员的角色，以维持家庭的平衡。

开始用这种方式思考事情，安妮被深深吸引，但又感到不安。和萨拉一样，她也害怕火灾。但对她来说，这种危险似乎是一种外在的危险，即家庭会爆炸和解体，而不是内在的危险。在这一点上，她认为自己的内疚感和胃痛似乎比为家庭结构坍塌而负责要更可取，她觉得后者只会加重她的内疚。在评估结束时，安妮觉得自己接受每周一次的心理治疗是最好的出路。

到目前为止，我描述了在评估过程提供的容纳性结构中，两位年轻女孩进行"思考"的勇敢努力。然而，相比之下，尤其是在青少年的工作中，当评估在早期阶段就中断时，不太愉快的结局会频繁出现。对于探索困扰的矛盾心理，甚至是敌意，可以表现成各种行为和态度——就目前参照的框架而言，通常以"不思考"或"假装在思考"的模式为特征。

与这个年龄群体工作的治疗师都很熟悉，抗拒将情绪状态联系起来的思维方式背后可能隐藏着什么。在青少年对所有的行动化方式都上瘾的情况下，倒错满足的诱惑往往比由此带来的痛苦更强烈，也比潜在的痛苦更强烈。但更普遍的是，通常存在不同程度的焦虑，例如，担心扰乱家庭平衡（安妮就是这样），以及担心改变、分离、身份、亲密，甚至疯狂。

正如我们所看到的，尽管事实上，这些问题呈现的形式往往与克服（或至少减轻）这些问题的手段是相冲突的，在多大程度上可以在评估阶段解决这些问题，是评估过程及其结果不可或缺的部分。面对问题严重到不得不寻求专业帮助的情况，求助者必然会感到很困难。除此之外，在实际评估开始之前，还有一些与诱发阻抗相关的因素必须从始至终加以考虑：父母对治疗的支持程度；青少年对治疗的准备情况，即个体被引导去期望什么；是否存在隐藏的议题（例如，即将出庭、被学校开除的威胁）；转介是否只是应他人之命而不是青少年本身的需求；从最初联系到确定预约可能要等待多长时间；等等。与其抽象地阐述这些问题，不如简单地描述两个案例来说明之前所述的这些考虑中的一些因素，这或许更有帮助。这两个案例的评估都只进行了一次或两次会谈就结束了。

乔纳森17岁的时候，他的一位老师写信给我们的门诊部，谈到她的担忧。她形容乔纳森变得越来越孤僻、抑郁，而且有些强迫行为。然后她概述了一些背景问题。乔纳森是独生子，4年前，他的父亲突然从家里搬走了，留下儿子来负责照顾身体残疾的母亲和体弱多病的姥姥。

当乔纳森第一次来接受评估时，他的开场白是："过去的都已经过去了。我们是现在的我们。"他接着描述了他目前对东方哲学的兴趣："我应该完全掌控我现在的生活，没有其他东西可以决定它。过去当然也无法决定它。"他停顿了一会儿，问道："你读过《禅与摩托车维修艺术》(Zen and the Art of Motorcycle Maintenance)这本书吗？我是说，你明白我想说什么吗？"乔纳森的治疗师表示，他在这个奇怪的情境下可能会感到焦虑，觉得无法掌控。"和一个尊重我的智力兴趣的人在一起对我来说很重要。"乔纳森回答道，"我觉得有必要超越对事物的通常理解。我已经对此进行了大概4年的思考。"他的治疗师提示他，这个思考应该是在他父亲离家出走前后开始的。治疗师请乔纳森告诉她发生了什么。乔纳森开始讲述，虽然没有之前那么正式，但还是相当平静地说："我认为当父母的关系不再有爱时，通常会发生这样的事情。持续的争吵，我想，还有外遇、对金钱的担忧，就是这类事情吧。"据说乔纳森的父亲看到母亲躺在地上起不来，也不管，然后他"就那么走了"。乔纳森说他为父亲感到难过："他真的毁了自己的生活，但对我来说，住在家里就挺好。妈妈现在在照顾她自己和姥姥，所以我没有太多责任。"他停顿了很久。"顺便说一句，我没有向这里求助，是我的老师T太太要求的。"第一次会谈结束了。

第二次会谈也没什么不同。乔纳森在候诊室里读着《尤利西斯》(Ulysses)。当他们走在走廊上时，他询问治疗师她可能熟悉的哲学家的相关问题。他在会谈开始时说，自从发现他的治疗师是一名精神科医生后，他就一直担心她对事情的想法和他不同。他停顿了一下，补充道："甚至你才是最清楚明白的。"治疗师指出，如果他放弃自己对事物的看法，他可能会害怕受伤和感到困惑。乔纳森回答："我明白你的意思，但我并不迷信。我完全可以控制自己的情绪。我有能力保护自己。"沉默了一会儿，他有些颤抖地说："我有点担心的是我所做的和所想的是否正确，因为如果你说服我说我错了，我愿意考虑改变我的方向。"然后他疑惑地补充道："也许东方哲学太过肤浅？"

这是一个令人心酸和不安的时刻。乔纳森承认了对自己的心理功能模式的怀疑，但只是片刻而已。他立刻又封闭起来，对于每一次诠释性评论的尝试，他都找到理智的基础去反对或歪曲。"这很聪明，但不公平。""我觉得你在把问题转向我。""当然,我可以看到你在做什么,以及为什么这么做……"一段时间后,他的治疗师提醒他注意,他如何利用他的头脑保护自己不受任何情感的影响。停顿了一下,乔纳森迟疑地说:"进行了大量的治疗之后,你可能会更了解我。"会谈结束了,他没有再回到诊所,也没有再做联系。

在这两次会谈中,乔纳森非常清楚地向他的治疗师展示了他如何设置哲学和逻辑的障碍物,依靠自己的智力来控制他可能有的任何危险情绪或不确定性。在这个时间点上,任何一种亲密接触的可能性对他来说都太令人恐慌了,于是他逃走了。他智力建构的脆弱性以及他痛苦的现实是显而易见的,甚至在某个瞬间,他自己也清晰地看到了。但是,这种焦虑立刻被归咎到他的母亲或者老师身上。"进行了大量的治疗之后……",他在这句话中表达了对治疗的大量需求,但是如果他的防御被拆除了并且建立了真正的联结,对即将发生的灾难的恐惧感,会让他不堪重负。

这个简短而令人担忧的概述,也许会让人想起与青少年开始此类工作时的一些痛苦和挫折,但也会有之前描述的回报。乔纳森很痛苦,他一直采用防御措施来避免体验他的痛苦,这正是他这个年龄群体使用的典型措施。作为一个诚挚的孤独青少年,他利用自己的智力和哲学,试图逃避他生命中的悲伤经历对他真正的意义,逃避他对不被人认识或理解的恐惧。然而,他还是冒险前来参加会谈,尽管几乎立即又中断了。但这次会谈确实是有帮助的,他在一年后再次通过自我转介回到诊所。这次他更加坚定地认为,有必要去面对以前他无法承受的事情。

第二个案例涉及19岁的伊丽莎白。在她严重地过量服药后,她的全科医生写来一封"非常紧急"的信,为她进行转介,于是她来到了诊所。这是她两年里第二次过量服药了。几天后,她母亲也寄来一封亲笔信。她重申了医生的意见,并描述了她对女儿安全的担忧。除了基本的重要事实,伊丽莎白的全科医生和母亲并没有提供其他任何信息。

伊丽莎白是由母亲带来赴诊的。在候诊室里，母亲表现得很焦虑，与之形成鲜明对比的是伊丽莎白见怪不怪的冷漠样子。就好像这位不合时宜地穿着年轻人衣服的母亲，比她那冷静、优雅、冷漠的女儿更想进入咨询室。

第一次走进咨询室时，伊丽莎白说："我今天来，全是因为她（指了指候诊室）向我允诺，如果我来，她会给我一辆车。是她预约的咨询。"这是一个相当令人吃惊的开始。我真后悔我没有按照常规的操作，即与一个19岁的年轻人工作时，先要帮助她建立独立于转介人的求助意愿和动机，再开始进行评估。然而，在这个案例中，情况显然很紧急，这导致了一种假设，即干预是必要的，也是被认可的。伊丽莎白否认自己有任何困难，于是这个假设迅速被推翻了。我决定问问她过量服药的事。之前有人告诉我，这件事发生在伊丽莎白和母亲的一次争吵之后……她证实了这一点，并补充说她们总是争吵不休。她母亲总是有很多担心，担心她的朋友、担心她的酗酒、担心她吸食毒品和烟、担心她每天保持清醒的时间，等等。她自己认为没有必要。当被问及这些习惯时，她回答说，她通常一天抽几根大麻卷烟（她想，大概是15根），也许还有40根普通香烟。"我也会喝不少酒，大概半瓶伏特加……我白天清醒的时间……嗯，我大约下午四点起床，然后出门，第二天早上差不多同样的时间回来。"她对自己描述的这个形象微微一笑，然后相当调皮地又加了一句："我真的不知道她在烦恼什么。"

接着，伊丽莎白又恢复了她那相当挑衅、反叛的语气，描述了她母亲反对的那些事情，而她认为没有哪件事是"非常严重的"。她说，她经常通过伪造母亲的签名使用她的信用卡，或在需要"一点点现金"时去翻继父的口袋，用来买东西。偶尔，她会去商店偷东西。她说她想成为模特，嫁给一个有钱的男朋友，然后"把他所有的钱都花光，就像我妈花查理［继父］的钱一样"。她大笑着。

伊丽莎白这样说时带着一种难以理解的、略带嘲笑的、平静的语气。她的背景细节浮出了水面。她对自己的亲生父亲一无所知，在她1岁时，他就离开了。从那时起，她只在12岁时见过他一次，而且就"见了1分钟"。她的母亲拒绝谈论他。"但没关系，因为我一点儿也不感兴趣。"她现在的父母双方都曾在之前的关系中有过一个女儿，但伊丽莎白从来没有见过她们中的任何一位。伊丽莎白的孤独感在某一瞬间很明显。但她很快就恢复了原来的样子。她接着描述道，当她母亲嫁给继父后，情况发生了巨大的变化。他们从公租房搬到了豪华住宅，但周期性的经济危机威胁着这个新环境的稳定性。

当她描述这个摆脱贫困的过程时，她流露出对母亲的鄙夷，并且发现很难理解我所说的一个联系——她所说的她母亲的方式与她自己的行为方式（即她自己不安全地紧紧抓住金钱的重要性以及各种放纵行为，但反过来，又以轻蔑的眼光看待它们）之间的联系。然而，伊丽莎白承认，尽管金钱并不是完全可靠的，但钱为家庭关系提供了某种保障和容纳。她表示，家庭关系本身纯粹是以物质条件来衡量的。

直到我回到过量用药这个状况时，伊丽莎白的外壳才出现了更大的裂痕。她默默地哭泣了一小会儿，描述着她的男朋友在医院见到她，并问她出了什么事，"就好像他真的想知道我的感受似的"。过了一会儿，她又开始抱怨母亲没有能力理解她、给她任何"空间"，也不能处理自己的孩子气："有问题的不是我，是我妈妈。"

也许结果原本就是可以预见的。几天后，伊丽莎白的母亲打电话说伊丽莎白现在"好多了"，不想再来。她能替伊丽莎白赴约吗？在伊丽莎白的允许下，我们在接下来的一周给M太太提供了她自己的咨询时段，帮助她思考她对女儿的焦虑，以及她作为一个麻烦缠身的年轻人的家长的感受。

同样，我们只能猜测，伊丽莎白令人担忧的自我毁灭行为背后隐藏着什么具体的痛苦。母女俩似乎锁在一种相互投射的关系中：伊丽莎白的大部分焦虑似乎都被分裂到了母亲身上；而母亲又可能将她自己敌对的、被破坏的和破坏性的部分放到伊丽莎白身上。当然，在评估的过程中，我有一种相当"奇怪的感觉"，好像这个过程是某种"委托代理"的。我觉得伊丽莎白不情愿地把自己当作一个模板，让我可以从中了解她母亲对有意义的成就、联结以及满足的巨大需求。但是她不能再来了。让她来这里的根本原因，除了贿赂，可能是一个转瞬即逝的希望：也许有人可以像她的男朋友一样，不受其他因素的影响，理解她的感受以及她绝望的程度。然而，这方面的移情诠释被呈现出来时，伊丽莎白却置之不理，回到了她大堆的抱怨中。

最后两个简短的叙述可能会唤起评估青少年时的一些痛苦和沮丧，还有前面描述的回报。这些年轻人中的每个人都在遭受痛苦，而且每个人都在采取防御措施，以避免体验他们的痛苦，而这些手段对于他们这个年龄群体是非常典型的。伊丽莎白采取了一种与乔纳森截然不同的方式来处理：作为一个疯狂群体中的一员，她酗酒、吸毒、大笑、偷窃，从事各种各样的犯罪活动，以逃避潜在的痛苦和不幸。尽管如此，这种痛苦最终在她的自杀企图中表达出来。在那一次评估中，通过与她短暂的接触，我清楚地意识到她的内心世界是多么贫瘠，以及她在生活中因缺乏安全的养育而遭受何种痛苦。如果伊丽莎白觉得她可以依赖某个人来倾听她、关心她，那么她很可能会陷入非常痛苦的治愈性依赖中。然而，这些青少年中的每个人都是冒险前来交谈的。尽管后来中断了评估，但这些会面可能还是有帮助的。正如我们所看到的，乔纳森的情况就是这样。

这四个案例将评估描述为"过程"。我们的团队发现，在思考如何最好地帮助陷入困境的青少年找到通往我们服务的道路时，这种方法是最有用的。在会谈中，我们向这些年轻的"新手"介绍了一种思考自己的方式，当然无论多么敏感小心地进行，他们都可能会感觉这太可怕或太令人不安，因而无法继续下去。但他们同样会发现，存在一个安全而可以思考的地方，他们可以在此开始了解自己和自己的生活。

## 注　释

本章的早期版本发表在拉斯廷（M. Rustin）和夸利亚塔（E. Quagliata）编辑的《儿童心理治疗中的评估》（*Assessment in Child Psychotherapy*, London：Karnac，2004）中。

1. 塔维斯托克诊所现在是塔维斯托克和波特曼国家医疗服务体系基金会，青少年部已变为青少年与青年服务部。

第九章

# 属于自己的心智：身份的寻求——一个案例

建立身份（identity）对所有青少年来说都是一个核心的，但通常也是让他们非常苦恼的任务：发现自己是谁、找到自己的心智——这是类似于弗吉尼亚·伍尔夫①（Virginia Woolf，1929）所指的"房间"的内部空间，它不仅对创造能力至关重要，而且对"生活在现实中"的可能性至关重要（p.109）。一个人的内部房间是如何以自己独特的方式进行构造和布置的呢？不是那种预制的、拼凑出来的或像设计目录里的房间样式，而是作为一个人独有的空间。这些都是我在与汤姆的工作中产生的各种各样的困惑。我从他那里了解到很多关于青少年期成长过程的挑战。

幸运的是，在对19岁的汤姆进行了4次会谈的评估后，我能够继续亲自给他做一周3次的治疗。属于自己的心智是作为大学第一年的新生的汤姆最需要和最想要的。当他开始接受治疗时，他被困在一种根深蒂固、迁延过久的青少年心智状态中，似乎无法从这种状态中摆脱。他中等身材，体格健壮，头发乌黑，虽有些过早地脱发，但有时看上去特别帅气。但他却不这么认为。他对自己的外表极为敏感，脱发是持续痛苦的来源。这是一种对自恋的侮辱。而这个羞辱被他那些酗酒的、"大

---

① 弗吉尼亚·伍尔夫是英国女作家，在1929年出版的散文集《一间自己的房间》（*A Room of One's Own*）中，她写道："女人要想写小说，必须有钱，再加一间自己的房间。"（译文引自人民文学出版社于2003年出版的《一间自己的房间》，译者为贾辉丰。）——译者注

男子主义"的朋友们用无情残酷的恶作剧不断地强化着。

汤姆所处的文化是贬义的"典型"的青少年文化，是以帮派（而非团体）的兴趣为导向的。这种帮派尽管也有一些相互支持的性质，但主要以愚蠢冲动和漫无目的为特点。他个人生活的特点是对外表的盲目关注：在酒吧里过度饮酒（继青少年期早期大量吸食毒品后他开始酗酒）；时而无精打采、无病呻吟、自怨自艾，时而又精力充沛、争强好胜地运动；时而执着于哲学和政治的沉思，时而又进入狂躁兴奋的状态。和他的朋友们一样，汤姆也成了一个长期的后进生，放任自己从专业人士的中产阶级家庭教养环境中游离出去，带着"底层阶级"的心态，在建筑工地上做临时工。唯一不以群体兴趣为导向的是他的性幻想和（时而的）性活动。因为他害怕被发现会带来巨大的羞耻感，所以紧张、疯狂地保守着这个秘密。

在治疗的最初几个月里，汤姆几乎语无伦次，描述自己无法独立思考或集中注意力。因为他的脑子里持续充满了倒错的性幻想——这是在评估会谈中没有呈现出来的。他非常困难地告诉我，他是如何使用性电话热线和给妓女打电话，在一种疯狂的、自慰式的兴奋状态中度过太多的时间。他也会不断地与妓女预约又爽约。直到最近，他才停止在公园和开放空间里向女性进行性暴露。他告诉我他是非婚生子，他的父母从来没有共同生活过。他的父亲是一位小有名气的画家和作家，多年来零星地与他保持着联系。他的母亲嫁给了一个英国男人，并在汤姆4岁时，离开原籍国带他一起来到伦敦。

母亲的这段婚姻在当时似乎是对汤姆的重大打击。他告诉我，这段婚姻后来恶化成施受虐式的悲惨生活。他觉得继父是个暴君和恶霸。他酗酒、终日闷闷不乐、对家事专横独断，为芝麻大的琐事也会对家人（尤其是汤姆）怒气冲冲地发号施令，并且对任何快乐或美好的感觉都无动于衷、冷酷无情。汤姆很恨他。汤姆的母亲在自己第二个儿子出生后不久，也就是结婚两年后，爆发了产褥期的全面崩溃，并引发了慢性精神分裂症。尽管他有意识地把早年与母亲独处的时光理想化,但考虑到他后来的困难,似乎更可能的是,即使这早期的"美好时光"也是笼罩在母亲的抑郁阴影之下的。从移情中可以推断出,至少在某些时候,汤姆体验的是一种砖墙式的母性心智,即对汤姆的投射和尝试的交流无法接收、没有回应。养育中似乎缺乏某种活力、体贴、兴趣或希望,而这些有可能让他能够感受到被理解,并从中获得一种对自己的感受以及内化思考自己的能力。正如我所描述的,事实上,他在"思考"方面的极端困难,表明他在婴儿时期几乎没有体验到被容纳,特别是缺乏对他那先刺激然后挫败的施虐性和攻击性冲动的容纳,以至于必须在最初替他思考,然后慢慢地和他一起思考,从而为他"建造"一个好的客体。他时而害怕与我融合,时而又害怕切断了与我的联结。无论哪种情况,他都无法有意识地进行思考。

就字面意义而言,汤姆确实有自己的房间。我经常听到他讲起这个房间,并且他热切地希望我能亲眼看到它。他相信,如果我这么做,我会为之激动,并能更好地理解他。显然,那个房间的墙壁和门上都挂满了纪念品。房间里贴满了关于过往事件的碎片、遗迹和引起回忆的物件。这些纪念品承载了对经历、关系和交流的回忆,从小学早期到他十几岁时的出国旅行、偶然的邂逅,以及延续至今的重要关系。照片、明信片、公共汽车票、标签、信件、火柴盒、音乐会门票、餐巾纸、短笺、邮票——所有能想象到的、可以贴到墙面上的东西。他坚持认为,了解他的房间就是了解他。从某种意义上说,他是对的,因为这间屋子表明了他的信念,即这些五花八门的、二维的、贴在那里的自我形象汇集成一种身份。

然而在我看来,这间屋子代表着一些完全不同、毫不相干的东西的堆砌而已,其中许多东西是小偷小摸来的,杂七杂八的,只是一种生活的大杂烩,完全缺乏连贯或整合。他意识中错误地认为,将各种碎片,靠着热烈的、以量取胜的、拾荒般的方式积聚起来,是和身份有某些关系的。在无意识层面，他更加明白。事实上有时，在他不那么容易激动的时刻，他能够反思他的房间带给他的感受，即使对他来说，那也感觉就像一个"偷来的身份"。可以说他用一个外骨骼来庇护自己，这个外骨骼是由一系列的堆积物组成，具有黏附和投射的特征，本质是自恋的。在我看来，他创造了一种自我保护的外壳，从而避免与内在实际的空虚接触。他所缺乏的是一种内摄的能力，这种能力可以帮助他将面孔、体验或事件内化，这样它们就可以"存在于心智中"，并成为一个充满活力的、独特的内在世界的一部分。他有一个客观存在的房间，但没有自己的心智/房间——没有可以产生意义的内在空间，也无法与恒常的又能发展的人物形成牢固的内在关系。相反，他拥有的只是那些具体的、昙花一现的东西带来的动荡的无意义感，以及他母亲心智的不可靠的接收能力。

在内部建造一个属于自己的房间的能力，是建立在曾经拥有"思考空间"的体验基础上的。这个能力始于母婴关系环境的体验中。正如我们所看到的，比昂认为，思考这项功能最初是母亲以其内在能力为婴儿执行的——母亲依靠她能够进行体验的身心，无意识和有意识地体验婴儿的强烈情感、情绪风暴以及恐惧的特点。在良好的环境中，母亲处于一种遐思的状态，她能够接收到婴儿自己还不能思考或理解的交流。通过给这些交流赋予情绪的意义，她让婴儿能够慢慢地获得自己处理体验的内在资源，并因此能够自己给经验赋予意义。如我们所见，这种"抱持"或"容纳"婴儿心理状态的能力，取决于母亲是否能够对自己的心智状态保持节制和有所觉察，既不会将自己的心智状态侵入婴儿，也不会对婴儿的投射和交流的需要呈现出没有反应的样子。

比昂的贡献核心是一个概念，即心理发展以萌芽中的思想的变化为中心。正如我们在第五章中看到的，本质的问题变成了什么样的思考在持续，以及它如何与情感的，而不仅仅是认知的过程联系在一起。在《从经验中学习》一书中，比昂在弗洛伊德和克莱因理论的基础上，在人们更熟悉的爱（L）与恨（H）之间的冲突之外，增加了另一种冲突，即知识（K）（或者说想知道和了解的欲望）与对知道和了解的厌恶之间的冲突，并将此作为人格成长能力的基础。在青少年期的过程中，L、H 和 K 作为一方，而他们的反面——负性网格 -L、-H 和 -K 作为另一方，双方的战斗通常是激烈的，并且，就人格形成的最终结果而言，这也是至关重要的残酷斗争。正如我们所见，了解自己是一个非常痛苦的过程。正是这种对情感体验的思考，投入情感体验、因之而痛苦并承受着情感体验的能力，滋养了心智、促进了成长。这种能力因为对恐惧、挫折以及情感痛苦的不耐受而不断被阻挠。聪明与智慧的关键不同正是这种区别的根源所在。在汤姆的例子中，他似乎也认识到这个区别：他足够"聪明"，17岁就能通过高中学业水平（A-levels①）考试，但是他也意识到，在这个阶段，他还不够"有智慧"去攻读英语文学的学位。两年来，他没有申请大学，而是离开学校，进入了酗酒和骑摩托的伦敦黑社会，偶尔靠做体力劳动挣点钱。

本质上，获得一个属于自己的心智的过程需要摆脱防御性的、模仿他人的特征（放弃黏附模式）；换句话说，就是放弃投射性认同，并通过更多的内摄性能力与自己的感受体验相接触。借第六章中西蒙的用语，他意识到他必须脱下"甲壳虫自我"的"外壳"，学会忍受脆弱自我的痛苦。正如我们所看到的，西蒙非常清楚自己的倾向，当他冒险走出自己的舒适区时，他又会退回用聪明形成的壳里。正如莎士比亚在《维纳斯与阿都尼》（*Venus and Adonis*）中如此优美地描述道：

> 又像一个蜗牛，柔嫩的触角一受打击，
> 就疼痛难忍，连忙缩回到自己的壳里，

---

① 全称为 General Certificate of Education Advanced Level，即普通中等教育证书考试高级水平课程，是英国学生的大学入学考试课程。——译者注

在那儿蜷伏，如同憋死一样屏气敛息，
过了好久好久，还不敢再把头角显露。①

[ ll. 1033-1038 ]

　　在人生的这个阶段成长需要巨大的勇气，许多年轻人却觉得完全得不到庇护和支持。内摄性认同是一个过程，它使得婴儿或患者随着时间的推移获得摄入的能力，可以吸收和利用支持性与充满爱的人物及体验，来保卫、防护和鼓励成长中的人格。

　　在此有必要详细讨论这种内摄过程的特殊性。根据克莱因学派和后克莱因学派的思想，这里所描绘的过程可以说是发展的核心。这必须区别于那些太容易做出的，实际上已经预设的当场认同（特别是在青少年期）——向一个并无助益的内部或外部的人物以及自体中不确定的部分的认同。这种有些"一把抓住"的感觉的认同，与一种更为积极的认同形成了鲜明对比。后者是向一个或多个有助益的人物的品质和功能认同，尤其是那种无论外在现实如何，向某种内在的、成熟的、养育性的一对父母的认同。梅尔泽（1978）认为后一种认同是人格的成人部分的前提，其力量来自直面真相的模式，把真诚作为情感立场。他称内摄为"精神分析中最重要和最神秘的概念"（p.459）。它的标志是承受不确定性和不知道（not knowing）的能力，与"暴躁地寻求事实和原因"形成对比——正如济慈在他所谓的"负性能力（Negative Capability）"（1817年12月21日的信件，in Gittings，1970，p.43）中描述的那样。比昂则广泛地借鉴了济慈"负性能力"这个概念。它区分了真正的成长和以黏附与投射为主导的状态，后者通常是青少年挣扎的特征，并且可能会在无意识中伪装成"已经长大"了。这种内摄性认同模式的现象

---

① 译文引自人民文学出版社于1986年出版的《莎士比亚全集》简体中文版，译者为张谷若。——译者注

学，才可能有助于思考汤姆"成为自己"，或是"拥有自己的思想/房间"的问题。

在治疗的早期，关于不同房屋和房间建造或装饰过程的梦的意象，以一种令人着迷的方式渗透到汤姆的治疗过程中。在青少年期中期，他做过许多工作，如临时建筑工人、油漆工以及各种短工。他在梦里对这些空间不断变化的体验，追踪描绘了他与治疗以及与我之间的关系，依次为：以次充好、试图偷工减料并且逃避惩罚、多收费、过低收费、拼命赶工而到头来只能延期或装病逃避、把糟糕的工作归咎于其他工人、为错误承担责任、发现假墙和一连串仍需继续工作的隐藏的房间、泼油漆毁坏地毯、弄脏空间、返工，等等。

第五章已经引用了汤姆一个早期的、简短的梦，它概括了移情中他持续努力地将我体验为"思考的乳房"（比昂的术语），在汤姆开始发展时，这能够提供他所需要的心理和情感结构。

> 我想在一个室内球场打网球，但球场的一面墙不见了。每次我把球抛到空中要发球时，它就会撞到一个异常低的天花板上，然后过早地弹回来。这让我无法把球发出去。

这个梦，以及其他类似的梦，似乎描述了一个很早期的体验。在这个体验中，汤姆在家与母亲一起时，他所拥有的容纳性结构极其脆弱。在移情中也是如此，我被感知为要么是不愿意，要么是不能够领会他所要表达的。然而，如果我真的理解了他的表达，他又会认为，我就有被它们逼疯的危险，就像他担心母亲无力承受他的冲动与投射所带来的毒害或者可能的性兴奋。我们可能会猜想，当他还是个婴儿的时候，每次他都尝试投射他的感受，满怀期待，一旦它们被接收到，投射与内摄的过程就可以开启了；但他母亲脸上以及心智中的两眼空洞、毫无反应的表情（异常低的天花板）过早地将他的情感反弹给他，空留下他独自困惑于自己体验的意义，也无法理解他以为自己的眼睛能从母亲的脸上看到的东西（或者它们看到了吗？）和他内心留下的丑陋空虚的感受之间的落差。换言之，也许是异常低的天花板阻止了汤姆发现缺少了一些最基本的东西，而且即使他能成功地把某物发出去，并且越过球网到达球场远端母亲的意识中，那么"某物"最终也只会飞入外太空。他如何能从外在的轮廓构建内在的意义呢？一种防御性策略是变得非常糊涂、混乱。他如此依附于这种或那种自恋的认同，以至于他长期处于一种混淆之中，不清楚自己的心智与他所依附的人物之间的界限、内在与外在的界限、自我与他者的界限。

在外部，他为自己建造的房间/子宫本质上是黏附性的，这似乎也非常准确地反映了他的内在状态。由于缺乏一个精神容器，缺乏一个三维立体感觉的、可以放置情绪感受的内在场所，他不得不诉诸二维空间，即比昂（1962a）和埃丝特·比克（1968）所描述的那种皮肤容器。他早期不尽如人意的经历似乎使他在精神上以及情感上彻底无家可归，完全没有资源让他实施必要的发展步骤以获得自己的身份。相反，他屈就于一个貌似有自体的人，但其功能更像是"一个用纸板刻出来的人物"（用他自己的话来说），而不是一个完整立体的人。汤姆描述自己永远会在自己身前立起这样一个人物形象，根据当时他和哪个群体在一起而改变自己的表现，使得身份的形象一直在变化。他自己是个拾荒者，他以为别人也是。"我打开自己个性的大门，让每个人都进来拿他们找到的，给每个人不同的东西。但事实上，无论外在看上去是什么样子，内在都是空虚的。"此时此刻，他带着非同寻常的悲伤、一致性以及洞察力在说话。他觉得自己只是由一系列浮于表面的东西组成，却没有一点实质的内核。

在第一年的治疗结束时，汤姆（带着害怕和惊恐）逐渐理解了开始思考的意义，包括这个过程的本质和它给自己带来的风险。就在暑期前，他做了第一个关于火车的梦：

> 我在一个地铁站，列车需要到前面去绕一个弯（loop）掉头回来。我不确定是在那里上车，还是等列车绕回来后再上去。

汤姆来诊所的路程是从皮卡迪利线地铁开始的。"地铁"的来来往往是他梦中反复出现的特征，他在表达对我以及我们工作的态度时，尤其如此。汤姆由这个梦立刻想到的是，那与他第二天要从希思罗机场出发出国度假有关。实际上，在航站楼之间确实有一个环形（loop）铁路。他梦中的困境，似乎与我不在时保持思考的列车运行的危险有关（即没有我来抱持他的心智状态，并与他一起思考）。如果他把我记在心上，作为治疗的延续，他就不得不记起疯狂的自己（loopy-self），并有因此发疯的风险。或许完全切断联结，而只是简单地在回家的路上再回到列车上，会更好些？或者这个梦代表了在我不在的情况下保持心理连续性的不确定性？在这个时间点上，当没有一个抱持情绪并使其变得可以忍受的容器存在时，我很怀疑"继续思考"会危及他，使他变得疯狂。

在这之前的一段时间里，曾有过一个梦中意象是火车轨道上的尸体。当我们分析这个意象时，发现它暗含的意思是"勇敢地坦诚面对"①，即设法诚实地识别它们、"思考"它们、了解它们并给它们命名，而这是一种直面死亡的行动。事实上，这种死亡是任何心理诞生的必要组成部分。这是在思维过程的开始所涉及的对冒险的评估，也是当时汤姆几乎不敢做出的冒险。事实上，在那个梦之后的几个月里，汤姆退缩到强迫性的对性的思维反刍之中，认为他有一些不敢去思考的想法。"想法的列车"的隐喻是模棱两可的：它表达了以创造性和发展性的模式维持思维过程的能力，但也表达了被束缚的、线性化的概念，被局限在一

---

① 这里的英文原文是"laying things on the line"，字面的意思是"冒险把事情摊开"，与前面"火车轨道上的尸体"的意象是一致的，同时也有"勇敢地坦诚面对"的意思。——译者注

种叙述性的,"然后,然后,再然后"的模式中。

在暑假前不久,一个梦预示了汤姆将从这种相当盲目而无思考的状态中逐渐走出来。这个梦的内容和他对于我的评论的反应方式,同时表明了他为了成为一个"思考者"所做的努力以及他对于成为思考者的反感:

> 我正经历着一种让我恶心的压力,一种在很短的时间内必须弄明白某件事的恐慌。我试着去写,但没有足够的时间把它写下来。我无法把事情理顺。我知道有一些想法在那里,但我无法思考它们,无法赋予它们形状或实质。渐渐地,事情变得清晰起来,我想写的是,一个被困在墙里的男人的躯体被发现了,正在被挖出来。令人惊讶的是,那人仍然活着。事实似乎表明,这是一个谋权篡位的问题——有人侵占了墙里的男人在生活中的身份,就像农民革命英雄所做的那样。我正是在试图思考这个问题并写下它的过程中,发现这个男人还活着,因此产生了混乱。

我认为挣扎于写作(即象征性地说明一个过程,从而赋予它意义)可能是描述一种要去思考的努力,思考他被封存的心智以及情感脆弱的身份(仅仅活着而已)被挖掘出来的那些体验。这身份是很久以前被篡夺的,在他的例子中,是被那些看起来像是"身份"的、浮夸的幻想所取代了。这些幻想很像他青少年早期大同小异的关于英勇行为的白日梦,无论是作为英国陆军特别空勤团①(Special Air Service,SAS)的一员,还是参与某个遥远的革命事业。活过来意味着它不再是一场幻想中的革命,而是一场真正的革命,带着灾难性的焦虑。迫在眉睫的假期带

---

① 英国著名的特种部队。——译者注

来了压力，他觉得没有足够的时间和我一起思考问题和理解他的体验，因而感到恐慌。

最初，我的这些话让他怀疑自己对梦的叙述是否真实，也就是说，这真的是他所梦到的，还是他凭空描述出来的。"也许不是这样的？"然后，它激起了一种暴力的冲动，想对我说些轻蔑和恶毒的话；接着，他又想回身凶猛地用手勒死我。最后这种毁灭性的冲动，对他来说与另一种冲动很像：在他小时候，他有时会在母亲惊恐的眼神中，把他珍贵的玩具毁坏和踩碎。他也想切断和扼杀我的言语（那只被拒绝的援助之手），把我的思想变成毫无意义的碎片。我对他说，这是一种想要毁掉他深深在意的东西的冲动。他泪流满面地点头说："我很担心这个假期。"虽然在墙里被围封了很久的"真实的"自体还活着，但是与这个自体、这个身份相联结，而不是用效仿的英雄来取代它，却会有崩溃的危险。对依赖、分离以及丧失的恐惧简直让人无法承受。像哈姆雷特一样，他试图通过一系列的行动来扰乱或瓦解自己的思想，从怀疑精神分析，到篡改原始叙述（也许这不是真的），再到愤世嫉俗，最终到破坏性的活现。

大约在同一时间的另一个梦描述了一个相似的过程，一个也经常在治疗中重复出现的过程。在与我的关系中，汤姆努力去体验拥有一个对意义进行思考的容器，但一旦拥有又马上离开，而无法与体验本身待在一起。

> 我不情愿地把我的一群伙伴〔一起在酒吧喝酒和骑车的男性朋友〕留在身后。我和一个女性同伴沿着陡峭的铁轨上山。上到相当高的地方，天气变冷了。我注意到一座漂亮的房子。我好奇它是怎么建造的，建筑材料是怎么运上去的。我仿佛短暂地置身于这所房子里，在那些宽敞的房间里徘徊，思考着它的结构，以及它似乎既和我母亲与继父的房子相似，也和

我父亲与他的伴侣的房子相似。我希望这房子是我自己的，或者我能有这样的一个家。下一刻，我发现自己独自一人回到火车上，正在下降着，同时发现自己和一个酒吧伙伴在一起。他告诉我，我赢得了6.4万美元①的知识竞赛奖金。我非常兴奋，四处挥舞着支票。然而，凑近仔细看支票时，我开始不确定那是不是6.4万美元，也许是600美元，甚至只有60美元，或者也许什么都没有。

这个梦是典型的关于假期中断治疗的梦。它生动地描述了乘坐火车（地铁）来来回回去做治疗的核心重要性。它还描述了汤姆认识到待在房子/治疗/心智本身之中是极端困难的，而它们的结构却如此俘获他的想象力。把他那拉帮结伙、装腔作势、抗拒发展的自体留在山脚下，在一位女性同伴的陪伴下，他踏上了旅程，通往一个能接住他的心理容器，到达一个他预期会更冷，但也许也更光明、更清晰的地方。他能够欣赏精神分析/房子/心智的结构特征并意识到它们内在的运作。然而，一旦进入这所房子，他几乎立刻发现自己再次走下坡路，这一次是独自一人。这表明了与一种不同的思维结构保持创造性联结（而不是屈服于一种占有房子/结构、模仿或仅仅嫉妒它的冲动）的危险性。这让他退回到下坡的轨道上。因为无法忍受自己没有勇气拥有那些体验所带来的挫败，他已经失去了这段美好的体验。他回到火车上，将房子留在身后。他的心智状态进一步退化为躁狂式的夸大：获得精神分析大奖，"赢得"一个价值6.4万美元的问题的答案。这构成一个灵感乍现的突破性体验（通常被相当有意识地、明确地渴望着），而不用艰苦地坚持治疗工作以及体验因依赖与分离带来的痛苦。

一旦汤姆在梦中模糊地意识到存在一个有着内在结构的房子/心

---

① 美国货币单位，可按实时外汇牌价换算成人民币。——译者注

智——尽管必须被改造,并以某种方式与父母功能和作为治疗师的我联系在一起——他就开始思考如何自己建造这样一座建筑。但是他不曾从父母那里理解或体验过太多外在或内在的养育的感觉,他的父母不曾有机会为他的福祉而共同努力过,所以他无法维持这种感觉,而只能让位于嫉妒和理想化。他当然很欣赏这座事实上由父性和母性结构从内部支撑的房子,但他无法对它做出回应,也无法与之共处。留给他的只是一个贫瘠的概念框架。他不再追问,而是下山往回走。过程中,他试图通过中大奖貌似得意地掌控自己的感受,结果却怀疑是否能够相信自己的感知。最终,他感到空虚和无意义。成为"获奖者"的错觉,让他又重陷困惑的状态。

值得注意的是,大量往返于类似于"属于自己的房间"的房子/心智的旅行,可能仍然占据了他大部分的情感能量。实际上待在房子里的时间很短暂,也与旅途无关。尽管如此,我认为房子建在山上再次代表了对思考过程的"忧虑"。在心智为改变而挣扎的恶劣条件下,建造它带来焦虑,并需要艰苦的工作,而房子的壮美正与此密不可分。当然也有一些关于房子的理想化,但我还是认为,梦一方面表明了对真实的一些知觉,另一方面则是扭曲真相的冲动;是一步一步朝向真实(K)努力的过程,以及被动员起来去对抗这种努力的力量(-K),要去扭曲原初思想的力量——在这里,这些力量就是嫉妒、理想化、全能感以及自欺欺人。

为了说明汤姆是如何面对一个特殊的发展困境的,我们必须移步到两年以后,他参加大学毕业考试时——这是经常能见证青少年痛苦和崩溃的地方。他对这些考试非常焦虑,这是可以理解的。在模拟考试中他陷入了一种躁狂和被迫害的状态,因而无法考试,不得不要求延期。看起来他最近获得的思考问题与写论文的能力,恐怕是一种投射性的和模仿性的(主要是与我和一位受他尊敬的导师有关),而不是基于稳定的内部资源的能力。那时,他已经获准延期。摆脱了外部压力,世界恢复了正常的平衡。但是我们对于汤姆极度恐慌的根源却没有什么头绪。这让人觉得问题似乎是被搁置了，而不是得到了解决。现在，随着毕业考试的临近，相同的、已然熟悉的困扰再次让我们警觉迫在眉睫的危险。汤姆对自己的体验能更清晰地描述，也有更清楚的思考。他非常生动地描述了他越来越感到被迫害的心智状态：在一个腐败和破坏性的世界里，他完全孤立的感觉——在这个世界里，幸得极少数人与他有一样的虚无主义思想。他想，也许只有肯·克西（Ken Kesey）、多丽丝·莱辛（Doris Lessing），可能还有安东尼·伯吉斯①（Anthony Burgess）。他思考或集中注意力的能力变得很低，陷入了一种破碎和绝望的恐慌之中。他感觉有必要披上末日先知的斗篷，计划着在地铁里宣讲世界末日就在眼前；谴责亚当·斯密学会②；张贴海报和发表演讲。那一周的梦清楚地表明，汤姆感觉他迷路了，需要我引导他，结果却发现他很害怕自己的思想和我的思想之间的界限已经被打破，而他诱使我既像他的母亲一样疯狂，又像他的继父一样残酷暴虐。那时，他能清楚地表达这一点："我担心，我会用我对世界的看法说服你，它会进入你的内心，而你将无法告诉我，我的心智在做什么。"这一心理上的融合使他失去了资源。

在那一周结束与下一周开始的时候，我们似乎能够在他的考试恐惧和迄今为止他害怕成功、追求失败的一些无意识因素之间建立某种联系。有两个事件促使我思考，汤姆看似无法忍受这样的考试，其中包含了多大程度的任性和愤怒。他的母亲打来电话，询问他什么时候毕业，以便她能据此安排假期。这引起了他愤怒的爆发："毕什么业，不会有毕业了。"他的母亲这一次考虑问题异乎寻常地条理清晰、深思熟虑，

---

① 肯·克西，美国著名小说家，被称为嬉皮时代的催生者和见证人，代表作有《飞越疯人院》（*One Flew Over the Cuckoo's Nest*）等。多丽丝·莱辛，英国女作家，代表作有《金色笔记》（*The Golden Notebook*）等，曾获诺贝尔文学奖。安东尼·伯吉斯，英国小说家、评论家及作曲家。——译者注

② 亚当·斯密学会（Adam Smith Society）是由MBA（工商管理硕士）学生、专业人士和商界领袖组成的协会。——译者注

却不得不受到残酷的惩罚。

然后他描述了一个梦：

> 我因为前来治疗要迟到了而极度恐慌。为了到达治疗室，我不得不穿过一个公园。在那里我一直被拦截，不得不绕过或者穿过挡在我路上的各种女人的房子和花园。

这正是他在开始治疗之前曾经进行性暴露的那个公园。这个世界中是另一些版本的我，他经常在性幻想中将我性欲化，这转移了他的注意力，不用面对作为治疗师的我。看来，他那通过威胁性暴露来侵入我、使我心烦意乱的残酷愿望，同时也带来了一种倒错的满足：他相信我会被他的这种性冲动唤起；换句话说，我被他的性欲望充满，因此不能够思考他的困境。在这次动荡而痛苦的治疗会谈快结束时，他想起有人告诉过他：他很小的时候，当时还在原籍国，他母亲已经离开了；他不得不在深雪中行走，因为他父亲背不好，太虚弱，不能抱着儿子。在那个时刻，汤姆似乎感受到自己完全失去了任何来自父母的抱持，无论是精神上的还是身体上的，无论是内在的还是外在的。他的父亲一直被体验为不在场的，甚至在母亲缺席的时候也是如此。在那个时候，他根本就没有父母，甚至连一点残渣都没有。

这些治疗会谈现在几乎痛苦得让人难以忍受。他语无伦次地说着即将到来的毁灭是无法阻止的，并且滔滔不绝，只是不时地被他因恐惧、愤怒和绝望的痛苦而轮番发出的号叫、喘息、扭动和抽泣打断。每一次的体验都证实了他对世界的妄想，加剧了他的恐慌。他说，就像《金色笔记》（1962）的作者多丽丝·莱辛一样，他是唯一能看到世界发生了什么的人。这一认识和孤立感让人无法忍受：经济体制正在把人们压碎，让他们失去任何希望或美好的感觉。他对继父的攻击也变得凶猛，因为后者用类似的方式压榨和剥夺了他的权利。同样地，因为我没有防止他状态恶化,他威胁要在我面前暴露他的身体,部分原因是控制和惩罚我。汤姆斥责继父过去对他表现出的施虐式的消极态度,对他的不断贬低与低估,对他的失败展现出的幸灾乐祸,以及继父惯有的傲慢和优越感。他把自己难以承受的失败感归咎于继父。

同时,他对我的性幻想也变得难以容纳。他的想法变得越来越具体。有一次,我有些误导性地,但又过于准确地描述道,他"剥夺(stripping)"着我的分析性自体。汤姆倒吸一口气,承认了。因为那是他正在做的事——在他的脑海将我"脱光(stripping)"。性欲化、憎恨、自我责备的外化是如此强大,以至于第一人称代词中的"我(I)"也要统统消失。自体的不同部分似乎在运作,却没有自我来控制或裁决:

感觉不舒服;必须去学院;把图书馆的书拿回来;超期了;一直在想可以给他们打电话;罚款会更多;觉得必须得去;文体学讲座;不必这样做;必须去,必须去;不必要;找了足够多的战争诗人;做了二十页的笔记;应该能做到。只有两千字;必须读另一本书;无法阅读;必须写四篇文章;三篇够了……严重分心。

汤姆喊叫着,呻吟着,重重地捶击着躺椅。他开始害怕把脚放下来,以防,像他承认的那样,他真的把我搞得一团糟并用他的污秽亵渎了我。在暴露他的阴茎的幻想中,他想活现他那攻击性的性行为,并要征服我。他的心智成为资本家的机器,把我碾压成为性欲化的塑形,使得我无法作为治疗性的自体存在。但也有稍微平静的片刻。有一次,当听到咨询室外的嘈杂声时,他抱怨说,想到世界上还有其他人能拥有我,这让他无法忍受。当我谈到分离的痛苦和他对我生命中其他人的嫉妒时,他哭了。他短暂地接触到了更平常的、痛苦的俄狄浦斯感受,这些情感让他感受到了深深的痛苦。但他的心智状态几乎立刻又切换了。

## 第九章　属于自己的心智：身份的寻求——一个案例 / 173

他描述了丧失与分离的谈话本身是如何激起他的性感觉的，"好像我想抓住某样东西并保有它"。

我认为，为了否认丧失，他豢养着一个幻想，即他用性的方式让我活着，这样他就可以保持持续地控制我的幻象。对此，他停顿片刻后说，他不知道为什么"粥"这个字出现在他的脑海里。我困惑地等待着。过了一会儿，他想起了一个很早的记忆。他觉得那是在他4岁之前。他不肯吃粥，然后他的母亲说，除非他把粥全吃完，否则他不可以从大篷车上买巧克力（巧克力大篷车的到来是他生命中一个非常特殊的事件，因为那时他们住在那个国家的一个偏远地区，大篷车每两周才来一次）。"我尖叫着，尖叫着，我不敢相信她会这么做……这似乎是一个如此鲜活的记忆；也许更是一种情绪状态，而不是别的什么。"他说道。我表示，似乎我很残忍地只给他提供有营养的粥/治疗，而剥夺了他想要的糖果——那些让他有力量去否认分离的性欲化时刻。"你不想喝粥。"我说。他含着泪点点头。

在某种程度上，他寻求或者追求的是精神毒药（性欲化的巧克力），而不是有营养的精神食粮，这样的识别/承认开启了对汤姆影响至深的转变。尽管痛苦，他还是慢慢地开始不再逃避、否认和性欲化，而转向真实。和前一年一样，他要求诊所给他的大学导师写一封信，请求推迟他的考试，理由是他正在诊所接受高强度的治疗，压力很大。在他想要获得第二封信的背景下，现在呈现出来的问题是这样的：也许学院是否相信他并不是问题所在，真正的问题是他是否相信自己。他真的不能参加考试吗？抑或这是他想让诊所和我与他共谋的伎俩，从而转移注意力，不去发现他的其他潜在动机：不和同龄人一起参加考试，而非要成为一个特例。他是不是想让诊所和我成为一对准备与他串通、对谎言熟视无睹的父母似的伴侣？如果他成功地推迟了学业，他不仅成功地拒绝满足他母亲参加毕业典礼的愿望，而且罔顾我为他那挣扎、思考的自我提供支持的努力。

我们逐渐看清楚，如果汤姆不能以出色的成绩通过考试，他就会戏剧性地以糟糕的表现使自己丧失能力。这样，他就可以通过成为内部一对有害的表征，即成功者或失败者，从而挫败我。成为失败者是一个更可靠的赌注，而且更有吸引力，因为他害怕一旦他成功就会失去我。因为越来越明显的是，他恐慌的一个方面在于，他担心我会把通过考试的杰出能力误认为心理健康的标志，这样如果他表现良好，他就加速了治疗的结束。这种想法简直是不能思考的，哪怕只有一点点，都会引起焦虑的爆发。这种焦虑通过性欲化的幻想以及在其他地方的见诸行动表现出来。

参加考试代表了汤姆对他内在关系本质的根深蒂固的恐惧，他的内在关系包含着谴责、仇恨、战胜、恶意以及否认。汤姆面临着一场无意识的无决断力的危机，他的思维能力受到了他内心状态的躁狂且大量的外化的牵制，而这一危机不仅接管了这个世界，而且在幻想中接管了心智——我的心智。最近，正是我的心智使他能够尚为完整地保持内在和外在之间的界限。我坚持认为在明显的无能（他觉得他应该因此得到同情和支持）背后是怨恨和报复，这被他体验为"对他穷追不舍"——一个痛苦但又必要的过程，把他带到一个让他感觉无法逃避的位置。这样，他有机会与更温和的父母的抱持相联结，体验到有人真正地把他的利益放在心中。他开始冷静下来，放下 20 页的笔记，满足于写了两篇普通而非精彩的短文。

在下一节治疗中，他带来了下面的梦（不同寻常的是，前一天的治疗他迟到了 10 分钟）：

> 我应该去见一个朋友，尼克。我本来打算和他到一段距离之外的一所房子里做油漆和装修工作。尼克有一辆面包车，打算开车带我一起去那个房子。我迟到了，很焦虑，担心尼克会失望。后来我意识到我不仅迟到了，还忘记带工具了，所以

尼克开车送我回家取工具时又耽搁了一段时间。与我的担心相反，尼克对开始整修房子前的延误和额外需要的时间是宽容和理解的。

这个梦似乎呈现了一位出借支持性能力的人物，他帮助装饰/修复受损的内部结构，从而使汤姆能够获取或使用自己的"工具"完成任务。几周后，随着汤姆的恐慌进一步减轻，他的学习能力增强了，另一个"房子"的梦证实了我所感受到的变化正在发生。在第五章已经提到的这个梦中，房子不再远在寒山之上，而是就在眼前，在可以到达的地方：

> 我在一座房子里，这座房子很坚固，建造得很好，而且相当漂亮。我好像是和一群朋友待在一起，他们不是我以前的酒友，而是大学里的朋友。我还不太了解他们，但我喜欢他们，他们似乎非常认真地对待他们正在做的事情。其中有一位特别的女性，她的名字和你的名字很像，叫玛格丽特［在外貌、态度和品质方面，他经常把我和这位女性联系在一起］。气氛很轻松。我发现我异常放松，能够交谈，能做我自己。在某个时刻我骑上了摩托车。我停下来和我的一个朋友修理一条不安全的车链。

他插话说，他意识到这与他之前的摩托车的梦，以及事实的体验都有很大不同。那些梦和体验往往是鲁莽的，而且往往是失控的。他的摩托车不断地需要修理，而他倾向于把自己和他人的生命置于危险之中。相比之下，他认为在这个梦中，他感受到他可以掌控——"并不是以一种不好的方式，而是可以追求自己努力的事。这种感觉很好，是一种有希望的感觉。我想也许我会安然度过这一切。"之后，他完成了对梦的描述：

> 我一个人在那个房子里过夜，我的同伴们好像已经去了别的地方。第二天早上，我发现那个年轻的女人也在这个房子里过夜，但我之前并不知道。我真希望我早点知道她昨天留下来了，但我也觉得这样很好，不管我知不知道，她不知怎么就在那里陪着我。

他承认，这座容纳性的房子感觉比以前梦中的那些要坚固得多，他对和里面的人物在一起也感到很自在。他有一种感觉，他正在与他们建立更牢固的关系，但他们自己也在发展和变化。骑摩托车更多的感受是自我表达和出于个人自发性，而不是自我毁灭和帮派活动。但也许最重要、最有启发性的是对玛格丽特（我）这个人物的描述：不管他是否意识到她的存在，她就在那里和他在一起，内在呈现为一个在他"心智中"的陪伴和资源。

这个梦给我留下了深刻的印象，因为它清晰传达了内摄和内摄性认同这一不易解释的过程的一个特殊方面。讲完这个梦后，汤姆说他想谢谢我，想要表达他的感激之情。他的这番话立刻让他想起了过去他曾努力让母亲开心的尝试——既有母亲因他的滑稽行为而发出的笑声，也有她的漠然无视（当她抑郁时，她是无法回应他的）。说到这里时，他突然满含痛苦的泪水。"我对生命的感知就那样枯竭了。"他啜泣着。他因自己无法修复外部母亲所引发的绝望情绪在治疗室里非常强烈。

这种对给予和接受快乐的能力的一瞥，似乎与他对一个他无法修复的受损的外部母亲的哀悼和缓慢的放弃是分不开的。修复外部母亲是他深深地，或者有时是全能地希望自己能做到的。不管是实际的思考或有意识的关注，内在的资源都在那里，而且他对它的感受增强了。也许因为这样，他的贪婪和内疚感变得更容易忍受。这种对渴望和谦卑的意识似乎与一种更具内摄性而非投射性的认同方式有关，这有力地证明了他为真正地和成功地"成长"而做的治愈性的努力。

汤姆为找到并建立一个自己的心智，一个被妥善"建构的（housed）"心智而奋斗了很长时间，这令人敬佩。无论是在他的梦里，还是在他与我、与朋友和同学们的关系中，他的内在结构都越来越稳固。在早期，很难说他算是有自己的心智，一个可以描述为带有某种具有一致感的身份的心智。更确切地说，他通过采用一系列现成的、二维的、相似的自体来生活，这正是典型的青少年的困境。在他一直努力试图展开生命的网球场上，根本就没有第四堵墙。这让他陷入了精神病性的焦虑和完全无能、空虚与暴露的恐惧之中。随着他对自己生命被围封和堵塞的感觉越来越强，同时意识到他需要一个保护性和容纳性的外部及内部空间，他开始认识到他非常想要的那种结构的存在。但到某个时间为止，它似乎离得很远，很难获得，甚至也许根本就不存在——正如那寒山上的房子。

他性倒错的幻想和行动，以及他躁狂的全能感，虽然本身让人上瘾，最终也是无法令人感到满足的，但其功能却是防御对抗丧失和被抛弃的体验，以及那些缺失在他身上激起的仇恨、荒凉感和躁狂式的胜利。性倒错阻碍了他独立思考（或者事实上，经常是让他完全无法独立思考）、承认自己的渺小和依赖性，以及拥有自己的感受的能力。他发现要持续、规律地参加治疗会谈是非常困难的，并且他不断地滑过设置的边界。

一次又一次地被我"穷追不舍"，让汤姆感到如释重负，尽管他对"粥"很抗拒。在愤怒、沮丧甚至常常是绝望中，他试图在精神上还有身体上引诱我，但似乎总是注定要失败。然而，他慢慢地领悟到了各种边界的保护性质，包括诊所的、会谈时间的和治疗室的边界，还有我的心智本身以及它承受他的攻击和缺乏界限的能力带来的保护。尽管他仍然极其嫉妒，但偶尔他也会因为想到我有伴侣和孩子而感到安心——即我有自己的生活，其中有些部分他必然是被排除在外的。有时，他甚至觉得，幻想中的伴侣关系有助于我帮助他。到了这个时候，我们可以看到，他不仅不必全靠自己修复这座房子，而且存在一个坚固的结构，他可以待在里面。因为他有了一种信心，现在他的内在也出现了这样的结构，不管他是否总能意识到它，也不管还要对它做多少工作。

以"从此快乐地生活下去"这样的话来结束这一章是令人欣慰的，但开始建立身份感的一个特点是：这个过程会被隐藏在潜在变化或进展的阴影中的恶魔困扰。这些恶魔来自尽管痛苦但久经磨炼的、阻碍发展的模式：在汤姆的例子中，恶魔遍布于那些伪装、性倒错以及沉迷于无思考状态的各个角落和缝隙。

这也是青少年工作的一个特点：对于治疗师来说，任何"从此快乐地生活下去"的充满希望的想法都必须被抵制。因为，当正在建立的身份感还时日尚浅并且很脆弱的时候，额外的压力可能会在任何时候促成那些我们希望或坚信已经属于过去的心智状态的突然出现，或者更确切地说，促成这些状态的复苏。与这个年龄阶段的群体工作往往就是在边缘地带工作：人们会认识到，避免认为自己有可能"处于明确地带"是非常重要的。

一些因素的集中涌现对汤姆从内在被容纳的感知构成了新的威胁。随着复活节假期临近，分析会谈暂停，他的期末考试也随之结束，这也预示着大学课程的体系结构的结束。与此同时，他不得不离开他在现实中的"房间"（房子正在出售），并且他与一名大学生的友谊破裂，而他原本希望这段友谊能够深入下去。汤姆一直在努力照顾这名年轻的女孩，支持和保护她，使她免受神经症的困扰，并让自己得以从色情化和性倒错的危险中解脱。

这一章之所以是以这样更不确定的表述来结束，是因为这样的表述高度概括了与这个年龄阶段的群体一起工作的一些经验，即要承受这些困难：不存在确定性、心智状态总是在动荡变化，以及尽管如此，保持希望却是治疗师必须要坚守的东西，哪怕有时只是独自一人并要面对不利因素。汤姆梦见：

> 我站在月台上等一列火车，火车会把我送到一个车站，我会在那里与尼克会面，他会帮我搬家。和以前一样，我感到恼火，担心尼克会因为我迟到而生我的气。突然，在遥远的轨道上，一列列（几乎是一队）奇怪的火车经过了：有老式的地铁列车，装饰奇异的旧式蒸汽火车，以及各种奇形怪状、异乎寻常的机车。站台上的人们开始鼓掌，我也鼓掌，仿佛在欢迎一支解放部队。我要乘坐的火车终于到了。晚些时候，我发现尼克和他的小女儿在指定的车站等我。我立刻被我所经过的美丽风景打动。这景致完全不像我记忆中的那样，而是被优美的山峦环抱，薄雾笼罩，就像一幅中国画，而且最重要的是，那里可以看到大海。令我吃惊和困惑的是，我发现自己置身于一幅美妙的海景之中。我记得那个地区有一个湖，但没有海。

汤姆立刻想到，奇怪的火车就在那条通常通往诊所的线路上——直达列车在远处的月台上穿过——那就是驶向我的线路。他想，他会乘坐一列这样的火车沿着那条线路前行。（在这个梦之前，他一反常态地迟到了好几次，这也许是颇有深意的。）

在我看来，这个梦描述了一种心智状态，在这种状态下，发生了一种非常特殊的拖延：拖延来到我这里，而我如同之前他梦中的人物尼克那样，帮助他搬进和安顿在另一个心智/房间/房子中。很明显，汤姆有时仍然太依恋于旧的思维方式，那些怪异的思维方式（它们似乎还没有被更直接的思维方式完全取代）。在梦中，这些"火车"仍然吸引着他的注意力，他发现自己在为它们鼓掌。他担心自己会迟到，但不能完全承认，正是这些列车，非但没有解放他内心交战的部分，反而延误了他继续前行的能力。看起来似乎还有一种情况，是他推迟了分离和改变的过程。因为这个过程涉及俄狄浦斯式的挣扎，要面对将我作为父母伴侣的一方的事实，也许还有一个孩子（尼克和他的女儿）在旁边帮助他。他可能是在紧紧抓住他以前的思维方式，以此推迟这种分离。因此，当他找到好东西时，他就会把它理想化——"一幅美妙的海景"。这就是危险所在，而且在一段时间内肯定会如此——退回到一种运作模式，在这个模式下否认丧失的痛苦，并转而提升旧方式的"特殊"地位。这种防御模式耽误了他从早期的依附的房间前进到属于自己的房间。在他不得不让出实际的外部容纳结构，以及不得不承受多重丧失的压力下，汤姆（可能只是暂时地）回到了更熟悉、更痛苦，但又短暂地令人满意的状态，这是可以理解的。

尽管有这些最后的告诫，我们还是对汤姆充满希望。有了"自己的心智"确实就会重获创造的能力。弗吉尼亚·伍尔夫会对此感到欣慰，但并不会感到惊讶。汤姆已经开始写一些戏剧和短篇小说。他对此感到很自豪，也得到了同学和导师们的认可。他通过了毕业考试，申请第一份工作就被录用了——作为社工专门与儿童工作。

慢慢地，他开始体验到亲密的可能性，并区分他无所不能的、自慰性质的体验所带来的兴奋，与真正的情感——这种情感使他能接触自身的依赖、渺小、内疚、悔恨以及对丧失的恐惧。由于缺乏一对可能会以创造性的方式关心他福祉的内在父母伴侣，他迄今为止一直在设法消除兴奋和情感之间的区别——用他倒错的心智状态与活动去攻击和摧毁后者。我的推测是，汤姆发展自己的心智是基于在分析过程中，他根据自己的需要，越来越依赖自己识别出适当的父母功能（把他的需求放在心中）的能力，以及区分为了关系中强烈而诚实的联结进行的真正努力，和对这些联结的扭曲和倒错之间的差异的能力。一边是对各种梦中的房间和房屋进行真正修复的态度，另一边是用纸糊上裂缝来修修补补的心态，努力区分二者的差别是贯穿整个治疗工作的主旨。

汤姆自己的写作似乎代表了一种能力，他可以开始抛开对一个暴虐的继父的终生怨恨，转向内摄一个创造性的父亲形象——当然与他的艺术家/作家生父相关。汤姆对新女友身上的脆弱性的支持和关心，也暗示着他有一种快速发展起来的能力——照顾他受损伤的内在母亲，而不是斥责、责怪她或躁狂地取悦她。

弗吉尼亚·伍尔夫（1929）告诉我们，她从阅读《李尔王》（*King Lear*）或《爱玛》（*Emma*）或普鲁斯特（Proust）的《追忆似水年华》（*À la Recherche du Temps Perdu*）中得到的是一些审美体验，将精神分析嵌入艺术传统之中。在《一间自己的房间》的结尾，她写道：

> ……此后，你的感觉才会更敏锐；世界似乎光裸无遮蔽，生活益发显示出它的强烈。书中有些令人羡慕的人，他们从不肯生活在虚幻之中；书中有些值得同情的人，给懵懵懂懂做下的事情撞得头破血流。因此，我所以要大家去挣钱或拥有一间自己的房间，是劝大家生活在现实当中，不管你能不能说出自己的感觉，看起来，这都是一种活泼泼的生活。① [1929, pp.108-109]

## 注　释

本章的早期版本发表在阿纳斯塔索普洛斯（D. Anastasopoulos）、莱路-利尼奥斯（E. Laylou-Lignos）和沃德尔（M. Waddell）编辑的《严重紊乱的青少年的精神分析心理治疗》（*Psychoanalytic Psychotherapy of the Severely Disturbed Adolescent*; London: Karnac, 1999）中。

---

① 译文引自人民文学出版社于2003年出版的《一间自己的房间》简体中文版，译者为贾辉丰。——译者注

第十章

# 自恋：一种青春病？

写青少年期的书如果没有关于自恋的一章就不算完整。实际上，该章节也许应该成为这类书的核心章节。因为和这个年龄群体相关的情境中，这个现象特别容易出现。然而，正如我们将要看到的，青少年心理组织本质的流动性、它的试验性和自我探索的文化、它根植于转变的特点，以及它展现的发展潜力（尽管通常有明显的相反迹象），则讲述了另一个故事。

正如我们在第一章中看到的，弗洛伊德在他的《性学三论》（1905d）中，将青少年期列为人类生命周期中关键的发展阶段之一。然而，52 年后，他的女儿安娜将其称为"被忽视的时期""分析性思想的继子"（A. Freud，1958，p.255）。对于为何会是如此，她自己的看法是，在她父亲"发现"婴儿的性存在之后，青少年期的地位在某种意义上被降低了。根据《性学三论》中的描述，这一时期发生的一系列变化，使得婴幼儿的性生活有了最终的正常形态。如前所述，这种最终形态的三重成就包括：确定性身份，发现性对象，以及将性存在的两个主要方面（肉欲和温情）结合在一起。我们现在认为青少年期在完成一项主要的发展任务：为人格重组和最终成型提供一个关键期。但《性学三论》中完全没有这样的概念。我个人的感觉是，尽管自 20 世纪 20 年代以来，特别是源自儿童工作者的发展导向的思想影响深远，但即便是到了现在，青少年期也很少被视为对人类发展本质的兴趣或启迪的源泉，并得到关注。在自恋这一复杂且理论上有争议的领域里，这一点最为明确。

从表面上看，典型的自我中心和自我专注的青少年态度与行为的各种各样的表现，在味道和基调上简直不能更"自恋"了。同样，事实上还有明目张胆地出风头、自私自利的行为，以及躁狂的、破坏性的、抑郁的、强迫性的、完美主义等的情感，这些都很"自恋"。但我们将看到，从不那么表面的角度，也可以认为青少年焦虑和不安的典型表现，在相当详细和具体的方面，正对应于一些无意识的防御机制和模式，这些机制和模式也是经典精神分析关于自恋的描述性标准的核心。然而我们要问一问，在我将要描述的青少年心理状态的独特性中，这些防御机制和模式是否真的如此具有病理性。在考虑青少年的成长过程时，也许令人惊讶的是，我们需要聚焦的那些特点，整体来看可以是发展性的，而不是反发展性的。这两者之间的界限总是让人很难自信地划定。

要能够对自恋在青少年期的地位有更准确的了解，不仅要考察自恋的表现形式，还要考察它在青少年心智中的目的和作用。正如我们所看到的那样，青少年的心智同时具有多种特征：波动、具体、自欺欺人，而且最重要的是混乱失控。在人生的其他阶段，这样的状态会被直接识别为有临床意义的困扰。在某种程度上，发展性还是病理性，这二者是可以被识别和描述的，但在某种相当难以捉摸的意义上，又有实质上的相似性。我们已经探讨过，这个年龄段"缺乏经验的躁动"是如何不可避免地将其成员定位在他们幼稚的过去和成熟的成人未来的可能性之间。更确切地说，他们被困在"潜伏期的不安和成年生活的安顿之间"（Meltzer，1973a，p.51），很不舒服。这样被困住的人中的大多数，都以这样或那样的方式暂时"搁浅"了。他们仿佛坐在某种木筏的边缘，置身于那些没有得到满足的需求、不熟悉的性欲、没有保护的攻击性和被剥夺的感觉所形成的汹涌波涛之中；这海洋中充斥着那些似乎无法实现的渴望和抱负，以及最重要的是，所有那些太真实的放弃和丧失——比如，失去已知的童年自我和与之关联的已知的家庭结构。然而，在大多数情况下，这一切之下仍然存在着一种努力，要去追求独立、成长和发展，走向亲密以及成熟带来的潜在满足。伊尔玛·布伦曼·皮克（Irma Brenman Pick）如此精准地指出，"青少年期强大的力量和无处不在的防御可能会干扰或妨碍进一步的成长；[但]它们也正是使青少年独具魅力、充满活力、热情洋溢和不断发展的力量所在"（Brenman Pick，1988，p.146）。

这样一个年龄群体，尤其是在考虑自恋的议题时，需要被赋予其自身的特殊性和细节，以便我们恰当地追踪和理解"经典的"自恋机制是如何被调用和显现以至于损害人格的，无论这个机制被认为是原发性的还是防御性的；而且相反地，有些地方看起来好像纯粹是自恋性分裂和投射的方式，实际上却是一种探索、拖延和发现的形式，也因此，它更多是为发展服务的，而不是表面看上去的那样。

在很大程度上，青少年状态的困境完全符合后克莱因理论中关于自恋的病理学的构成。它具有诸多理论家（Rosenfeld，1971；Steiner，1987；O'Shaughnessy，1979；Sohn，1985；Rey，1979；等等）描述的成人"自恋"或病理组织的所有特征。然而，它本质上的流动性、它的试验和自我探索的文化、它根植于转变的特点，以及它具有的发展性潜能（尽管通常有明显的相反迹象），却在讲述着另一个故事。正因为这些特征，青少年期被划定为这样一个时期——正如弗洛伊德所说，它最终会带来一种性的身份感，并在一种能够承受另一方的他者性且来之不易的关系中，将肉欲和温情结合在一起。

关键是，这种性的身份感的出现是建立在分离和个体化的能力之上的，而这种能力又取决于在自我内部，以及在与外部世界的关联中，对那些以自恋性的方式组织起来的关系进行必要和成功的修通。无论出于什么原因，当这种根本的发展性转变无法实现时，人格潜在的丰富性和创造性就会被扼杀，受困于我们在成人临床实践中遇到的更为确定的病理机制。很少有比乔治·艾略特在《米德尔马契》中对这一转变的叙述更能引起人们共鸣的了。乔治·艾略特在书中的一个中心人物多萝西娅身上描述了一种痛苦的认知，她认识到两种人的对比：一种人把"世界当作哺育我们至高无上的自我的乳房"，而另一种人能够认识到其他人有"一个同样的自我中心，从那里发出的光和影，必然与她的有所不同"（1872，p.243）。当青少年期的过程运行得较为顺利，达到一定程度的成熟时，个体通常会从第一种视角转换为第二种视角，从自私和只关注自我利益转向慷慨、责任感，以及独立思考，并且觉察他人的需求、真正地把别人作为独立于自己的他者的能力。世界被视为一个"乳房"，喂养着至高无上和被高估的自我——因为相较于遭受这些年必要的放弃和各种丧失，不得不认识到与别人的他者性斗争所隐含的孤独和痛苦，以及尽管表面上周围都是朋友，却要忍受分离和对孤独感的恐惧——这种幻觉带来的内在痛苦会少一些。

　　能够做出这种转变的能力和转变的失败，在很大程度上取决于我将要描述的各种内部和外部因素。但也许我应该具体解释一下这里说的"失败"。因为青少年心理组织有一个非常明显的特征：即使是相当小的内部或外部变化，都会迅速导致看似根深蒂固的自恋结构被修改或调整。我将要讨论的苏珊的案例就是这种情况。同样，看起来很小的外部变化、很小的疾病、丧失、失望或失败，也可能迅速地将青少年推向强度接近精神病性水平的自恋状态（见第十一章）。

　　并没有现成的解释说明，为什么对某些人是如此，对另一些人却不是。但很常见的是，婴儿期的一些根源会打下潜在基础。同时显而易见的是，偏执-分裂心位的心理机制——分裂、投射、全能和否认——可以说是青少年心理组织所固有的。但青少年心理组织的流动性表明，如果这种内部或外部产生的力量能够与人格建立联系，甚至可以被吸收进人格中，那它们就可以是领悟、自我认识和具备某些能力的前奏，这些能力包括忍受笼罩这些困苦岁月的日常的羞辱和感到的缺陷不足，而不采用过度的否认、退却、逃跑或防御的策略。看起来像自恋障碍的东西可能更接近防御/自我保护的两阶段过程，即投射不熟悉的、不想要的或难以控制的自我部分，或者，实际上是珍视和热爱的部分，然后再适时地，也许在帮助下，痛苦地重新拥有这些投射物——这一过程是一个正在形成的人格所固有的方面。

关于自恋的传统经济学概念将自恋作为对自我的一种力比多投注。上面这种发展的图景则让我们远离传统的概念，朝向一个新的立场，即更多了解自恋的机制和表现的作用或目的，以及是什么使这些机制和表现变得必要——这一立场在青少年期尤其重要（Lichtenstein，1964，pp.25-26）。"自私、自我贯注、自我放纵"可能是一套表面上准确地描述很多青少年的用语，但它的评判性可能会错失要点，或者说无疑漏掉了一个重点。正如纳西索斯（Narcissus）的故事可以代表一个年轻的男性人物，他拒绝了厄科（Echo），因为爱上自己的倒影而憔悴消损。正如其他人那样，我们也可以把它解释为，纳西索斯需要与一个长得像他自己的人建立关系，以增强他的自尊心。这难道不是用一个可以修复脆弱自我概念的镜像，一种被强烈体验的孪生关系，来防御孤立的感觉（可能还有渺小和出丑蒙羞的感觉）吗？

这种脆弱性在青少年特有的着装规范中显然扮演着核心的角色。相似非常重要，差异会构成严重威胁。弗洛伊德关于"对微小差异的自恋"的概念在这里很切题。面对被排除在外带来的难以忍受的不确定性和恐惧，小团体或大部落的头等大事是建立团结一致的身份。没有什么情况比在青少年群体内部或群体之间挑起竞争，甚至是仇恨时，会更明显地体现出这一点。在这里，运动鞋的鞋带、发型或牛仔裤等的细微差别，都可能成为效忠的象征，或者成为根本性敌对的基础，决定着个体被纳入群体还是被排除在外，甚至在最极端的情况下，决定着生死。

帕萨尼亚斯（Pausanias）确实描述过纳西索斯失去了他的双胞胎姊妹，并从池水里自己的倒影中重新找到了她。正如玛丽亚·罗德（Maria Rhode，2004）所说：

> 纳西索斯憔悴地死去，因为他的倒影没有回应他；他向它表白，好像那是另一个人，仿佛他是一个还不能认出镜子里是自己的影像的孩子。从这个角度来看，与其说爱上自己让他远离他人，不如说他的身份感发展不足，使他没有必要的情感装备来维持互惠的关系。[ 引自：McGinley & Varchevker，2010，p.26 ]

这对青少年普遍而言是多么真实；莎士比亚非凡的诗歌《维纳斯与阿都尼》对此也有明确的表述。面对维纳斯强烈的性爱渴望和长期的激情诱惑，美丽的少年阿都尼为自己申辩，表示他并不愿意进入成熟的性关系。他想和兄弟们一起打猎，他还只是个跟着群体奔跑的群居男孩。他为自己的不回应辩解如下：

> "美丽的爱后，"
> 他说道，"你若有意和我好，
> 而我对你却老害臊，请原谅我年纪少。
> 我还未经人道，所以别想和我通人道。
> 任何渔夫，都要把刚生出来的鱼苗饶；
> 熟了的梅子自己就会掉，青梅却长得牢；
> 若是不熟就摘了，它会酸得你皱上眉梢。"①
>
> [ ll. 523–528 ]

能够忍受青少年期的分离和处理差异性这两项核心任务，而不陷入妄想相同性的自恋状态，这种能力植根于婴儿和主要照看者（通常是母

---

① 译文引自人民文学出版社于1978年出版的《莎士比亚全集》简体中文版，译者为张谷若。——译者注

亲）之间最早可能的交流，尽管这绝非决定性因素。在早期的客体关系中，无论是什么类型的失调——不管是因为来自母亲的不一致的照料，还是正如比昂（1962a）所强调的，由于婴儿对挫折无法耐受——都几乎不可避免地会导致情绪紊乱，特别是对分离的恐惧，以及通过各种心理机制对这些恐惧进行防御的倾向。因此，一个自恋性客体的选择——基于通过投射性认同，保持与被寄放在他者身上的自我的某些方面的联系——可以作为控制那个他者的一种手段，以便不感到与它隔绝或被它抛弃，也不会感到过分嫉妒它。这样的客体选择不仅影响外部世界中的关系，还与内在结构相联系，因为对投射性占有的客体的再内化影响着自我和超我的结构（Segal，1964）。

下面这个简短的例子可以澄清前面的一些问题。18岁的苏珊最初被转介来进行每周3次的治疗，针对的是她普遍的对抗行为（特别是对父母和老师）、她对妹妹的极度嫉妒和敌意、强烈的自我憎恨，以及愤怒与绝望交替的"黑色"情绪。她不仅是别人的大麻烦，而且自己深受困扰。

这些情绪上的困难表现为"故意"拒绝学习、一阵一阵的自残行为（主要是手臂和大腿上浅浅的割伤和抓伤），以及她后来不断增强的对脸上斑点的强迫观念。这些所谓的斑点，除了她自己，其他人都看不见。然而，她因为觉得自己看起来很恶心而感受到强烈的痛苦，这有时让她几天都无法出门。她被描述为"铁了心只想考试不及格"，这一特点却没有引起什么同情，反而被认为是她普遍的自我毁灭行为的又一例证。她形容自己感觉很悲惨，总是很委屈，嫉妒他人，对每个人都很愤怒：全世界都在反对她，到处都是轻视她的批评者，等等。她认为父母表现出评判指责的态度和不公平的对待，并因此感到害怕和愤恨。但在父母看来却是她在用精细打磨的行为方式激怒他们。

苏珊的家庭是来自一个迫害性政权的第二代移民，就像经常发生的那样，这个家庭很可能实际上对孩子们的学业和社交极其重视。在这个家庭的文化中，爸爸需要在外挣钱，妈妈则把自己无法实现的愿望投注在两个女儿身上，使得她们困惑于那些抱负是属于谁的。我列出这些细节是将其作为这个情况下可能的影响因素，而不是作为解释。

在接受治疗一年后，苏珊讲述了下面的这个梦。这个梦似乎非常准确地描述了她内心的困境：

> 我发现自己在一座小木屋附近的森林里。我觉得不舒服，我躺在了地上。三个看上去令人厌恶的绿眼女巫出现了，我确信她们会伤害我。我一动不动地躺着，希望她们不会看见我。她们径直向我走来。我吓坏了，但她们并没有做什么残忍的事，反而看上去对我如此病弱感到同情。她们把我抬进小屋里，把我放到床上。她们给我盖好被子，温柔地照顾我。我很惊讶。她们如此善良，真的更像仙女教母。女巫不应该是那样的。我一度开始觉得太热了，于是掀开被子，一部分是为了让自己凉快一点，但老实说，主要是因为我想再次体验一下女巫们给我盖上被子的感觉。这种事发生了很多次。

思考这个梦时，苏珊起初把女巫和她的三个密友联系在一起。她对她们轮番感到存在竞争、被排斥，而且常常既羡慕又嫉妒。她持续地（通常是毫无根据地）担心她们会把她排除在外，让她感到自己不够好，或者羞辱她。似乎她对三个朋友的照顾能力（也许也代表着母亲的照顾和她每周三次的治疗）的嫉妒性的攻击，不断地把她生活中的好人变成坏人。然后，她重新内化了这些人物迫害性的版本，于是这些人物成了比昂（1962a）、布里顿（Britton，2003）和奥肖内西（1999）所描述的那种毁灭自我的超我的组成部分。结果，她不仅感到被自己坏的部分威胁，害怕它或它们会反过来攻击她，而且无法感觉到来自自己更有希望、有价值和有抱负的部分的支持，并把它们作为内在的资源。（很常见的是，善的表征在病人的心智中被分解成碎片，也就是说，分成不止一个方面。这通常意味着婴儿的无意识幻想中既已存在的、敌意的撕碎或破裂。）苏珊的治疗师，无论是作为"女巫"还是"朋友"，当她们之间的任何联结或潜在的理解崭露头角时，都会遭受反复的攻击。因此，苏珊那些始终如一、相当善意的朋友们，有时也会受到她恶毒的言语攻击，有时甚至是人身攻击。这样的攻击在她的生活中起着越来越大的破坏性和退行性的作用。而且，当与学校和家庭实际分离的黑影笼罩她的视野时，这样的情况似乎就越发严重。通常，当她感到离开实在是迫在眉睫时，就会因为害怕走出去和依靠自己而突然出现倒退。

在苏珊的梦中，我们还发现了对神话和童话故事中的女巫的明确影射，暗示着某种原始的邪恶正在发生，特别是在这个例子中，是关于《麦克白》（Macbeth）里的三个女巫以及她们与谋杀和内疚的联系。苏珊自己做了这个联想，她说她在学校的高中课程正在学习《麦克白》。人们可能还记得，女巫的大锅里有一种特别令人讨厌的可怕配方，象征着消灭婴儿的可能性，而不是培养婴儿的可能性：

母猪九子食其豚，

血浇火上焰生腥；

杀人恶犯上刑场，

汗脂投火发凶光……①

［第四幕，第一场：64-66］

和

娼妇弃儿死道间，

断指持来血尚殷。

［第四幕，第一场：30-31］

---

① 译文引自人民文学出版社于1978年出版的《莎士比亚全集》简体中文版，译者为朱生豪。下一段同。——译者注

尽管在意识层面，苏珊感到自己几乎一直受到外界的迫害，但这个梦暗示着，在无意识层面，她开始能够以象征性的形式对自己的困境有所洞察：问题并非她受到了恶意的敌对人物的攻击，而是她所关心的那些人被她自身的迫害性焦虑和破坏性冲动转化成了坏的东西，并入驻她的内心世界，在那里它们对她保持着一种毁灭自我的控制。然而，梦中的女巫们并没有她担心的那么恶毒。相反，她们实际上很关心她的处境，以至于在苏珊的心目中，她们变成了理想化的"仙女教母"，她想要一次又一次得到她们的帮助。最后这里是一个有趣的细节，因为它暗示了理想化客体（而不是好客体）的情感缺陷。这样的客体所提供的并非一种可以被内摄和认同的内在力量（并因此可以柔化内在的"可怕恶魔"），而是一种更肤浅的安慰，需要不断重复和重申来消除疑虑、得到确认。只要还是这样的情况，内部结构就不会被改变，真正的发展也不会发生。

此外，童话／神话的背景表明，在那里可以找到的感受有多么基础和两极化，要么全好，要么全坏。它们属于分裂和投射的原始心理过程，在"绿眼"破坏性嫉妒的支配下，一个倒错的转变发生了：美好变成了邪恶，邪恶变成了美好（就像女巫们的致命咒语）。婴儿的自我因而缺失了友好的内在人物，并被迫害性人物奴役。

18岁时，苏珊脸上和背上开始出现一些轻微的粉刺痕迹，她对此感到极度难为情。在苏珊自己看来，这使得她的困境雪上加霜。对于这些事实上几乎察觉不到的、适龄的斑点的简单出现，她采取了猛烈的药物治疗。然而，药物使她的皮肤系统的水分和黏液变干。她的皮肤变得干裂，对光极度敏感。她只要出门，就不得不抹上更适合婴幼儿的40倍的防晒霜，更不要说出去晒太阳了。她的母亲则忙于给她涂抹各种润肤霜。苏珊因此可以重新获得在家庭中作为婴儿的地位，通过抚慰、抹护肤霜这些适合真正的婴儿（而不是真正的青少年）的保护性手段，她婴儿化的需要得到了照顾。她就是一个委屈和拒绝他人的火球，用轻蔑和诋毁的言语驳斥她的母亲："你什么都不知道。""你根本不知道你在说什么。"而她自己很容易就会崩溃，陷入婴儿的状态，需要在身体层面被安抚和容纳。就像梦中的反复盖被子一样，母亲频繁地在女儿的皮肤上涂抹乳霜，"一遍又一遍"，似乎在给苏珊保证，她的破坏性并没有最终导致事情变坏。这种外在的重复将继续被需要，直到她内在超我的残暴可以被改变，并让位于那些不那么严苛、更具容纳性的客体。

很难准确地知道这个相当典型的青少年自恋困境的来源。对于18岁的人来说，这些困难可能部分源于即将且必然要到来的实际的分离和个体化，这使得焦虑加剧；而学业失败也预示着他们还没有准备好进入外部世界。在一些极端自恋的图景中，例如进食障碍和苏珊所遭受的躯体变形障碍（body dysmorphic disorder）的情况，人们开始特别注意到青少年正在挣扎度过的发育阶段。在苏珊的例子中，这是一种威胁，她不得不离开尽管有些动荡，但相对安全的家庭，并进入外部的世界——在那里她必须被"视为"某种版本的"她自己"，而不仅仅是她父母的女儿。正如约翰·斯坦纳（John Steiner，2006）指出的：

> "看见"和"被看见"是自恋的重要方面。在自恋中，自我意识始终是一种特征，当患者开始容忍某种程度的分离并对被观察变得敏感时，自我意识就会变得敏锐起来。[p.1]

在青少年期，似乎更多的情况是对即将到来的分离的恐惧，这驱使许多人回到一个加强的自恋结构中。尽管这是青少年正常发展的一部分，但在外部转变的节点上，这可能会变得有严重的破坏性。和面对失败的情况一样，当面对表面上的成功时，这也常常会突然导致崩溃。苏珊没有崩溃。随着她的治疗的进展，梦中所显示的更有希望的元素整合成更好地容忍嫉妒、挫折和分离的能力。一个看起来特别令人担忧的青少年心理结构（adolescent organization）放松了对她的控制。她对治疗师的感激之情与日俱增，两年后她离开了家，去读大学。如果她是28岁而不是18岁，我想情况和结果可能会非常不同。

苏珊青少年期的困境清楚地表明了青少年期的婴儿状态如此直接、直观，以及如欧内斯特·琼斯（1922）所说，在人生的第二个十年里，重演了"他在人生的前五年中所经历过的发展"（pp.39-40）。在有关自恋的文献中，正是自恋障碍与婴幼儿早期经验的性质和质量之间的联系，尤其是容纳和超我发展的领域，在一些精神分析思想中是被突出强调的（例如Britton，2003）。父母以及之后整个家庭的容纳功能和复原力，与婴儿投射的方式和强度之间的关系，在个体的一生中都很重要，但在任何时候都比不上青少年时期那几年更重要。由于青春发育期的特殊压力和俄狄浦斯冲突的复活，以前所未有的方式对早年情感的得失进行着新的考验，创伤或剥夺常常激起青少年的焦虑，从而加强了自恋的防御。

相反地，当孩子体验到他们的父母有能力认识和控制父母自己的婴儿性需要时，当父母在关系中把孩子作为"他者"而非自己的自恋翻版时，这些孩子可能会发展得更好。格雷戈里奥·科霍恩（Gregorio Kohon，2005）在《爱与变迁》（*Love and Its Vicissitudes*）中引用了拜厄特（A. S. Byatt）的小说《静物》（*Still Life*）中的一段话，优美地让我们看到母亲与刚出生的儿子交流的能力，她不是把他作为自己的延伸，或用先入为主的观念和期望给他重压，而是将他作为她必须慢慢地找到一种方式去了解的一个独立的人：

> 她没有指望自己会体验到"极乐"的状态。她注意到，他比预想的结实多了，同时，看到他微微抖动的嘴唇和脸颊似很无力，不受控制的脑袋危险地耷拉着，他似乎也比预想的更脆弱……她伸出一根手指头，碰了一下他的拳头；出于原始的冲动，他的小指头握住她的手指，小拳头握紧一下，接着放

松，再又握紧。"那边。"她对他说。他果真看了，光线透过窗户倾泻而下，越来越亮，他的眼睛看到了，她也看到了，她意识到这是来自天上的极乐之光，她不喜欢"极乐"这个说法，但那却是唯一的解释。她的身体很平静，极度疲乏，正在休息，而她的心灵却自由、清澈，闪着光芒。那个男孩和他的眼睛看见了什么？极乐。光线暗淡之后，事情会不好。男孩会变。但是，此时此刻，在阳光的照耀下，她认识了他；她还认识到，她并不曾认识他，也没有见过他，也没有爱过他。在这新鲜、明亮的空气中，她感受到从不曾奢望的纯粹。"你。"她对他说。他们终于在外界的空气中亲密接触，皮肤贴着皮肤。外界的空气很温暖、很明亮。"你。"①

[Byatt, 1985, pp.100-101]

这整段文字如此动人地洋溢着一位母亲的某种能力，她允许她的婴儿以他自己的人格显现出来，而不是把自己的希望和恐惧投射到他身上。她只是简单地准备好在他们的共同发展中，参与相互的、复杂的情感互动。如科霍恩所说："正是这些词语，'那边''你'，当我们想象它们被母亲带着爱说出来时，才使得婴儿的主体性成为可能。'你'，她说，她是意义的给予者，是善的提供者，是满足的源泉。"他接着说道："婴儿如何诠释这爱的表白呢？母亲的话语 [还有，我们可以补充一下，母亲的眼神或凝视]，如果被愉快地说出来 [或给予]，就会产生快乐。如果带着爱说出来，它就会……产生爱。但如果没有这话语 [或爱的表情]，或者声音 [或目光] 是带着恨意的、不确定的，或是被太多的矛盾困扰，如果 [两者之一] 是误导性或欺骗性的，那么婴儿就会带

---

① 译文引自上海文艺出版社于2020年出版的《静物》简体中文版，译者为黄协安。略有修改。——译者注

着混乱、不安全感和失落的感受做出反应。"而且很可能伴随着一个困难，即孩子很难在客体不在场的情况下，设法在情绪上稳固地保有客体的存在。正如科霍恩所说，"快乐将被不确定性取代，爱则被恐惧取代"（pp.66-67）。无论婴儿的天性如何，要与来自外部的、强加给他的、有潜在创伤性的要求进行互动往往都是很考验人的，而这种要求与母亲的心智状态和她的内在客体有关。母亲的心智状态和内在客体对婴儿和幼儿有着深远的影响，也因此深深影响着青少年处理根本上是对立两极的爱与丧失的能力。

斯坦纳（2006）关于凝视、看见和被看见的研究，似乎与青少年自恋结构尤为相关，就像苏珊的案例所显示的那样。当一个婴儿对言语和表情的体验具有前面所描述的性质时，其发展历程会有很大的不同。布里顿（2003）注意到婴儿期和幼儿期缺乏容纳功能是自恋型人格障碍案例的特征，与此不可分割地联系在一起的还有"破坏自我的超我"的存在，它有力地阻碍了人格的发展，它和嫉妒都是自恋的性格特质要防御的部分。特别是当领悟或意义浮现在病人和治疗师之间时，常常可以探查到这种内在的强大力量，正如临床上详尽记录的那样。迅速发展的相互了解的可能性立即被超我的强力和重压粉碎，超我会瓦解任何关联的纽带，并将个人降格回防御的位置，在那里他一直不安地寻求撤退或逃避。

正如我们所看到的，对青少年来说，这样一种典型的逃避就是逃去热切地参与团体生活。这种充满激情地拉帮结伙可能有效地代表了一种形式，即将人格中更有破坏性和倒错的部分聚集起来，无论是被放在真实的外部人物身上，还是被放在像苏珊梦中所揭示的那种由女巫结成的内在帮派/团体身上。或者它代表了对自体某些方面的否认，从而削弱自我，耗尽它的活力。但同样，它也可能显示出一种健康的能力来处理内在的脆弱感，甚至是破碎的感觉，从而提供一种建设性的功能，尽管其本质上是自恋的。

通过分裂自体的各个方面，并将它们放在团体的不同成员身上，个体可以保持与这些部分的联系，而不必太直接地遭受它们带来的痛苦。正如戴维·阿姆斯特朗（David Armstrong, 2005）指出的那样，在这种团体组织中，人格被投射出去的部分可以通过模仿容纳性客体功能的方式重新被组合进来（p.55）。

年轻的安德鲁似乎就是这样，他在14岁时遭受了严重的精神崩溃。据安德鲁描述，他对童年的记忆太少了，除了那栋家庭的住房。父亲在母亲为了别的男人而离开他的几年后，卖掉了这栋房子。安德鲁对此感到非常痛心。安德鲁完全不记得他父母曾以任何形式一起在那所房子里待过，只记得房子本身给他提供了一点"家"的感觉。

然而，他确实有一个特别清晰的回忆，那就是在卖房子的同一时期，他自己意识到，他和他哥哥不"一样"了。他透露道，他一直觉得自己和哥哥一模一样，以至于他确信两人甚至有一样的想法。换言之，在这种亲密的认同中，他躲过了空虚、失落和被抛弃的感觉，而不去看哥哥在其他方面的独特特征。和哥哥不"一样"的认识使他感到自己非常渺小和耻辱。他开始投身于团体的生活中，从而为自己建造了一个替代的容器。就好像他用团体生活来帮助他渡过难关，直到他进入青春发育期。但随着青春发育期的变化带来更大的压力，加上友谊的团体四散至其他班级，他感到全然孤独，彻底崩溃了。面对"谁在哪个班级"这样看上去相当次要的问题，曾经为安德鲁维持着并不稳定的心理平衡的、人与人之间的自恋性纽带瓦解了，没有留给他任何内在资源。

这种进入团体的做法可以被认为是一种安全网措施，它可以支持或阻碍发展，取决于内部结构的弹性和外部环境的性质。作为临床工作者，我们往往遇到的都是出问题的情况。好的情况是青少年的团体组织作为争取时间的权宜之计，以便在内部成长持续的同时，让事情和生活不会破碎。要找到这样的一个例子，我发现自己转向了文学。因为在这里，特别是在19世纪伟大的小说中，我们可以欣赏广泛的发展性描述，包括内部和外部体验的细节，其中经常描绘了我们认为自恋机制会提供的、让事情得以发展的一种中间阶段。两个突出的例子分别是简·奥斯汀（Jane Austen）的小说《爱玛》中的爱玛·伍德豪斯（第十四章将进一步讨论），以及乔治·艾略特在《米德尔马契》中描写的多萝西娅·布鲁克。

《米德尔马契》中的两个主角，罗莎蒙德和多萝西娅，提供了不同类型自恋的迥然不同的典范。在某种意义上，这是对于我区分的两类情况最纯粹的表述。我只会详细描述这两位年轻女子中的一位，那就是多萝西娅。但是，我们必须先通过一个精彩的概述简单来看看罗莎蒙德。她是一个美丽、虚荣、自以为是的青少年，一个在莱蒙太太女子学校受过教育的迷人少女，但正如乔治·艾略特所说，她对赞美和社会地位提升的不断追求给她的婚姻、她自己和她周围的人带来了灾难，或近乎灾难的后果。据我们所知，"她从来不能领会别人的心情，只会按照自己的意愿构想它们的状况"[①]（p.834）。反发展的图景被描画得很精细。

在多萝西娅的例子中，内在的艰险历程看起来很不一样：她在小说的进程中成长起来，从隐喻意义和字面意义上目光短浅的世界观（其基础是将她自己的理想投射到他人身上），发展到一个更加成熟的位置。《米德尔马契》以她的两段婚姻分别作为开始和结束——两者之间的对比衡量了她随时间的发展。她第一次是和干瘪的书呆子卡苏朋结婚。在那个时候，多萝西娅被描述成完全沉浸在自己青春的理想之中。她充满了一种灵魂的渴望，想要摆脱自己少女无知的限制，以及"周围社会难以容忍的狭隘和愚钝"所带来的限制（p.60）。这神奇地唤起了青少年的全能愿望，希望绕过无知和不足的痛苦，以及防御性的偏执、优越感和有些假正经的评判性，而这往往是他们对自己之外的世界——那个让他

---

[①] 本章中多处引用《米德尔马契》的文字，其译文均引自人民文学出版社于2018年出版的《米德尔马契》简体中文版，译者为项星耀。——译者注

们悲伤地感到如此匮乏的社会的一种典型态度。

我们了解到，多萝西娅对卡苏朋的求婚的反应是，"她的整个心灵已陶醉在一种前景中，仿佛更丰满的生活向她敞开大门，她即将作为一名新的信徒，走进这更高一级的天地，开始新的道路"（p.67）。充满了青少年期的理想主义热情，多萝西娅试图通过与一个人的结合使她的生命完整，但正如她后来发现的那样，那个人的心灵不过是折射了"在错综复杂、阴暗无光的迷宫中，她所赋予它的各种特点"（p.46）。这正是对投射性认同的生动描述。她从他身上学到了很多东西，并对他"伟大著作的规模"印象深刻，"它也像迷宫似的吸引着她"（p.46）。换言之，她已经成为她自己的投射的牺牲品，因为理想化那个比她老很多、她相信比她更有智慧的男人而受害。她被这样一个人"完全征服了"，在她心目中，"他的著作将使人类的全部知识和虔诚的宗教信仰得到统一；这是一位当代的奥古斯丁，他已把博士和圣徒的光辉融化于一身"（p.47）。

早期，多萝西娅和卡苏朋一样，都有一种错觉，那就是：认识事物，积累足够的"知识"或信息，就能提供"所有神话的钥匙"，一把带来生命议题解决方案的钥匙（这再次表达出青少年的错觉，认为有所谓解决方案存在）。换句话说，就是以牺牲对现实的感觉为代价而逃入确定性中。正如比昂所说，她"看不到关于知识的智慧（the wisdom for the knowledge）"（2005，p.42）。多萝西娅缓慢而痛苦的幻想破灭过程最大限度地挑战着她从经验中学习的能力。这在她身上开启了一种心智状态：当对博学的钦佩让位于对智慧的欣赏，当自恋的关系被自我—他人（self-and-other）的关系取代，她可以开始展望一种非常不同的关系，一种将"肉欲与温情"结合在一起的关系。

在小说的进程中，多萝西娅被迫放弃了那些幼稚的梦想和投射性的幻想。在罗马度蜜月时，她在可怕的孤独中发现了我们先前提到的以下两者的区别：一种是以自恋的取向看待世界，把世界当作"哺育我们至高无上的自我的乳房",另一种心智态度是能够识别他人有"一个同样的自我中心,从那里发出的光和影,必然与她的有所不同"(p.243)。

青少年修通看待世界的自恋取向,对于能够耐受自己不再是世界中心的感觉十分重要。在第一段婚姻中,多萝西娅经历了幻想破灭和分离带来的孤独,但她也开始意识到分离的意义。随着卡苏朋的突然去世,她放弃了她那无所不能的青少年期的理想,去面对更痛苦的现实:挫折、失望和受限制的生活,她丈夫的遗嘱禁止她再婚。在第一次婚姻中,多萝西娅发现了她的选择是空虚和错误的:

> ……新的真实的未来取代幻想的未来,是通过无限众多的细节在潜移默化中进行的,她对卡苏朋先生的看法,以及现在她结婚以后,对这种夫妇关系的看法,也是像时针一样不知不觉地改变着,以致离开她少女时代的梦境的。①[ p.226 ]

当她(错误地)相信她的新欢威尔·拉迪斯拉夫背叛了她而爱上了罗莎蒙德时,她极度痛苦,倍受折磨,因为"她的艰辛生活达到了极限"。然而,与她以前的自己不同,她现在能够利用她随着时间推移而"获得"的能力,因为她开始从自己的真实经验中学习,放弃了她"知识学习"的一面和那个"无私""打小工""好到不真实"的自己。

在对于朝向发展的推动力的重要表述中,其内在事实和意义却是用外在的言语——一种内在过程的"客观关联物",被优美地描述出来的。

> 她拉开窗帘,眺望着大门外隐约可见的一段道路,路那边便是田野。路上有一个背着包袱的男人,还有一个抱着孩子

---

① 译文引自人民文学出版社于2018年出版的《米德尔马契》简体中文版,译者为项星耀。——译者注

的女人。在田野上，她可以望见一些移动的身影，也许是牧羊人和他的狗。远处弯弯的天边出现了鱼肚白，她感到世界是如此广阔，人们正在纷纷醒来，迎接劳动和苦难。她便是那不由自主的、汹涌向前的生活的一部分，她不能躲在奢华的小天地里，仅仅做一个旁观者，也不能让个人的痛苦遮住自己的眼睛，看不到其他一切。[p.846]

这不仅是对一个成熟心智的慷慨仁厚进行的动人、低调的描述，也是对于随着时间推移而发生的内摄性认同的非凡重现。尽管多萝西娅坚信她失去了外在客体，但内在客体还存在着。它不会因为外在表征的消失而消解或崩溃。与罗莎蒙德不同，多萝西娅能够从自己心智之门向外看到他人生命的存在，"[她正在了解]从那里发出的光和影，必然与她的有所不同"。

综上所述，"青少年心理组织"不仅指那些阻碍发展的自恋的心智和行为，也包括那些有发展性功能的自恋状态。换言之，把自恋作为"青少年心理障碍"，可能是把情况简单化了。正如我们看到的，18岁时苏珊的病理性僵局在她19岁时便已经让位于一种能力，即建立更有益的内在联盟，允许一定程度的成长与改变。我之前描述的梦暗示了一个与她早年截然不同的新生自我。安德鲁也开始认识到，他缺乏那些他可以赋予意义的早期生活体验，以及他那些替代性容纳结构或装置的崩塌给他带来的灾难性影响。然而，一些家庭不像苏珊或者安德鲁的那样，如果情感的匮乏期没有覆盖那么广泛的发展阶段，或者底层的心理基础很牢固，那么自恋运作模式的积极作用就会更明显，正如多萝西娅的情况看上去的那样。甚至可以说，青少年的心理组织为那些促进身份感形成的探索和试验提供了必要的条件。这种身份感既内在地依赖于与足够好的内在父母建立起足够好的关系，同时也与这样的关系结盟合作。然而，这种身份感也需要与内在父母不同，以至于个人可以确信有一个自己的自我存在，确信有能力成为自己。在青少年期，明确区分精神"正常"和精神"异常"总是一件有挑战性和很微妙的事情，那些现成的分类或概念化都很难奏效。再次强调，这也是为什么和这个年龄段的人一起生活或工作是一种挑战，如此令人不安，同时却又充满回报。

# 注　释

这一章内容的早期版本发表在2006年的《儿童心理治疗杂志》第三十二卷，第一期，pp.21–34。

# 第十一章

# 青少年期过渡阶段的诊断困难

当考虑诊断时，青少年这个年龄群体真的需要使用其特殊的参考框架和细节信息。塔维斯托克临床中心青少年部的传统智慧一直认为，观察这一过渡状态的实际情况具有核心重要性。这个过渡状态是在两种状态之间的框架空间：不再是儿童，但也还不是成年人；早前的身份感消失了，但新的还没有形成（Brawer，2017）。

青少年期典型的发展性问题是我们熟悉的：自我憎恨、焦虑、抑郁、躁狂发作、网络成瘾、自伤、自杀意念、性别困惑，等等。这些问题中的每一个都有可能是某种精神疾病冰山一角的表现形式。但它们也同样可能只是一个特别让人烦恼的阶段，也许与毒品或酒精有关，但如果得到适当的支持，通常会随着时间推移而结束。塔维斯托克青少年部的做法一直是，在尽量长的时间里避免做出成人类型的诊断，也避免相应的用药，因为这样会把年轻人锁在一个特定的发展图景中。在相对缺乏持续的长程动力学治疗的背景下，成人诊断的类别越来越多地被应用在越来越年幼的人群中。痛苦的经验使得很多医生，包括精神科大夫，拒绝考虑抑郁性"疾病"（depressive "illness"），以及因此开出抗抑郁药或多种抗精神病药物，因为我们付出惨痛代价了解到，这可能导致严重的躁狂发作。正如我在青少年部的老同事吉尔·维特斯向我证实的，对躁郁症的清晰诊断仅仅在青少年有一次或多次的崩溃发作之后才会使用。她进一步说，现在对青少年注意缺陷/多动障碍（Attention Deficit Hyperactivity Disorder，ADHD）的诊断愈发普遍，但这个诊断会在大学时期过后迅速减少。这让我很震惊。

这里要强调的是，我们需要重视这个模棱两可、迷失方向的时期的特殊性，以及根据这一点处理心理问题的重要性。我在第十章结尾处写到，确定青少年期的正常与失常之间的界限是极其困难的。这个困境把我们带入一系列的重要诊断问题，关乎两方面之间的复杂关系：一方面是令人烦恼的发展，另一方面是在这多变的岁月里被称为"初显期的边缘型人格障碍"的东西。正如吉尔·维特斯最近对我说的："问题在于青少年期本身就是一个边缘状态。"

我会以更长的篇幅说明 D. H. 劳伦斯所说的"陌生人的时光"的意义，并以此开始解释上面的说法。在我之前引用过的他 1923 年的散文《无意识幻想曲》（*Fantasia of the Unconscious*）中，他详尽地描写了青春发育期的影响：

> 一个关于存在的陌生的、创造性的改变已经发生。青春发育期前的孩子与青春发育期之后的孩子相比，完全不同了。这新生的其实是陌生的，是从童年的海洋升起的新的存在。它是一种复苏，却让我们恐惧。
>
> 现在，是一个新的世界、新的天堂和新的大地。如今新的关系形成了，旧的关系不再重要。爸爸妈妈无可避免地让位于老师，兄弟姐妹则让位于朋友。这是充满狂热（Schwärmerei）的爱恋、青春的崇拜和开始真正的友谊的时期。青春发育期之前的孩子有的只是玩伴。发育期之后，他有了朋友和敌人。
>
> 一个全新的充满激情关系的世界。旧的羁绊松开了，旧的爱恋隐退了。与父母之间的纽带现在似乎松开了，但从不会断裂。家庭之爱减弱了，但从没有消亡。

> 这是陌生人的时光。现在该让陌生人进入灵魂。
>
> 这是第一个真正拥有个性的时期，第一个名副其实负起责任的独立时期。一个儿童会知晓孤独悲惨的深渊。但一个青少年会独自了解，成长进入个体化的孤独所带来的奇特痛苦。
>
> 这所有的改变是苦痛也是极乐。它是灾难，也是一个新世界。它也许是我们人生最严峻的时刻。而且我们无法对之负责。
>
> 现在，性成为活跃的存在。直到青春发育期之前，性仅仅是隐藏的，未成熟的，刚刚开始的。青春发育期之后，它是个不得了的因素。
>
> [pp.102-103]

劳伦斯如此充满激情、富有说服力地描述的东西远非什么新鲜的想法。例如我们将（在第十五章）看到，莎士比亚许多戏剧的核心就在表达，从父母权威转换到性欲的、获得伴侣的成熟所需要的先决条件与本质特点。并且，这些特点也常常与占据成人期或在走向成人期的过程中，反复出现的不幸和满足的剧情有关。人们只需想想《皆大欢喜》(*As You Like It*)、《第十二夜》(*Twelfth Night*)、莎士比亚的诸多历史剧、《威尼斯商人》(*The Merchant of Venice*)和《仲夏夜之梦》(*A Midsummer Night's Dream*)。这些戏剧都是关于是否有能力认识自我和认识他人，以及这样做的困难所在；也是关于区别不同种类的知识：一种是为了真诚探索和发展而获得知识，另一种是别有用心地使用这些知识。特别是对于青少年来说，决定一种心智功能模式占主导而胜过另一种模式的因素，根植于以下两个方面交织在一起的关系：一个是早期发展阶段的内在情感和心理体验，另一个则是在这些转变的岁月中外在现实的文化和环境。

青少年期的岁月是各种两极化心智状态之间矛盾拉扯的缩影：在成

人化的和婴儿化的心智状态之间，特别是温柔的和攻击性的状态之间，贪得无厌和慷慨大方之间；在情绪高昂与抑郁之间；在欺骗的诱惑和对真实的渴望之间；在爱和恨之间；在困惑迷茫和坚定确认之间。

我们已经看到，劳伦斯生动描述的那些岁月中，迄今为止"已知的"人格边界常常变得模糊、混乱、具有挑战性、令人恐惧，甚至可能过于僵化。在激素影响的强化下，狂热和脆弱常常是日常生活的常态，这些年轻人会变得非常自我关注，显得自私自利，不在乎他人。一个人可以把这个有时候被延长的状态描述成对痛苦的一种自恋性防御，但如我们所见，事情远没有那么简单。

基于上面概述的观点，我要来描述两个处于青少年中期的年轻人，他们都是男孩。他们的困境让我们想到很多人，对他们而言，突然地，"一切"都崩溃了，如叶芝在《基督再临》（*The Second Coming*）中所说，"中心不保（the centre cannot hold）"（in Yeats，1933）。根据发生的事情，我们可以清楚看到，在案例中，这两个男孩在青少年早期各自所获得的成就——一个是很有天分的大提琴手，一个是优秀的橄榄球运动员——在某种程度上起到一种甲壳的作用，暂时让心智整合在一起，并掩盖了后面显现出来的极度的情绪脆弱性。在这两个案例里，这种脆弱性源于早期创伤的、动荡的体验。对这两个男孩来说，他们专注的不同形式的造诣似乎暂时保护他们免于更动荡的状态。

大提琴手西奥在他 6 岁那年，不仅经历了父母充满激烈争吵的离婚，还有小妹妹的去世。他的学校试图通过让他参加各种比赛来鼓励他发挥音乐天赋，而他也总是可以赢得这些比赛。然后有一天，第一次，他不是第一名而是第三名。这就好像他在青春发育期之前就已撤退躲藏进的那个泡沫破灭了。西奥深受打击。他觉得几乎无法再演奏。他的大提琴练习逐渐减少，然后完全停止了。他花越来越多的时间在自己的房间里，玩在线的电脑战争游戏，先是与国内玩家玩，然后是和国际上的玩家玩。这意味着，时区的不同扰乱了他的睡眠模式，因此，每天早晨正常的起床变得越来越困难。他开始越来越多地旷课，学业落后，与学校朋友断绝了联系。与其说他是在和他人连接，不如说他只是与他人"连线"，而他与他们素未谋面。不久，他发现自己小小年纪成了"孤家寡人"。他从前在学业上很有热情，能够在大提琴演奏和准备 GCSE 考试之间取得平衡。现在他开始把所有的注意力转向其他方面，他要像曾经在音乐厅才华横溢那样，在网络世界有所成就。抑郁、没朋友、强迫，他变得面目全非，个性苍白无力，冷酷、孤僻、咄咄逼人、高人一等、可悲却又桀骜不驯。除了玩电脑游戏，他做什么都很失败。他母亲心急如焚，对他大发雷霆，安排他去看精神科大夫——她想要一个诊断。然后她得到了一个诊断："初显期的边缘型人格障碍"。

橄榄球运动员亚当在生命初期也是单独和母亲住在一起，但他婴儿时期的处境非常悲惨。在母亲怀上亚当（她的第一个孩子）时，亚当的父亲自杀了。丧亲之痛和严重的精神打击，让母亲几乎无法应付，因而她很早就把亚当送到了寄宿学校。在那里，亚当至少找到了一种基本的支持性结构，可以把友谊和学业功课处理得相当好。他也变成了一个有惊人天分的（橄榄球）外侧前卫。他喜欢橄榄球；他喜欢集体生活，喜欢和其他男孩的亲密关系，以及有竞争力和成就感的感觉。虽然他体格健美、身体强壮，但事实上，他是队里年龄最小的，比大家都小两岁。然后，有一天，他在运动中受了伤，接受了几次手术。这意味着他再也不能参加竞技比赛了。和西奥一样，在这场灾难性的挫折中，亚当的生活分崩离析。他拒绝回到学校，而是找了一份在电影片场跑腿的工作，但又在遭遇的许多小事故中受了更多的伤（很可能是故意的自伤）。

后来有一天，他妈妈发现他在浴室里用剃须刀把他的腿割得很深。伤口被缝合了，他也被转诊给一位精神科医生。医生根据整体的情况，把他诊断为"初显期的边缘型人格障碍"。一周后，他因一次严重的自杀企图——被发现试图上吊自杀，而被收治住院。出院后，他被转诊在当地医疗机构接受持续的治疗。但他偶尔才去见治疗师，对历任治疗师挑错找碴儿，直到彻底脱落。从他困惑而绝望的母亲那里听到的关于他最后的消息是，他拒绝接受任何治疗，留在家中自己的房间里，长期完全不参与家庭或社会生活。尽管有时他会做一些收入低微的工作，却因为一次次的无端挑衅或特别怪异的非理性行为而被解雇。

　　西奥也被转诊进行持续的治疗。和亚当一样，他对治疗有着极其消极和轻蔑的反应，不断从一个"不称职"的治疗师换到另一个，并最终脱落。几年后，西奥的父亲写信给诊所，描述了西奥如何通过一位充满灵性、不走传统路线的老师而重拾音乐，以及如何通过令人印象深刻的自我激励和同样非传统的方式（没有经过高中学业水平考试！）而上了大学。按他父亲的话说，西奥"变得越来越强大"。他成功地毕业，找到了一份流动音乐教师的工作，同时，开始非正式地为沉迷于电脑的年轻人提供咨询服务。他和女朋友住在一起，又开始了公开演出，不过现在是和现代的乐队合作，而不是作为一个独奏者。

　　西奥的父亲如释重负，慷慨地写信给青少年门诊部，告诉我们：回首往事，他觉得当年获得了很大帮助，因为有人用通俗易懂的话语告诉他，西奥很可能正在因为"青少年期特殊的极端情况"而遭受痛苦，而这并非罕见，而且假以时日，西奥还是有很大可能从这黑暗岁月走出来，回到有工作、有人际关系，甚至可能重拾音乐的世界中。这显然在某种程度上减轻了父亲对儿子状态的焦虑不安，使他能够在没有过度干涉的情况下继续为儿子提供支持。他指出，治疗虽然对许多人有帮助，但对像西奥这样"需要了解世界胜过了解他们自己"的人来说，却是"恼人"的。

　　评估深受精神困扰的青少年的需要，以便找到最合适的治疗方式，是非常困难的。而我发现在这一点上，西奥父亲的话是一个非常有启发性和有帮助的评论。在这个过渡时期，对特征性的严重混乱进行防御的方式如此多样，而且往往非常极端，所以建立诊断图景如此困难。发展不是平衡的，每个人都以自己的方式和速度度过青少年期。正如劳伦斯所说，这些男孩中的每一个人，都逐渐认识到"成长进入个体化的孤独所带来的奇特痛苦"。

正如在西奥和亚当的案例中看到的，不良的早期事件可能会产生意想不到的、极端的、破坏稳定性的影响，而发展的视角确实需要时刻牢记在心。外在世界的成就可能掩盖了内在的不确定性，也使得应对这个棘手时期会出现的正常的（和不那么寻常的）冲突变得更加困难。对于西奥和亚当来说，因为他们早年的不良经验的存在，随着他们各自为了保护自己免受痛苦的狂风之力摧残而建起了防波堤，问题上演的舞台就已经搭好了。一旦防波堤溃坝，世界就成了人间地狱。

从心理学角度怎么理解这一切呢？就历史记载而言，"初显期的人格障碍"从 1980 年开始作为《精神障碍诊断与统计手册》（第三版）（*Diagnostic and Statistical Manual of Mental Disorders*，Third Edition，*DSM-Ⅲ*）的一部分，成为一个被认可的诊断（APA，1980）。但在这之前的 40 年里，它曾经被不同理念的精神分析师加以描述。例如，对于斯特恩（Stern，1938）来说，边缘的病人显示的症状似乎是介于神经症和精神病之间的。多伊奇（Deutsch，1942）则描绘了"伪装人格（as-if personality）"的样子，身份是波动的，它会适应性地在特定的情景中扮演不同的角色。施米德伯格（Schmideberg，1947）提出"性格障碍（disorder of character）"来描述病理性和边缘的病人，情绪易变，导致"稳定的不稳定性"。奈特（Knight，1953）用"边缘状态（borderline states）"这个词描述那些被收治的、有精神病症状但又不是精神分裂症的病人。在 20 世纪 60 年代，这个概念得到扩展，包括了认知失调和受损的自我感知。

过去的 40 年间发生了很多事情，在此期间，性情（disposition）的重要贡献、婴儿期焦虑的作用、环境失效以及这些因素各自的意义开始成为优先考虑的因素，这与精神分析早期的观点大相径庭。那时的观点更倾向于基于生物驱力的定量强度来考虑问题。新近的精神分析理论倾向于将边缘状态视为对一类人的一种描述，如亨利·雷伊（Henry Rey，1979）表述的，他们"获得了一种稳定的人格结构，但却过着最受限和异常的情绪生活，既非神经症水平的，又不是精神病性的，而是两者之间的边界状态"（p.203）。约翰·斯坦纳（1987）则针对人们现在所知的"病理结构（pathological organizations）"做了大量的工作，他将这种组织描述为"一套防御措施，不仅防御着偏执-分裂心位的破碎和混乱，也防御着抑郁心位的精神痛苦"（p.328）。同样，如斯皮利厄斯（Spillius，1988）所解释的：在边缘和自恋状态中，自我中更偏执-分裂的一面，与人格更健康的一面里可以把这一破坏性的部分容纳或中和的能力之间，存在一种"不健康的联络"（p.201）。

在这里，我希望进一步引入一个词，就是我在第十章介绍的"青少年心理结构"。对成人而言，如果受困于经典的边缘、病理、自恋的心理结构，或者因此性格受限，就精神分析的结果和未来发展的角度而言，其预后是不容乐观的。而面对青少年这个年龄群体，据我所知，需要考虑其特殊性和细节。青少年期的困扰状态，如西奥和亚当的情况，通常具有上述成人心理结构的许多特征［例如罗森菲尔德、斯坦纳、奥肖内西、索恩（Sohn）、雷伊等人也进行过详细描述］。但是，我们必须记住所讨论的发展阶段的特殊性：如劳伦斯所描述的，主要是这个阶段的易变性；它对涉足未知领域的困惑；自我中因为至今未被看到或未被知晓，因而难以辨认的部分。他们在哪里找到立足点呢？很多人描述自己"被搁浅"，也许受困于不切实际的愿望，但最重要的是因所有太真实的放弃和丧失而苦恼——如劳伦斯说的，失去了已知的童年自我，以及已知的家庭结构和关系。

西奥和亚当都可能会因为他们的创伤经历，以及早年不稳定和非容纳性的婴幼儿期而深受影响：在婴儿期的妹妹夭折的背景下，西奥要应付"有毒的"父母关系；亚当的母亲被丈夫的死弄得不知所措，生下了孩子却几乎无法照顾他。我们可以合理地推测，青春发育期和青少年期对这两个少年来说会特别困难，而且他们需要采取防御性的措施，以避免遭遇婴儿期状态的复萌。

他们当时都采取了明显不同又相当类似的防御，但这却阻碍了这个时期必要的探索和尝试。这些探索与试验涉及如何忍受经常笼罩那个艰难岁月的、日常的丢脸和有所不足的感觉，可以承受这些感觉而又不使用过度的否认、退却、逃跑或推诿的策略。他们各自发展出非常不同的优秀的表现，从而至少部分地保护了他们，使他们免于体验内心深处不想要或无法处理的感受。这些能力展现如此成功，因此一开始并没有引起人们对潜在混乱的注意——至少直到保护性的功能被他们认为的"失败"所击碎，婴儿期的病理和应对外在世界的无能才变得十分显而易见。西奥的父亲在某种程度上是对的：西奥的确需要知道要如何应对这个世界，但他和亚当一样也需要了解，为什么在当时他们感觉这是不可能的——这正如要了解或处理亚当自身发展不足的部分一样困难。

西奥的音乐天赋在早期似乎更多是一种-K功能的成就，即仅仅为了获得成就而追求成功。这让他暂时地整合在一起。正如他实际经历的，他不需要如此"崩溃（break down）"，而是需要"突破（break through）"。他最终能够做到这一点，"突破"至一种心智状态；在这种状态下，他的天赋可以被用来演奏，通过更社会化的方式，不是竞争性的，而是更加自发和真挚的。他的康复采取了一种修复性很强的形式：他帮助他人进行演奏，而他自己对精神痛苦与电脑成瘾的熟悉和了解也被反过来用于为别人提供咨询。一个看起来像是严重边缘性的、从生活中撤退的现象，最终被抛诸脑后，而他也能够一步一步地重新开始生活。这非常令人印象深刻。

然而，亚当的发展似乎被更严重地打碎了。只要他还能发挥他身体的超凡技能，而且重要的是，能在学校橄榄球队及其文化的容纳性结构中做到这一点，他就还可以把人格中潜在的并未整合的部分聚拢在一起。他试图通过加入和赢得掌声与荣誉来掌控迷失的自我，但他的伤势却让这个企图破灭。事实证明，他潜在的情感储备完全是不够的。虽然诊断本身往往没有多大用处，但有时也可能是相反的情况：例如，在第二次重大创伤的余波中，亚当可能会与逐渐发展的边缘病理机制的外显状态做长期的斗争。然而，随着时间的推移，慢慢远离那"陌生人的时光"，包括亚当在内的年轻人有可能发展出一种更大的能力，以容忍自己曾认为被削弱得无法想象的自我。而且，尽管有些推迟，他那令人担忧的青少年心理结构也可能会放松对他的影响。

我将用我多年前做过评估的一位16岁女孩瓦妮莎的梦境材料，作为本章的结尾。这个临床案例的细节片段揭示了瓦妮莎内在世界的重要方面，并可以补充我关于西奥和亚当的人生困境的那些逸事式的材料。瓦妮莎在极度痛苦的状态下自己来到诊所。她已经再三请求全科医生转介她做一个精神科评估。她的全科医生拒绝了这个请求。但在暑假里，瓦妮莎竟然成功地给自己安排了一个脑部扫描，并咨询了诊所一位当值的精神科医生。医生告诉她，扫描的结果很清晰。在他的医疗报告中，他明确把她描述为"相当边缘"。呈现的问题是戏剧化的、看似疑病症的症状：瓦妮莎坚信她得了脑部疾病。她想，她是不是可能长了肿瘤，或者是染上了疯牛病？又或者，仅仅就是她的大脑在崩溃，而她的心智在"消散"？在评估过程中，很多非常重要的议题浮现了——尤其是她的妹妹因心脏问题而去世（和亚当的情况很相似），那时瓦妮莎6岁，过世的妹妹大概4岁。令我吃惊的是，瓦妮莎描述的这个小女孩死前不久的行为特征，与瓦妮莎自己的古怪行为极其相似，而她是如此惊恐地确信自己患的是与大脑有关的绝症。可以理解的是，瓦妮莎的家人，尤其是她那伤心欲绝的母亲，无法完全哀悼那个死去的孩子，也无法为他们的大女儿提供她所需要的帮助。瓦妮莎常常从其音乐和学业方面的超凡才能中寻求对自己的支持。但是现在，也许是由于考试压力的增加和即将要离开学校的前景，她的防御策略在坍塌。实际上，她已经崩溃了。

瓦妮莎在最后一节评估会谈就要结束，而她和我仅几分钟后就要分开时，讲了她的一个梦。（我把她转介给了一位同事，以进行高强度的心理治疗。）这个梦触及了代表青少年心理结构典型的幻想和行为的诸多方面，以及如我们已经看到的，这个结构所具有的同时朝向整合与崩解的驱动力，和对抗相关混乱的一系列极端的防御。

我正在学校里和朋友们站在自动售货机旁。我的哲学导师正在对我同年级的人群说，在这个困难的时期［美国"9·11"事件后］，世界未来的责任就落在我们身上了，"落在你们这些朝气蓬勃的年轻女性既聪明又能干的肩膀上"。（"这个说法让我非常不安。"）之后，在梦的下一个部分，我漂浮在伦敦上空的某处，俯瞰城里的生活与我自己，但不知何故，与此同时，我又身处一个完全不同的星球，从那里我可以观察到世界的日常事件。我既是又不是那个世界的一部分。然后我在一座山上，对一些小番茄的行为负责，这些小番茄从我身边滚开，我知道，在某种意义上，它们是我的朋友。（"天哪，这听起来真的很奇怪。"）我对小番茄有一些控制权，例如，我可以说让它们在哪里停下来，让它们继续往哪儿滚。但然后，又有一个有点儿——一种奇特、诡异的装置，带着些零七八碎的凸起部分。它将要垂直上升到天空，就像从火箭发射器上发射一样。那里还有一只猫，躺着，展示着它的［此时，瓦妮莎对她该用什么词感到困惑和尴尬。最后，她终于选定……］"好吧，它的性器官"。

当我评论道，一旦她和她的治疗师磨合好，性是一个她可能要去探索的领域，瓦妮莎夸张地用手抓着自己的头，痛苦地惊呼着，但又几乎带点幽默地说："哦——性——哦不，不是那个。"在 6 次的超长评估过程中，性一直都没有作为一个明确的议题出现。她没有提到这个议题，而我尽管注意到了它的缺席，却也没有指出。现在，在最后一刻，她呈现了一系列令人难忘的梦境意象，却几乎没有机会去探究或做出诠释。（在评估过程中，我经历过很多次这种"投射性"倾向——在会谈快结束时，他们将焦虑和担忧扔到我身上，这是青少年惯用的方式。）

这个梦的核心议题很明确，而且可以说是让一个16岁年轻女孩忧心忡忡、需要防御的典型议题。瓦妮莎焦虑的是，她作为一个成绩优异、理想主义、受过良好教育的女孩（她看起来确实如此），将被期待着承担起一个不稳定和充满威胁的成人世界的责任。而在2003年秋天，这个世界正处于可怕的混乱之中。她宁愿待在"自动售货机"附近，也就是说，可以安全地在学校同伴团体的结构之中，而且，可以推断，靠近一个永远有热巧克力的地方——也就是可以不受限地获得物质享受。也许，这个愿望也表达了瓦妮莎的焦虑，要离开熟悉的如同"热巧克力"的评估阶段，不得不开始她认为危险又任重道远的治疗之旅。这也反映了从青少年期迈向在成人世界占有一席之地的期望之间，令人恐惧的转变。

梦的下一部分似乎代表了对成人生活的焦虑的一种分裂反应，这也是青少年的典型特征。它描述了一个身心分离的生动体验，即身体上是忙碌生存的旋涡的一部分，而同时，在精神上和情感上，又能够远远地看着这个充满威胁的世界——也许是站在瓦妮莎自己认为的大地之母的安全之地俯瞰，锚定在一个一成不变的，而非变化着的世界；这个世界涉及一般青少年生存的"性、毒品和摇滚"的文化。在青少年期，这种"漂浮在上面（floating above）"的梦经常揭示出精神上通过"超越一切（above it all）"来分裂自我的需要。大脑可以做一件事，而身体做的完全是另一件事。

下一个"场景"也有同样的氛围。她自己的婴儿部分——小番茄诡异地向四面八方滚动，显然桀骜不驯、无法掌控——并不像最初出现的那样杂乱无章、残缺不全。再一次，瓦妮莎的头脑和身体的其他部分似乎分离了，这里是用具体的、"婴儿的"言语来表达。但她确实有一种感觉，就是无论如何，这些"部分"仍然在她的掌控之下。正如我感觉到的，无论评估过程中她的行为和精神状态被描述得多么怪异和让人担忧，瓦妮莎并没有完全沉浸在那个疯狂的自我中，也从来没有完全失控过。但是火箭发射台/太空船，还有零七八碎的凸起部分和模模糊糊地性欲化的猫咪——这对她来说实在难以承受。就像"小番茄"一样，这个最后的意象包含着一些非常具有性意味的东西。

随着评估的进展，一些严重的担忧显露出来：对疯狂的恐惧、没有被处理好的失去妹妹的哀伤、严重的疑病症、惊恐发作，特别是在她需要与母亲分离时，担心自己变得像母亲甚至成为自己母亲而带来的焦虑。这些症状本身很严重，但它们也可能在一定程度上防御着一个可识别的青少年危机：处理一般青少年关于身份感、性存在和分离的议题时的失败。性存在，至少在此时，是一个禁区——尽管遭到抵抗，但现在它正在浮出水面，而且需要特别小心谨慎地处理。对性的抗拒之下似乎是未解决的俄狄浦斯议题。俄狄浦斯激情在青少年期可预见的重现，在瓦妮莎对父亲的理想化和对母亲的诋毁中得到了充分体现。

对瓦妮莎来说，疑病症的恐惧尽管十分骇人，但却好过忍受对童年到成年所必经的仪式的思考。她的确感受到，好像她从前已知的人格结构正在消散，自己受到疯癫状态的威胁。她的无意识正在对她的身体、心理和情感能力发起攻击，以此作为摆脱困境的一种形式。

从根本上，我的感觉是，瓦妮莎对自我或身体的许多憎恨，都与她和母亲分离的困难、对母亲婴儿般的渴望以及对与母亲融合的恐惧有关。这种对过度依赖的恐惧很可能不仅表现为对母亲的敌意攻击，而且表现为对自我的敌意攻击，无论是直接攻击身体，还是以更间接的方式——通过疑病症（如我们刚才看到的），或者通过畸形恐惧症或躯体变形障碍，或者其实是对外表的普遍厌恶和随之而来的缺乏自尊。在每一个个案中，问题只是正常的青少年成长过程，还是更深层的棘手问题（例如，性别认同的议题），二者之间只有非常细微的区别。对于青少年和父母来说，找到一种办法来区分两者是一个反复要面对的问题。

综上所述，我们可以很清楚地看到，与其他任何发展阶段相比，青少年期更多受到人格内部力量、身体变化和来自外部世界的特殊压力这一系列关联因素的扰动。个体克服和超越这一切的方式植根于早年的发展过程，而这些过程则非常取决于焦虑状态在多大程度上（通过我前面提到的容纳功能）以不同方式被调节和减缓，或者，从一开始就被回避了。接下来的人生体验都对上述图景有重要影响，也非常依赖于在多大程度上挫折能够被承受、思考能够发生以及心理痛苦能够被忍受，而所有这些能力都是在非常早年的岁月里，在个性的内在成形过程中就开始建立的。西奥、亚当和瓦妮莎每个人都有着很糟糕的早年经历。在儿童期，他们都找到了坚持对抗困难的方法，但由于青少年期的压力和一系列自恋上的打击，他们每个人都"遁入"了病理状态。这样的状态可能是暂时的。它们可能会以新的形式出现。同样，它们也可能有助于培养一种全面的发展能力，并在经受挫折后发展得更好、更强，最终获得"成长"。

# 第十二章
## 自我破坏的心理状态

> 死去
> 是一种艺术,就像其他任何事
> 我做得格外精彩。我这样做,好像它在地狱。
> 我这样做,感觉它很真实。
> 我猜想你们会说我得到召唤。①
> ——西尔维娅·普拉斯(Sylvia Plath),
> 《女拉撒路》(*Lady Lazarus*,1962)

> 心灵引领身体
> 来到悬崖边。
> 他们渴望地凝视着
> 赤裸的深渊。
> 如果你爱我,心灵说,
> 迈前一步,沉入宁静。
> 如果你爱我,身体说,
> 转过身,活下去。
> ——安妮·史蒂文森(Anne Stevenson),
> 《眩晕》(*Vertigo*,2000)

---

① 译文引自译林出版社于2016年出版的《西尔维娅·普拉斯诗集》简体中文版,译者为胡梅红。——译者注

我要引用多年前收到的一封来自一个18岁男生的自我转介信，他处在想要自杀的抑郁状态，并向我们的青少年部求助。这位年轻人的信中包括了他称之为"严重制约我进步和导致我抑郁的因素的总结"，如下所述。

"1. 感觉被排斥、孤立、排挤。

2. 内在的孤独。

3. 意识到明显与别人不同，是一个'怪胎'。

4. 极度害羞。

5. 无法保持对话，和一个人说话或单独相处时很害怕沉默。

6. 无法形成亲密的友谊，尤其是与那些情绪或智力水平相同的人。

7. 不稳定的财务状况。

8. 找不到工作，不管是有意义的工作，还是其他的。

9. 自我怀疑，即使别人让我相信我的才能，尤其是音乐和文学方面的才能。

10. 感觉我此生一事无成，也永远不会有所成就了。

11. 害怕别人认为我冷漠、缺乏自信、难以接近和有威胁性。最糟糕的是他们会认为我很无聊。

12. 因为成绩不够好而不得不离开学校，因而感到羞耻和愤怒。

13. 一种漫无目的、飘忽不定的感觉弥漫在我的生活中，懒惰和自怜加剧了这种感觉。

14. 对别人的循规蹈矩和情感冷漠感到绝望和厌恶。

15. 对我未能从自己的离经叛道中得到些益处而感到沮丧。

16. 疑病症，特别是确信我的才智在不断消散。

17. 昏昏欲睡的同时又烦躁不安的矛盾状态。我无法放松。

18. 对死亡和时间流逝的病态执念。相信我的同龄人已经超过了我，我注定要一直孤独而壮志未酬。

19. 我意识到我在艺术上和个人方面有很多可以做出贡献的，但这被一种绝望感所抵消，我不相信我在死之前能创造一些对他人有影响的东西。这种对我的天赋踌躇不定的信心又因为害怕被拒绝、批评嘲笑或者最糟糕的情况——遭到冷漠对待，而被侵蚀着。

20. 无法与女性形成持久的亲密关系。

21. 不切实际的高标准。

最后，我很苦恼，我觉得我将退化成一个悲苦的、愤世嫉俗的、反社会的废物，而不是一个善解人意、充满爱的成功青年。我觉得自己未老先衰。我希望我没有夸大我的情况或言过其实，或者我对苦痛的赘述过于自怜自哀、啰唆乏味，但我想这个清单正是对我的问题相当准确的呈现。如果我的写作字迹模糊、晦涩难懂，我也很抱歉。如果您能对我的情况给予慎重考虑，我将不胜感激。"

这个对难以忍受的心智状态的列举令人心痛。而关于精神痛苦与对寻求解脱的极度渴望，我们再难找到比这更传神又心酸的表述了。

对于临床上正与青少年工作的人来说，"自我破坏的心智状态"涉及了我们绝大部分的临床实践。这个术语不仅仅指那些指向自己或他人的主动的破坏性行为（例如，进食障碍、药物滥用、反社会行动、割伤、自杀姿态或尝试），还指人格中那些能够考验和减弱创造性冲动的方面。这里说的创造性冲动通常被描述为处在生命的一边，服务于成长和发展的冲动。在精神分析理论的历史中，这些破坏性冲动被放在不同的概念下——在弗洛伊德的理论中是死本能，在克莱因的理论中是原始的嫉羡，在比昂的理论中是 -L、-H 和 -K 的负性连接（见第六章）。换句话说，历史的转变大致是从弗洛伊德的生本能与死本能的对立，到克莱因的爱与恨的对立，再到比昂的理论中，感受的能力、情绪的能力、获得理解与了解的能力，和对这些资源的厌恶之间的对立。例如，虽然这对于自我或者在更大的社区里没有明显的问题，但一个青少年可能动用他的心智与情绪的能力去破坏任何亲密的可能性——对治疗设置下的关系，或更广泛意义的关系，进行攻击、拆除、阻碍、混淆、否认、倒错或者歪曲。更直白地说，我们正在思考的是，那些在某些程度上对我们所有人都很常见的愤怒、攻击、施虐和恐惧的感受。

青少年中有自伤与自杀的冲动与行为的案例数飞速增长，统计数据令人触目惊心。在此背景下，本章重点关注这一令人忧虑的领域，瓦斯帕（Vaspe，2017）称之为"青少年无声的抑郁，他们习惯性地通过切断心理意识和割开皮肤来管理任何痛苦感受"（p.44）。这些令人不安的自我破坏行为有一种与年龄有关的独特性，属于发展的一个阶段。在这个阶段里，就自杀本身而言，在任何一个特定的案例中，要准确地找出到底发生了什么，真是难于上青天。例如，是否有人相信他只是在杀死身体，而妄想自己会以某种方式继续存在，现在则只是摆脱了令人憎恶的肉体负担（Laufer，1995）？或者他是在杀死整个身体/自我，是完全的毁灭？又或者所杀的是自我与他者（通常是父母之一）认同或融合的部分？再或者，作为对自己/他人的终极惩罚？或者，这是对一个令人彻底失望或背叛了信任的人的一种纯粹的仇恨行为？还是有人在杀死无意识中被认为是不受欢迎的婴儿自我的身体？诸如此类。

大体上说，自杀和自伤是青春发育期之后发生的现象。的确也有更小的儿童伤害甚至杀死自己的悲剧发生。但总的来说，越来越普遍的自杀表现属于青少年的冲突和焦虑，属于在生活的多重挑战和困惑中挣扎的 20—30 岁的年轻人。我认为这个群体本质上是朝向两个方向的，也就是说，从现在看向未知的，因而危险的未来，也从现在回看过去。事实上，罗马之神雅努斯①（Janus）被称为转变之神（the god of Transition），也因此是英语中的一月（January）的由来。如我们已经看到的，发生在青春发育期的数量庞大又变化各异的荷尔蒙改变，引发性欲和攻击性的感觉，这带来了各种各样的对身体的贯注（见第四章）。

唐娜·塔特（Donna Tartt）在《小朋友》（*The Little Friend*）中完美地捕捉了青春发育状态中常见的痛苦：

> 这一切已经够糟糕的了。但是，哈丽雅特明年就要上八年级了；她没有料到，人生第一次被归为一个"青春期少女"所带来的令人恐怖的新耻辱：从给到她的文学作品判断，那是一种没脑子的生物，只有隆起的胸部和分泌物。她没有料到会有这样一部轻快的、带有侮辱性的幻灯片，里面都是有失体面的医疗信息；她也没有料到必须参加的"恳谈会"，在那里，女孩们不仅被力劝提些私人问题（其中一些问题在哈丽雅特看来简直就是色情的），而且要回答这些问题。
>
> 在这些讨论中，哈丽雅特因为厌恶和羞耻而面红耳赤。她觉得她被护士轻率的假设贬低了。她，哈丽雅特，竟然被认为和那些愚蠢的图珀洛（Tupelo）女孩没有什么不同：她们满脑子只有腋下的气味、生殖系统和约会。更衣室中腋下除臭剂和私处"卫生"喷雾器喷出的薄雾，留着茬子的腿毛，油腻的唇彩：所有的东西都被"青春期"的、淫秽的浮油污染，甚至连"热狗上的汗珠"都沾上了。更糟的是：哈丽雅特觉得

---

① 雅努斯是罗马人的门神。传说中，雅努斯有两副面孔：一副朝前，一副朝后；一副看着过去，一副看向未来。——译者注

好像有一个可怕的透明体叫"你们正在发育的身体"——全都是子宫、输卵管和乳房——被投射在她那可怜的令人烦恼的身体上；仿佛所有人看向她时（即使她穿着衣服），看到的也是器官、生殖器和长在私处的毛发。知道这是不可避免的（"只是成长过程中自然的一部分！"）并不比知道有一天她会死更好。死亡，至少是有尊严的：是对耻辱和不幸的终结。[2002, p.364]

像哈丽雅特一样，"发育中的身体"带来的磨难是许多青少年在那些岁月里的烦恼经历的核心内容。最近，技术打开了大门——难以自控的图像共享，无数网站和聊天室提供关于"怎么做"的"建议"——使得这种磨难变得更加令人痛苦。许多年轻人都遭受着身体上的"我是谁？"的身份危机。是谁在照镜子，又是谁从镜子里看回来？是同一个人吗？其他人看到了什么？这就是现在-未来的轴线。但同时也存在着不可分割的现在-过去的轴线：创伤性地再次唤起婴儿期的依赖需要，孩童般的爱与恨，俄狄浦斯期相关的占有欲和杀戮性，以及从纠缠的家庭纽带中解脱的恐惧与痛苦。

作为临床工作者或家长，如何才能调整适应以理解这样的情况：一个人遭遇新感受的扰动和旧感受的再现，这些感受足以对年轻人施加无法承受的强力，以至于让人感觉唯一的解决方法就是攻击或彻底消灭那个身体/自我？相反，什么时候痛苦虽然强烈，但在维持社会关系、家庭关系或治疗关系时，又是可忍受、可分享、可控制的呢？临床工作者如何评估风险？带着深切的专业忧虑，很多人认为按条目勾选的风险评估过程是极其不准确的。我也深以为然。在临床中，重点还需要放在心理动力学评估上。在动力学评估中，深深的绝望和破坏性的感觉可以被觉察到，并在情绪上被抱持。这种抱持并不一定包括向年轻患者提供所谓的建议，例如，如果觉得自杀的欲望无法控制，要联系全科医生或急诊服务。在很多情况下，建议当事人如果感觉想自杀就"回家"或联系当地的服务机构，是完全无关紧要的（除了打个钩而已）。因为尽管年轻人可能在这之前幻想过，甚至是明确计划过自杀，但实际行动时往往处在一种持续的或冲动性的盲目且无法思考的状态中。我脑海中浮现出一个深受困扰的 14 岁小女孩，她最近告诉学校的一名教职员工，她的感受让自己感到害怕。她被告知，如果情况恶化，她可以回家。当天她就在学校操场上吊了。"家"可能既不能提供安慰，也不能提供保护。

17 岁的劳拉告诉我，她又和妈妈吵架了，结果是有点头痛。

> 所以我吃了几粒比扑热息痛[①]作用强一点儿的药片，然后我就一直吃下去。我想我大概吃了 40 片，或者 60 片。然后我觉得我最好也割腕，以防太早被发现。所以我上楼去拿刀片。但是我怕吵醒妈妈，所以我把刀片拿到楼下。我昏昏欲睡，拼命割得尽量深。这时我妈妈突然听到一个声音，就下楼了。她"及时"把我送到了医院。

就劳拉而言，她的确真的不想也不期望醒过来："我会不得不面对'可怕的后果'。"她说得好像很理性。她这样说的意思是，她实际上给她的单亲妈妈带来了难以承受的痛苦和压力，而她将不得不面对这些痛苦和压力，同时她相信她恨妈妈。劳拉的叙述方式完全令人毛骨悚然，包括她与叙述的内容割断联系的程度，以及她在说"及时"一词时的模棱两可。

下面是另外两个类似的例子。15 岁的萨姆是一个孤单的青少年。他的全科医生很不情愿地把他转介到我们的门诊部。他说，他在深夜跳下了伦敦塔桥。他不知道为什么，但他想他大概只是要杀了自己。他说，

---

① 药品通用名为对乙酰氨基酚（paracetamol）。——译者注

他觉得很烦躁，无法入眠，很晚了还独自在伦敦城里漫游（有人可能觉得这本身就是严重的冒险行为）。他从图夫尼尔公园随机地走到了塔桥，或者他认为是随机的。但他接着记起，在那天早些时候他被告知，他的叔叔（他缺席的父亲的兄弟）在萨姆4岁时正是在那座桥上自杀的。萨姆认为这个事实是无关紧要的。"我不可能记得那个事情。"他说，"那是太久以前的事了。无论如何，反思了一下我不幸的生活之后，我发现自己已经跳下了桥。"好像是他的头撞到水面的劲儿有点猛，把他震醒了，让他回到了他正常的抑郁却头脑清醒的自我状态。他想他最好使劲游泳，否则他会死于体温过低。

  18岁的杰克因为他的霸凌行为而受到警告后，从寄宿学校退学了。他的全科医生转介他来做治疗。尽管有很重的抑郁状态、嗑药和对立行为，杰克坚称他永远都不会自杀，因为这样他（持续迫害着）的母亲将会太难过了。一天晚上，他的第三次评估会谈结束后——他的治疗师尽管很担心，但也认为自己在心中把所有"自杀风险"评估的条目都检查过了——他回到家，和哥哥发生了肢体冲突。他把刀指向了自己，并最终进了精神科医院的住院部。他被允许出院回家后，在我们的门诊部接受治疗。后来我们了解到，当他还是一个婴儿时，他的母亲因为他父亲惨烈的自杀身亡而受到严重创伤。

  对丧失、背叛、抛弃和谋杀的多重认同看上去是所有这些故事的一部分。杰克的妈妈尤其脆弱，因为除了她丈夫的创伤性死亡外，她和后来的伴侣又有三次流产。这个家庭所呼吸的空气似乎充满了创伤和死亡。劳拉和萨姆的情况尽管程度轻些，但也是如此。

  他们三个人的家庭中都出现过早期创伤性的死亡。我后来了解到，劳拉试图自杀的那天早晨，她曾坐在她小婴儿妹妹的墓碑上哭泣。小妹妹去世时，劳拉仅有两岁。这些案例另外共同的显著特点是，母亲与孩子的关系异常地纠缠在一起，而父亲与孩子的联结要么不存在，要么明显是疏离的。在每个案例中，父母和孩子之间根深蒂固的投射系统里似乎都包含着伤害与内疚的元素,无论这些元素是以爱、恨,还是以一般的困惑为特征。

在杰克的案例中,自杀的尝试(如果那是一次自杀尝试)可以在咨询室的此时此地中被发现吗?在很大程度上,一个治疗师可能很难有信心做到这一点,尽管以细致严谨的后见之明的审视,任何案例都可能有一些明显的线索。这个例子中一个可能的线索是,危机发生在评估阶段,而杰克知道评估之后,如果他想做治疗,他会被转介给另外一个治疗师——此时,他和萨姆一样,是非常抗拒这一点的。把刚刚描述的各种丧失作为背景,我们可以假设杰克将对任何类型的,哪怕看上去微不足道的分离尤为敏感。尽管通常会被彻底否认和拒绝,但另外一个重要线索似乎是任何变化的可能性——关于设置、时间、治疗师是否能工作的变化,还有关于治疗会谈本身的变化(例如,马上要到来的休假),这些因素的影响也许会比治疗师当时意识到或估计的更大。

关于这最后一点,我要谈谈在我们门诊部见到的另一个个案。15岁的患者安娜不善言辞,思维具象。她的治疗师已经忧虑了好几周,担心她冲动性的、自我伤害的行为会升级为更加严重的情况。特别是当这个小女孩因为"没有被父母听到"而强烈地感到痛苦时,就冲动地砍伤或抓伤自己的腹部(因为这里是隐蔽的)。她的父母密切关注她的身体需要(在青春发育期,她出现过莫名其妙的晕倒,偶尔还会痉挛发作),却很少让她感到他们在"倾听"她。在最近的几场葬礼的背景下,安娜特别强烈地感受到这一点。尽管她对相关的两个人有很深的感情,但父母就是不许她参加葬礼。这两个人的去世都很突然——一个是自缢而亡,一个则死于心脏病发作。与这个案例相关的受训治疗师错过了几次与我的督导(结果发现她是因为去休假了,但她一反常态,没有事先和我提及她的计划)。当她回来时,她从安娜那里得知,安娜在和她父亲的一次争吵之后,试图用浴袍的腰带自缢,而在此之前她则感觉很想从三楼的窗户跳下去。我们后来了解到,明显的诱发因素(那次争吵）相对是微不足道的。也许更重要的事情是治疗师几乎没有提前告知患者她临近的缺席。治疗师感到自己如此不称职、对安娜如此不重要、大概也没怎么帮到安娜，以至于她没有意识到取消会谈可能对安娜产生的影响。即使是在她回来面对近乎毁灭的情况之后，在如此震惊之下，她还是没有觉得她在不寻常时间进行的休假可能对她的患者有任何重要意义。鉴于安娜身上破坏任何表面意义的交流"风格"，这不足为奇。同样不足为奇的是，当精神科服务和父母都介入之后，安娜被问及有什么感觉，而她用一种莫名轻蔑和平静的措辞回答道："我没想伤害我自己。"

在从十二月初到圣诞节长达两周的休假开始之际，我听说的另外两个让人忧虑的案例中，也有类似情况的描述。我自己的感觉是，其中的动力很清晰，也正是这些年轻人投射性力量的常见指征，而非治疗师本身特别的脆弱或失败。但我很震惊的是，治疗师们表示治疗可能有一定的影响时是近乎"尴尬"的，因为除了觉得他们真的无法提供任何有益的领悟或了解之外，他们在治疗中也常常被诋毁为完全无用。

很明显，所有这些案例都提供了强有力的证据，说明和这个年龄群体工作可以多么有挑战性和令人不安。埃玛，这些年轻人中的一位，有非常明显的自杀倾向（她和劳拉一样，在和母亲的一次争吵后，吃了大量的扑热息痛）。另一位，萨莉，差一点就做出了自杀尝试："我来到了终点，我该怎么办？""我特别害怕屈服和完全放弃……"这两个案例还有其他明显的相似之处。我认为这两个女孩可能都认同了要么抛弃了她们，要么"因死亡而离开"的内在人物（她们都有一个自我破坏的、抛弃她们的，但又在他们的缺席中被理想化的父亲）。或者，这认同的内在对象好像是在善意地、不懈努力地处理痛苦，但事实上没有能力以我们认为足够具有容纳性的方式把她们很好地放在心中。大体上，这些处理痛苦的尝试是通过各种形式的外在照顾来表达的，比如安娜的情况。即将到来的休假具有的巨大影响在两个案例中都非常明确。这种影响是治疗师始料未及的，但确实需要来自青少年部内部的团队支持来处理。

我认为，22岁的莉齐最近做的一个梦同样非常清晰地描述了这样一个困境。莉齐如此依赖的妈妈/治疗师"开心"地离开，去与"幸福的家庭"欢度圣诞节假期了，而莉齐是如此渴望成为那个家庭的一员，那么她又如何能保证自己的安全呢？在这个案例中，这样的渴望特别强烈。（休假前的最后一次治疗中有特别多的沉默。治疗师问她在想什么。"你一定有一棵特别大的圣诞树。"她答道。）

当莉齐被她的全科医生转介来时，她刚刚从待了两年的柏林回到英国。她从高中辍学，参加了一个致力于以个人或群体的形式进行众多自我伤害行为的团体。吸毒、酗酒、自伤（主要是划伤和烧伤）是家常便饭，他们还会制造各种小的行人事故，也有撞车和住院的情况。这个团体对危险和冒险行为上瘾，还有很多近乎导致"意外死亡"的失误发生。实际上，确实发生过两起致命的伤亡，而普遍的无意识动机也不难分辨。是因为怀了孕，后来还发现是双胞胎女儿，才促使莉齐回到英格兰。她住在一个糟糕的小旅馆里。那里充斥着毒品，以及或随意、或致命的自伤行为。即便如此，可以说双胞胎女儿的降生拯救了莉齐自己的生命。作为双胞胎的单亲家长压力当然是巨大的，并且这些压力常常会加剧她内心深处自我伤害的冲动。但能够照顾两个孩子本身，成了一个迟来的、对她自己进行照顾与修复的方式。

在双胞胎大概4岁时，莉齐做了下面的梦：

> 我在某个地方的一个房子里照顾我的小女儿们和其他一些孩子。那可能是我父母的房子。我觉察到什么东西掉了，查看之下，孩子们都还好，然后我意识到是我自己的头在喷血。我让女儿上楼叫我妈。我妈最后终于来了，不慌不忙的。到处是血。我们出发去看急诊，但我妈却要半路到麦当劳买东西。

我很焦虑，在女厕所的镜子里试图看看伤口的模样。但除了血，表面看不到什么，因为伤口不在我的额头上。尽管我之前很确定，但我开始想我之前"知晓"存在的伤口事实上可能不是伤口，而我也许根本不需要去医院。

莉齐联想到很多情景：那时作为一个孩子，父母对她身上的伤口、淤青以及疾病往往都视而不见。那时她对自己解释，这是因为她的哥哥有自闭症，需要很多关注。无论原因是什么，这对莉齐的伤害是巨大的。在许多次会谈中，莉齐激动地谈论着她对父母充满矛盾的感受，其中有愤恨与谋杀的部分，想去撕咬、抓挠，特别是把她妈妈（有时可能是她的治疗师）的眼睛戳出来。这些非常强大和危险的冲动似乎源于她对一个忽视的、无爱的人物的强烈认同，并希望通过杀死自己将之消灭。

这个梦表明莉齐这么多年来无意识采用的防御策略在情绪上是无效的，甚至实际上已经"破产"。她的策略就是无论如何要依靠自己确定的能力来让自己活着，小小年纪就通过确保自己怀孕并生下女儿来实现这一点，而那时她还是一个青少年。她的无意识幻想很可能是，从她深爱的小婴儿那里她可以得到某种关爱。尽管有太明显的证据显示童年的莉齐有着极端的困扰，她那经济上非常成功，但极其自我中心的父母却从来没有努力为她提供过这样的关爱。在梦里，很显然不是孩子们而是莉齐自己受伤了。她派出女儿作为使者，试图从妈妈那里吸引某种迟来的关爱和能力，以拯救危险的情况。患者在梦中最后启动的防御过程是，假装看不见对受伤自我的真实伤害（看不到伤口，只有血），以及感觉到有必要继续生活下去，好像什么也没发生一样。她真的希望自己在假期——在任何时候的圣诞节——都毫发无损地生存下来吗？这个（跑去麦当劳）的妈妈/治疗师真的理解这个特殊节日对她的影响的严重性吗？这是不是这个梦要传达的信息？

看上去，尽管莉齐防御性的自我保护在通过与孩子们紧密的照看关系，试图实现对她自己的照顾，但在面对麦当劳里的休假妈妈时，她恰当地为自己担忧的能力就消失了，以至于她完全无法为自己担忧。善于倾听的治疗师精准地注意到这种绝望的对自我责任的放弃。

在另外两个患者——埃玛和萨莉的案例中，我对她们的风险格外担心。节日休假发生在这两个患者的治疗相对早期的阶段，在移情真的充分建立起来之前，治疗师对他们的治疗能力都还没有信心，就更别提患者对治疗的信心了。我并不认为告诉这些年轻的女士，她们在感到有风险时联系她们的全科医生是足够的。在压力之下，她们两人都很可能变得失去理智，被冲动驱使，而无法做到这一点。她们和我已经描述过的其他几个年轻人一样，有时会遭受安东尼·贝特曼（Anthony Bateman）所说的"情感风暴"（Bateman & Fonagy, 2003, p.203），处于根本没有能力进行任何理性思考的状态。相反，对于莉齐，我感觉有两个重要的安全保障：一个是，女儿们真实的存活是保障莉齐自己的生命的手段；另一个是，在梦里，她相当可靠地传达出治疗师的离开对她的意义。超出一定的限度，她也无法确保自己是安全的。她需要知道她的治疗师也是了解这一点的，并且知道治疗师在离开她、进入自己幸福的圣诞节家庭聚会时，将可以真正地保持思考的心智，而不会忘记她。

当然，在所有倾听与诠释之后，最终我们也不能确保一个患者的安全，而节日休假对有些患者来说，仍然注定是非常危险的时刻。在莉齐的案例中，作为某种安全保障，我建议在门诊部进行一次精神科咨询，以检查患者最近变得令人忧虑的固执、衰弱、比平时更厉害的弥漫的抑郁性焦虑和惊恐发作症状。这通常是一个出于焦虑的举动，因为它可能暗示了在假期期间的避难之所，但它同样可以揭示出治疗师对于患者真的有危险的焦虑，从而削弱患者感觉她可以应对的能力。莉齐头脑/心智的伤口重新打开，正在流血，带来焦虑。但是除了注意、理解这些焦虑，并在心理上和情绪上为莉齐抱持这些焦虑，也没有更多的事情可以做了。和青少年工作大多是带来回报的，但同时也常常是让人忧心、充满挑战的任务。

假如查看风险因素清单，会发现莉齐长期明显地表现出清单上的每一项情况。罗宾·安德森（Robin Anderson，2013）在他的文章《对青少年自伤风险的评估》（Assessing the Risk of Self-Harm in Adolescence）中，列出了需要铭记于心的各类因素的清单，这很有帮助。

- 谈话或书面的表达中，专注于死亡的主题。
- 表达自杀的想法或威胁。
- 真实发生的自杀威胁或姿态，即使是在遥远的过去。
- 长期的抑郁，感到没有希望或十分绝望的态度。
- 抑郁症的躯体症状，比如睡眠模式的改变，睡得太多或太少，或者体重及进食习惯突然发生极端改变。
- 退缩，与家庭、朋友隔绝。
- 长期的家庭不稳定和冲突的历史。
- 学习成绩差反映出的学业表现退步，旷课，不接受辅导，辍学，不参加学校活动。
- 严重的或长期的霸凌历史。
- 家庭的自杀史。
- 持续的药物或酒精滥用。
- 由极度焦虑和紧张所提示的人格与行为层面的重大改变、愤怒爆发、情感淡漠，或者对个人形象或异性失去兴趣。
- 最近因为死亡或自杀而失去一段亲密关系，或者学校中发生了自杀事件。
- 做最后的安排，留下"告别信"，写遗嘱，或把珍贵的物品送人。
- 告诉别人他们的意图。
- 之前有过自杀尝试。
- 在长期的抑郁之后，突然出现无法解释的极度欣快兴奋，活动性增强。实施自杀的决定可能被感知为对痛苦冲突的抛弃,因而事实上可以减轻抑郁。
- 精神病性疾病的发展——精神分裂症意味着自杀风险显著提高。
- 在年轻人中对性取向的焦虑(通常与霸凌有关)。
- 与父母有冲突的亚裔女孩。这个群体显示出比平均水平更高的自杀风险。
- 在互联网上令人不安的行为。

你可能会想,这个清单中的条目很好地描述了我们在临床上见到的许多(如果不是全部)青少年的特点。对于这些心智状态的任何一个,判断其严重程度以及与风险的相关度的标准是很微妙的。这些标准正是临床工作者时时思考、非常重视的内容,这也是在强调,机构内部在需要时提供团队支持的重要性。

在一次讨论中,吉尔·维特斯向我建议,在评估咨询中可能有帮助的一个早期重要问题是:"在那个时刻,是什么阻止了你自杀?"当事人的反应如果类似于"因为那会让我的父母难过",可能会被认为是好的迹象。但她继续说道:"永远不要不把这当回事。"她还补充道,她总是发现在行动的时刻会有精神病性的元素出现——也就是说会有对现实的扭曲,包括认为自己对任何人都无关紧要的错觉。

在萨莉的案例中,治疗师已经识别出巨大的悲伤。萨莉描述自己很想哭——"如果撕开我的皮肤,我的眼泪就会不断倾泻而出,而这也是为什么我从来无法哭泣。"但她的治疗师没有在一开始就意识到的是萨莉的愤怒。还是在那次休假前的会谈中,在某一段交谈里,萨莉意外地谈到她突然记起她还是孩子时,曾经独自一人恶狠狠地咬自己的指甲。她对此的解释是,她总是觉得她这样做的时候,是在"惩罚别人"。有趣的是,这里可以看到一个具体的、明显非常轻的自我伤害,在幻想中对她来说却意味着她在表达真实的愤怒和敌意的感受。我们借此可以对她那由来已久的、潜藏的愤怒与破坏性的程度有短暂的洞悉。萨莉成长在一个极度能引起内疚的家庭（"我妈从来没有满意过。"）。在某个时间或环节上，关于谋杀和惩罚的额外线索（还有很多其他线索），应该开始为我们敲响警钟。据说这位妈妈自己非常抑郁。她的女儿抱怨道，她的妈妈一直在以令人担忧的方式说："我不想像这样活着。"在劳拉的背景中也有类似的细节。她也是在一次争吵后，曾经冲动地服用了60片扑热息痛（药是她妈妈的！）。显然，劳拉服下致命剂量的止疼药也和她对妈妈激烈的矛盾感受息息相关。这个年轻的女孩和妈妈明显彼此混淆，正如妈妈与她自己的母亲那样。甚至她们的名字、谁该用哪个名字都是混乱的。劳拉最近通过单边契约改了名字，好像是要通过具体的、法律的尝试让自己从这种纠葛中解脱出来。

不难想象法律程序之后很可能又是自杀的尝试。变得明显可见的是，妈妈这边是对女儿极其强大的自恋性认同与理想化，而女儿这边是对妈妈极端的轻蔑和憎恶。另一点让警铃响起的是妈妈描述的女儿对死亡的兴趣。劳拉的母亲几近赞美地讲述道，劳拉会一遍一遍地听莫扎特的《安魂曲》。她会读西尔维娅·普拉斯①的诗，连续几个小时坐在她深爱的外祖父的墓前写诗。劳拉管外祖父叫"爸爸"——她自己的父亲在她出生前就搬离了外祖父母家。劳拉将是"独一无二"的，而妈妈和女儿将共享一个父亲。

摩西·劳弗（Moses Laufer）和埃格勒·劳弗（Eglé Laufer）在20世纪60年代与70年代，就青少年的困境做了非常多开拓性的工作。摩西·劳弗在关于自杀的著作中写道——也正如我们在这里描述的案例中看到的——每个人常常都对自杀行为感到大吃一惊，但如果和自杀的青少年本人谈一谈，就会有相当不同的画面浮现出来。

---

① 美国诗人，31岁时自杀去世。在其诗歌中，死亡是重要的主题。——译者注

> 我们听到的，也知道确实如此的是，关于他自己的死亡或做什么会导致他的死亡的想法，远在这类想法变得更有组织性和决定性之前，就已经悄然地出现在青少年的脑海里了。
>
> [Laufer, 1995, p.71]

在劳拉的案例中，这位诗人"因为担心后果"而非"因为我不想死"的不自杀保证肯定是让人忧虑的。正如劳弗所说，"非常关键的是帮助青少年在他的生命中创造持续性，并且承认，除非或直到他第一次尝试自杀的原因被了解，并成为其精神生活的一部分，否则他仍然可能有更多的自杀尝试"（p.80）。承诺不再自杀"会让青少年感到被抛弃、恐惧，独自一人，又仍然处在很大的危险之中……当他说他已经放弃了他早先自杀的想法时，他并没有说谎，但我们也必须明白，他还不了解自己想要或需要死去的原因"（p.80）。

在这类议题上，这样的立场是很有帮助的。事实上我们作为治疗师，不仅仅要寻找危险和自杀企图的明显信号，也要寻找不明显的无意识的动机。问题是，如何能评估无意识的动机以及它如何影响有意识的意图？例如，青少年部接待的一个17岁男孩参加极端危险的特技自行车活动，还发生了很多意外事故。这些很显然不是蓄意的自我伤害，但考虑到他做出的其他冒险行为，我们有理由认为在自我伤害中存在一种无意识倒错性的满足——或许是从压抑的感受中得到释放。经常向治疗师展示的疤痕、伤口和淤青，似乎是男孩在用被感知为男子气概的象征来获得骄傲甚至是满足的证据。

在青少年和年轻人自伤与自杀的独特性之下是一个更广阔的图景。之前的叙述对此只是隐隐地触及。这也涉及两种实践的关系，即基于规则与指导的实践，和与之形成对比的，基于直觉与经验的实践。当然，这两者不是互相排斥的，但我们可以借鉴探究这两者关系的医学研究，这或许对于青少年的心理健康有所助益［例如，见2017年特里沙·格林哈尔希（Trisha Greenhalgh）的研究］。年轻人的自杀风险会将患者与治疗师身上这些外在和内在的因素持续不断地联系在一起。置身事外，一个人可以做出一些有益的概括总结。但面对深深地遭受着痛苦、撕裂和冲突的他人，我们如何能够决定做什么可以最好地使得人格中的一个部分，最终能够对另一部分说"转过身，活下去"呢？

我将引用詹姆斯·鲍德温（James Baldwin，1955）的一句话来作为结束。这句话有力地表述了在破坏性行动之下有一个非常重要的因素：

> 我认为人们如此固执地紧紧抓住他们的仇恨不放，一个原因正是他们知道，一旦仇恨没有了，他们就将被迫面对痛苦。
>
> ［引自：Naomi Klein，2017，p.61］

*On Adolescence:*
*Inside Stories*

第四部分 **4**

文学世界

# 第十三章

# 青少年文学：怪异的事物与颠倒的世界

本章探讨青少年自身所向往的文学世界时，将进一步阐明埃格勒·劳弗所描述的内容：

> ……一种人格的倾覆，就像温暖的海水融化了冰山下面的部分，巨大的冰山颠倒了过来……这意味着人格中所有更为紊乱的部分都必须通过帮助才能融入新的情境中。在那些脆弱的青少年中，存在于我们所有人身上的暴力厮杀版的人际关系，会从心智中的居住地迸发出来，并在现实中上演……[引自：Anderson，2008，p.71]

面向青少年以及与青少年心智状态相关的最畅销的小说，往往描绘了这样一个世界：在这个世界里，主人公看上去既完全参与了青少年生活中的日常事务，又生活在一个持续进行的现实中，这一现实提供了一系列完全不同的陌生的、怪异的，往往还很暴力的体验。[1] 在同步发生却又截然不同的内部世界和外部世界之间出现的省略，虽然并不完全陌生，但这些当代作品以最为戏剧化和令人不安的方式将这一点呈现了出来。现在，我将把重点放在青年文学①上——阅读并不像父母通常担心

---

① 青年文学，是为青少年和年轻人创作、出版或销售的小说。青年文学的主题和故事情节通常与主人公的年龄和经验相一致。——译者注

的那样是过去时代遗留下来的东西。

这些"青少年"书籍之所以如此畅销,原因也许在于,它们所涉及的是"未经审查的"心理和物理空间,以及那些青少年觉得自己实际上正在其中苦苦挣扎的环境。这些空间和环境与其他人,尤其是成年人所处的世界形成了鲜明对比。这些虚构的故事常常同时描绘了至少两个层面的现实。这些故事往往被注入了令人恐慌与无法理解的怪异和混乱的力量,还被注入了其他世界的破坏性和反常性。故事中的人物不得不处理好他们的日常事务,而他们自己也常常面临着前面所描述的真实生活中的挑战。在这种文学中,这样的其他世界,甚至是宇宙,都在日常的经验中被有力而生动地展现出来。这些人物通常被描绘成占据着看似平行的宇宙,这些宇宙对于其他人来说,可能是也可能不是显而易见的、看得见的或听得见的。

正如我们所看到的,在青少年时期,情况发生了相当大的转变。青少年期的典型特征是退行到婴儿期的心智状态,同时具有克莱因所说的偏执-分裂心位的特点(即处于分裂、投射和否认的极端),也表现为被另一些世界原始本性的唤醒强烈吸引:在这些世界里,冲动、全能、亢奋、绝望、挫败和愤怒常常占据上风;迫害和神秘的情况占据主导,并且常常存在着死亡的威胁。

我们在青少年小说中所遇到的令人好奇和不安的场景,往往具有破坏性,并且是极端反常的。外部场景的范围可能包括从战区到太空入侵,到与吸血鬼的互动[《奇趣马戏团》(*Cirque du Freak*;Shan,2000)],再到与古怪、原始和邪恶的力量进行殊死搏斗[《混沌行走》(*Chaos Walking*;Ness,2008—2010)。许多这样的力量似乎属于另一个完全不同的存在系统,并与各种不确定的外星威胁和复仇一起发挥作用。就一个角色在设想的世界中的家庭和学校的结构而言,以及就自己拥有的某种被称为"自己"的感觉而言,问题往往是迄今为止已知的自己能否存活下来,事实上也是迄今为止所知的文明能否存活下来。问题通常也是，无论这些年轻的人物角色所体验的世界正在发生着什么，他们是否仍然可能带着忠诚和爱，找到并维系一段信任与亲密的关系。

换言之，许多这类作品的核心问题是，在这个令人恐慌的时期，在人格的巨大"倾覆"或"颠倒"发生之前，主人公们迄今为止活过的生活中的已知世界能否幸存。事实上，他们确实不得不遭受完全的不确定性、恐惧和丧失所带来的痛苦，往往还有内疚、需要、迫害、性冲动和破坏性冲动等所带来的痛苦。他们占据了一种"边缘城市（edge-city）"——这个词最初用来描述一类美国小说，这类小说旨在处理人们在极限中生活所唤起的体验，无论这种"极限"是生与死、理智与疯狂、思考与无脑、抑郁与躁狂、亲密与反常、幻想与现实之间的分界线，还是顺应与"叛逆"的分界线（Tanner，1971）。所有这些通常都混合在一起。在相异程度和极端程度上，以上种种也是许多故事中令人极度担忧的混合体的特征，这些故事非常吸引这个年龄的读者。

首先，我将以帕特里克·奈斯（Patrick Ness）的一部小说为例，关注范围广泛的青年小说所存在的一些相似之处，以及它们对读者的吸引力。《我们其他人只是住在这里》（*The Rest of Us Just Live Here*，2015）在某些重要方面与奈斯更早期的代表作《混沌行走》（2008—2010）有所不同。《混沌行走》这部精彩的三部曲我将在适当的时候再做讨论。我之所以选择《我们其他人只是住在这里》，是因为它集中且具体地讲述了有关转变的内容，包括不同发展阶段的转变，以及在不同的心智状态之间的转变。它巧妙地将美国普通中产阶级青少年的生活置于一个外星现象的背景下。从书的头几页开始，书中的友谊团体就充分意识到了这一现象。在这些外星背景下发生的事情，在细节上大部分篇幅都被限定在每一章的大标题中，这些标题几乎构成了一个独立的"情节"，而不是在正文中被表达出来。这些标题就是史诗式的带光柱的神怪情节本身，虽然这些人物在年轻人的日常活动的主要事件中会古怪地周期性出现。这些另一个世界的力量和生物，尤其是在发生重大变化的时候，入侵了基本友谊团体的生活，并且似乎拥有了全部的控制权，正如这本书的标题所示："我们其他人只是住在这里"。换句话说，这本书的叙事结构提供了一种更进一步的方法来表达平行的现实。

这些年轻人正在经历一场特别重要的青少年期的成人礼：从学校和家庭生活的最后一段日子（以学校毕业舞会为标志），进入多姿多彩的"外面"（以及更远）的大学世界。事实上，在这里青少年期几乎自己构成了一个独立的世界，自我封闭、全神贯注、脆弱却又异常地强劲。离开那个熟悉的世界，就好像整个世界都爆炸了、消失了——这个故事中的标志性事件是学校在毕业舞会之夜真的以一种完全神秘的方式爆炸了。从一开始，这些年轻人从学校、家庭到大学和外部世界的转变的平凡特性，就被那些属于另一个宇宙的无法理解的、破坏性的力量带来的怪异的、周期性的（一代接一代）影响穿透了。这些外部事件表明，这种转变可能在个体内部是多么令人恐惧。失去了所有内部的引力感，这是一种令人惊骇的感觉。在这里，转变（transition）是指离开学校和友谊团体这个世界的外壳，需要面对"不知道"的恐惧，以及作为一个理智的大男孩或大女孩，现在必须要重新开始的恐惧。转变也是一个识别并参与探索和亲密行为的过程——是一种从迄今所构成的团体中"成双结对"离开的过程。

在这部小说中，年轻人的很多交谈都是为了试图理解：他们自己的感受、恐惧和吸引力，以及他们的朋友、父母和"其他人"的感受、恐惧和吸引力。但每个人都有自己独一无二、异常生动的故事：例如，主人公兼第一人称叙述者（如同这类文学的惯常做法）米奇，饱受湿疹和强迫症仪式的折磨，这会让他发疯。他害怕实际上他已经疯了，"发疯"的可能一直在威胁他。此外，他最近差点"失去"了患有严重厌食症的姐姐，她因突发心脏病差点猝死，被紧急医疗干预抢救了回来。所有这些年轻人都"有他们自己的故事"。帕特里克·奈斯完美地捕捉了青少年期兄弟姐妹和友谊的隐语、幽默、悲伤、忠诚和脆弱性，而且毫不费力地将弥漫在这一年龄段群体中的薄脸皮的过度敏感编织在一起——他们渴望了解，或者假装了解性、同性恋、信仰和父母。自我的脆弱的自我性（selfness）和这个故事中的"独立儿童（indie kids）"的"他者性"存在着一系列不确定性。这些"存在"是作为他们自己的某种替代版本存在的，既是他们日常生活的一部分，又是与他们的日常生活完全分开的。每一个人物角色都以特异的方式与他自己的身份认同、差异性、亲密、归属感等特定问题息息相关。他们与各自父母遗留下来的东西、兄弟姐妹的危机息息相关。单纯去了解他们到底是谁，就是一个非常大的挑战。这样的"了解"必须在与他们所处的这个世界和他们所要走向的"外部"世界的关系中才能发生。

米奇身上似乎存在着一个根本性的分裂，即在普通的社会日常生活的挣扎，与不得不应付各种令人恐慌的现象和外星现象的现实之间的分裂——例如，与吸血鬼战斗，以及事实上与"亡灵"战斗；与"噬魂怪"战斗；很有意思的是，随着一波又一波令人毛骨悚然的死亡和爆炸发生，成人世界要么是没有察觉到这些，要么就是不特别在意。"老实说，成年人，他们是如何在这个世界上生存的？"（p.39）对于青少年来说，问题是："这个世界？"——是哪个世界？它在哪里？成年人怎么可能如此视而不见和与世隔绝呢？在青少年和成年人（在米奇的例子中是一个酗酒的父亲和一个在政治上野心勃勃的冷漠母亲）的体验之间的鸿沟是极其痛苦、直接的。米奇非常清楚，他的家庭在社区中的社会存在实际上是基于谎言和挪用公款的，在这个特定家庭中的这种掩盖成了孩子们体验自我的基础——就像在这样的青少年小说中（和生活中）的许多其他人一样——他们体验到自己在没有父母的情况下长大，或者在充满谎言或自欺欺人的父母世界的所谓秘密中挣扎。

年轻人试图在同时存在的双重现实中过自己的生活，这一点在这部文学作品中表现得最为明显。换言之，就好像故事是对人物内心世界的叙述，而他们生活的外在事实只是提供了背景。在这里，内在的现实和外在的现实是一体的、外显的，而不像心理动力学描述的那样是内隐的。虽然专业临床"工作"是要理清这两者之间的关系，但这部小说假设这两者是共存的。例如，心灵感应、神秘离奇的例子，还有超自然洞察力的例子，在许多故事中都很常见。有些角色可以"真正地"听到其他角色在想什么。"当他在身边的时候，注意你的想法。"一位年轻的朋友这样评价埃德蒙，梅格·罗索夫（Meg Rosoff）的《我将如何生存》（How I Live Now，2004）中的一位主人公。在帕特里克·奈斯的作品中，这种现象可以通过一种形式表现，就像在他的三部曲中一样，即一个角色的"噪声（Noise）"有着明显不同的功能（"噪声"是指，他们独一无二的内在思想和情感的可获得性，包括别人听到的和听不到的内容；这些内容他们自己可能知道，也可能不知道）。一个角色的噪声构成了一个选择性的通道，用于了解自我的思维过程和内在感受，它似乎位于潜意识和意识之间，绝对是自我意识的晴雨表。我们会看到角色自身的不同能力，他们或多或少有选择性地使用了自己的噪声。我们也会看到对一群饱受创伤和羞辱的人的描述（Ness，2008），那些斯帕克尔人（Spackles）受到的惩罚是让他们处于完全没有噪声的状态，这对他们造成了有严重危害的影响。人们的噪声存在与否、强还是弱，都是他们与自己的不同部分真实接触或缺乏真实接触的重要标志。

这类现象生动地表达了青少年的体验，事实上在内部和外部的体验之间没有一个安全的边界：例如，害怕他们的面部，甚至想法，可以像一本书一样被阅读，或者当他们对其他人的真实想法无所不知的时候，会产生一种权力感和畏惧感。同样常见的是，在许多故事情节中，面临可怕的强大控制力、服从力和支配力，人们会有巨大的、无助的迫害感。然而，很多时候这些故事也涉及一些场景，这些场景长久以来一直是神话和冒险文学的核心：古老的巨人、食人魔和巨龙，它们可以追溯到荷马时代（Homeric times），本身存在于古老的游吟诗人传统中。近年来，这些故事倾向于刻画年轻的男主人公（也可能是女主人公）为了拯救地球或者拯救文明本身而不得不与邪恶敌人做斗争的情节。我们或许可以回想一下《世界之战》(War of the Worlds)中的那类情节，也就是在19世纪末到20世纪初，威尔斯（H. G. Wells）在他精雕细琢的科幻小说中描绘的宇宙大战刚开始时的情节。然而，在我们所讨论的小说中，野蛮、背叛和破坏性的程度会让成年读者相当震惊，尤其是在苏珊·柯林斯（Suzanne Collins）的《饥饿游戏》(The Hunger Games, 2008—2010)中，电视的游戏节目围绕着儿童真实的相互残杀而展开①。在这里，我们被带到了一个超出一般的残忍攻击水平的领域，进入了极其原始的心智状态。这些状态是噩梦与充满迫害和攻击的婴儿期世界的基本特征，但对于那些像梅兰妮·克莱因一样跟年幼儿童工作的人来说却是非常熟悉的。只要这些心理状态占据了上风，自相残杀的心态就会出现。

然而，经常会有一种语言风格不同的体验被追踪，会再次让人想起古老的故事。在这些故事中，男女主人公与邪恶势力做斗争，在过程中展现出忠诚、爱、荣誉和诚实的能力。在某种程度上，这些能力似乎属于骑士时代，一个与当代现实截然不同的时代。这也是《饥饿游戏》的魅力所在。此外，在这个世界或"另一个世界"充满精彩情节的戏剧的背后，占主导地位的往往是这样的情境：父母出于某种原因，在身体或情感上缺席——有时是去世了，有时是被神秘的战争或模糊的迫害事件切断了联系。作品的引人入胜之处，一定有一部分是悬崖边缘的各种各样的情况：哪个聪明的破坏者会暴露自己或者被人暴露，以及会在什么时候暴露；人们对善良、勇气和牺牲以及爱和救赎的胜利能否感到有信心，又会在何处感到有信心。

---

① 主人公凯特尼斯（Katniss）因为顶替妹妹而参加了一个由都城政府举办的、名为"饥饿游戏"的真人秀，成为竞技场上的一个"贡品"。竞技场是经过人工布置的森林和荒原。在竞赛中，猎杀、追踪、饥饿、伪装、智斗等生死存亡的时刻，都会通过电视节目在全国直播。——译者注

在这些年轻角色的世界里，个体倾向于独立自主，这与他们感受到的积极的父母意识有关。他们必须自己解决这些长期存在的难题：应该信任谁（包括他们自己），如何在怀疑中坚守自己的价值观，以及如何消化这些广阔陆地和外星宇宙中个体生命或存在的非同寻常的复杂性。吞噬这么多人的婴儿期的心智状态基本上是利己的——被撕裂、被迫害，尤其是因为缺席、丧失和挫败，或是受到怪异或未知事物的威胁。事实上，在这些文本中，人物角色一直处于心理瓦解的危险之中，这些状态类似于克莱因生动描述的婴儿最早期的状态［见《再访梅兰妮·克莱因》(Melanie Klein Revisited；Sherwin-White，2017］。在克莱因跟年幼儿童的工作中，她强调了在心理发展的早期阶段，口腔施虐和破坏性情景以及无意识幻想、无意识迫害、焦虑、恐惧和欲望的基本作用。我们发现，在这种"年轻人"的文学中也是如此。

帕特里克·奈斯、梅格·罗索夫、弗朗西斯·哈丁（Frances Hardinge）、约翰·格林（John Green）、安妮·卡茜迪（Anne Cassidy）、约翰·卢卡斯（John Lucas）、希拉丽·弗里曼（Hilary Freeman）以及其他许多青少年文学作家的共同点，不仅仅在于他们对这个年龄群体的不同再现所表现出的充满文学才华的直观性，而且在于这是一种相当深入的、对青少年心智状态的内在故事的洞察，如此贴切地表达了此前描述过的更为原始和婴儿化的内在状态。

这类文学作品的许多虚构情节中最核心的部分，是对父母一代的幻想破灭，以及这些年一直困扰着青少年的，在拒绝和依赖的冲动之间尚未解决的关系问题。在青春期之前，父母都曾经是人格的某种"大本营"，无论好坏。当青少年期的转型时期开始时，安全感和身份认同的不同基础尚未形成，也还未被找到。就好像每个人都在内心深处背负着社会政治变革的巨大困境，这些困境正如评论家们对维多利亚时代的转型时期所强烈表达的那样，并且特别贴合年轻人的困惑与孤独、忧伤与消沉，因为他们感觉到在通往不同形式的了解和启蒙过程中，世界为他们提供的似乎越来越少——对一些人来说是非常少或者没有。这一点在哈丁的《谎言树》(*The Lie Tree*)中得到了优美的呈现。这本书在众多儿童和青少年所关注的问题中，强有力地演绎了父母的分心、欺骗、逃避和虚伪对青少年人格的影响。发现真相的年轻人常常处于极大的危险之中。梅尔泽（1973b）将这种攻击定位于青少年的幻灭感中（这种幻灭感通常在青春期之后出现），这是一种发现："小孩子认为自己上帝般的父母知道秘密，青少年则知道他那外强中干的父母从未发现这些秘密"（p.159）。

面向这一年龄群体的当代小说，在最好的情况下，能够传达出对青少年期转型危机的深刻洞察，以及许多人在多大程度上遭受了难以理解的极端的怪异、非我的感受（通常与性欲和暴力有关），从而导致了非典型的行为。这样的文学作品生动地再现了人们发现生活本来面目时所感受到的震惊和痛苦。这种体验，无论是心理上的还是情感上的，都与迄今为止被称为正常范围的心境和行为的标准及价值背道而驰。然而，这些年轻人实际上正在经历令人震惊的新感觉和冲动。对于那些认为他们知道这些孩子——甚至他们自己的孩子——到底是谁的人来说，这些感觉和冲动看上去是相当疯狂的。

许多家长描述了他们的孩子是如何迅速地，差不多是一夜之间，变成了他们不认识的样子。事实上，这些年轻人也常常不认识他们自己了。这是希拉丽·弗里曼（2015）在其精彩的小说《当我是我》(*When I Was Me*)中有力地描绘的一种状态："昨天，当我还是我的时候，我有一种生活。那不是一种特别美好的生活，但也不是糟糕的；至少它是我的"（p.19）。17岁的埃拉在这本书的开头这么说。然而几页之后：

……但那是昨天，那时我还是我，完完全全的我。今天，一切都不一样了。现在我在想昨天是不是真的发生了，昨天是不是真的是昨天，或者昨天和之前所有的昨天都只是一场梦。

记忆是容易出错的,难道不是吗?在你周围你能感觉到的东西应该是真实的:你能看到、听到、触摸和品尝的东西。这是科学的第一法则。所以,如果我的记忆好像比我所处的世界更真实、更可感,那这又意味着什么呢?

要么是我失忆了。

否则我就是已经丧失理智了。

如果我不是我,完完全全的我,那么我又是谁呢?

[pp.21-22]

埃拉努力想弄清楚这些事情的来龙去脉;她试图对正在她身上发生的事情做出合理的解释:

真相是,我这辈子已经活了很多次了;不同版本的我已经多到数不清了。我一直在不断地变化,一点一点地变化,一个细胞一个细胞地变化,一个毛孔一个毛孔地变化。其他这些改变都太缓慢了,以至于我根本没有注意到它们在发生。这一次之所以不同,只是因为它发生得如此猛烈和突然,因为它发生在一夜之间。[p.69]

不同寻常的是,如此剧烈的转变要到17岁才会发生,而不是更常见的13岁或14岁,当青春期第一次出现在那些自以为知道自己是谁的个体身上。但是,和其他许多小说一样,这部小说认为正是性存在引起了非常独特的恐惧和快乐,并带来了这样一种感觉,即一个人的身体不再是自己的,以前那个家里和家外的"已知世界"也不再是自己的,就像在这部小说中说的。有一次,埃拉的妈妈下楼来,急切地想打听女儿的第一次约会。埃拉拒绝道:"谁会给他们的妈妈一五一十地讲一次约会都干什么了?如果这是另一个埃拉会做的事,那她跟她妈妈的关系一定比我跟妈妈更亲近。"（p.153）这是亲子关系发生巨大变化的一个很好的例子。在这些动荡的岁月里，这样的变化不仅确实发生了，而且某种程度上应该也必须发生。

不久之后，又出现了一个非常典型的故事片段。这个片段与一位咨询师有关，埃拉觉得她非常烦人，而且很傲慢："我看着她，她非常自以为是，以为自己什么都知道，我有一种想要惊吓她的冲动……"（pp.157-158）

毋庸置疑，在这一次思考的过程中，埃拉决定再也不回去了。但在这本书的结尾，事情变得更加令人担忧，因为其他的宇宙实际上是强行闯入的，似乎对行动有决定性影响。出于迫不得已的原因，埃拉觉得她必须从伦敦北部阿奇维路（Archway Road）上方的"自杀桥"①跳下去。一到那里，她就发现自己的确是她所想的"胆小鬼"，然后走下台阶，却发现在自己什么都不知道的情况下，在"其中一个男孩"教自己开车的时候出了车祸并进了医院。埃拉似乎有某种生活在平行现实中的体验，这一现象对希拉丽·弗里曼的读者和其他许多人来说都不陌生。

\* \* \*

在这里，关于现实是什么的问题一直持续至这个令人不安的故事的结尾，这个问题在本质上与"跨越平行宇宙（jump universes）"的能力有关。最后一章有三个版本："后来"（a）（b）和（c）。最后一个版本将埃拉恢复为"正常"状态：

> 而且，结果发现我有恐高症。
> 这个人生不是特别令人兴奋，但它是我的人生。
> 我会尽我最大的努力去生活。[p.262]

---

① 位于伦敦北部的霍恩西巷桥（Hornsey Lane Bridge），由于多年来发生多起自杀事件，故被称为"自杀桥"。——译者注

从上述内容我们可以非常清晰地看到，在我所谈到的小说所描述的情景中发生了很多事情——它们往往节奏非常快，并且充满了激动人心的情节。许多情节的情感体验可以用令人害怕、怪异或怪诞形容。弗洛伊德（1919h）在他著名的论文《论"令人害怕的"东西》（The "Uncanny"）的开头，描述了他自己对研究美学主题的"迫切感"，这里的美学主题不仅指关于美的理论，而且指关于"感受品质的理论"（p.219）。他说，这对于精神分析师来说是很罕见的。他对他所选择的主题的思考显然已经持续了很多年，他首先对他的标题词"Unheimlich"（这个词在英语中被不恰当地翻译为"uncanny"）所唤起的不同含义和细微差别进行了考察，这对我们此处的主旨非常有益。弗洛伊德的用词在联想可能性的界限模糊的区域更加具有暗示性——主要是暗示类似于"不像家一样熟悉（unhomely）"的事物。他引用哲学家弗里德里希·谢林（Friedrich Schelling）的话："不熟悉①（unheimlich）是所有本应该保持……隐秘但却显露出来的事物的总称"（p.224）。弗洛伊德还追溯了与"不熟悉"有关的"熟悉（heimlich）"的各种含义，然后在论文的正文中，引用了一系列有关"不熟悉"的故事和诠释，例如，霍夫曼（E. T. A. Hoffman）的著作《沙人》（*Sand-Man*）中的一些故事。

  由此可见，"熟悉的（heimlich）"这个词的意思会朝着矛盾的方向发展，直到它最终与它的反义词"不熟悉的（unheimlich）"的意思相重合。从某种程度上说，"不熟悉的"是"熟悉的"的一个亚种。让我们先记住这一发现，尽管我们还不能正确地理解它，以及不能正确地理解谢林对"不熟悉

---

① 德文"unheimlich"一词，意为"可怕/令人害怕的"，源于词根"heim（家，home）"，所以，"unheimlich"隐含的意思是"因为不熟悉/陌生而感到害怕"的感受；因而作者说英文将这个词翻译成"uncanny"，是不恰当的（丢失了"不熟悉"这层含义）。——译者注

的"这个词的定义。如果我们继续考察每一个有关令人害怕的事物的例子,这些发现和提示会变得容易理解。[p.226]

从弗洛伊德和文化评论家马克·费希尔(Mark Fisher,2016)的作品中,我们发现了很多与当前讨论相关的内容。费希尔说道,离奇的事物(the weird)和怪异的事物(the eerie)是有共同点的:

……就是一种对陌生事物的全神贯注。陌生的事物——而不是可怕的事物。"享受让我们害怕的东西"的想法并没有充分体现离奇和怪异的事物所具有的吸引力。相反,这种吸引力与一种对外部世界的迷恋有关,与对超越了正常水平的知觉、认知和体验的事物的迷恋有关[p.8]。

这类面向青少年期和年轻人并以他们为主题的小说,引发了两种截然不同的思考方式。首先,青少年的内在混乱往往是非常极端的,以至于对毋庸置疑的"陌生"的全神贯注,与其说是对内在状态本身(在象征性表征方面)的一种表达或投射,不如说是对这些内在状态的一种逃避。这样的逃避可以被认为构成了无法抗拒的"精神退缩(psychic retreats)"(Steiner,1993),而这样的"精神退缩"在表达一些陌生的、令人毛骨悚然的东西,但实际上,与年轻人自己内在的恐惧和无意识幻想相比,这些东西并没有那么奇怪和诡异。换言之,存在着一种可以容纳事物的防御的维度,作为一种保护、解脱,以及对内心真正的恐惧的逃避形式,直到这些经受考验的岁月过去。

然而,还存在另一种可能性。这种可能性与弗洛伊德所说的"不熟悉的"意思关系更密切——这一发展阶段的特征正是,存在一个真正的"家"(无论是在外部还是在内部)的整体概念是非常值得怀疑的。青少年个体常常会感到完全脱离了曾经让他们感受为内心的家和家庭生活的家园保护神。现在的重点是远离基地，或者更确切地说，是重建迄今为止感觉像是基地的东西。正是这种隐喻性的无家可归的状态，往往会导致14—15岁的孩子们躲进卧室，沉迷于网络游戏世界，与朋友或者不认识的人在网上交往。在这里可以找到一个临时的家，是那个现在不再"有家的感觉"、有名无实的家之外的选择。

在仔细观察之下，马克·费希尔对很多被他命名为离奇或怪异的事物的描述，可以联系上我之前讨论过的小说情节所具有的特征。关于怪异的事物，尤其是在帕特里克·奈斯的作品中，我们发现时间和因果关系的问题与普通的感知是相异的，"但这也很怪异，因为它提出了有关能动性的问题：谁或者是什么样的实体编织了命运"（Fisher，2016，p.12）。正是这种"从通常被视为现实的局限中的逃脱，在某种程度上解释了怪异事物所具有的独特吸引力"（p.13）。"当本应该没有东西出现但却有东西出现了，或者本应该有东西出现但它却没有出现的时候，怪异的感觉就会产生"（p.61）。

费希尔认为，怪异的事物与缺失有关。但正如我们在奈斯的小说中非常清晰地看到的，相比之下，离奇的事物是指："外部的事物""可以在时间和空间上侵入人们客观上熟悉的地方。世界对我们来说可能是完全陌生的，无论是在位置上，还是在支配这些世界的物理定律方面，但这不是离奇的。来自外部的某种东西闯入这个世界，才是离奇的标志。"（p.20）对于"独立儿童"的世界，或者《混沌行走》的场景设定，我们还会需要什么更清晰的描述呢？

有趣的是，正如费希尔评论的那样：

> 怪异事物的视角可以让我们接触那些支配世俗现实但通常被隐藏起来的力量，就好像这种视角可以让我们接触超越世俗现实的空间一样。正是这种从世俗中的解脱，这种从通常被视为现实的局限中的逃脱，在某种程度上解释了怪异事物所具

有的独特吸引力。[p.13]

此外，这种逃脱也摆脱了以往对道德范畴的清晰界定，与童年时期对是非对错或善恶的确定感的丧失有关。在这些青少年期的岁月里，这一点是非常令人忧虑的。关于离奇的、怪异的、令人害怕的东西的概念，将各种各样的问题和细微差别引入这些先前清晰的类别中。在青少年的世界里，好与坏的区别一直在不断变化着，常常让读者和参与者一样感到困惑。在奈斯的作品中，正如许多其他为这个年龄群体创作的作品一样，我们发现了年轻人的生活中生动地持续发生的、离奇的、怪异的错综复杂的事物。与此同时，从表面上看，他们正处于从人生的一个阶段到下一个阶段的转变过程中，这个过程虽然重要但看似平常——对于他们来说，那简直就像是从一个世界到另一个世界。

总的来说，青年文学非常有力地描绘了人格"倾覆"的感觉，在触手可及的范围内，甚至在视线内都没有救援浮标。青年文学聚焦于体验的离奇性和脆弱性，以及整件事情的怪异的混乱。然而，其中大部分的书确实展现了一种虚构的"修通"，因为故事的结局不是无望或悲惨的，而是让人略感坚定和现实——这一点是由埃拉①表达出来的。

艾米莉·狄金森（Emily Dickinson，1862）的诗《我们渐渐习惯于黑暗》（*We Grow Accustomed to The Dark*）在最后一节优美地表达了这一点：

……但他们学着要看清——

不是黑暗变化——

就是什么出现

自行调整顺应午夜——

---

① 指前文提到的小说《当我是我》中的女主人公。——译者注

生命便几乎迈步直前。①

# 注　释

1. 电影和电视节目也常常会探讨这些主题。尤其值得注意的是 2016 年奈飞（Netflix）的热播剧集《怪奇物语》(*Stranger Things*)，其中的"颠倒世界（The Upside Down）"是"与人类世界平行存在的另一个维度，它包含了与人类世界相同的地点和基础设施，但它更黑暗、更寒冷，并被无处不在的尘雾笼罩"（来自有关剧集的网站——译者注）。

---

① 译文引自上海译文出版社于 2014 年出版的《狄金森全集》简体中文版的卷一，第 419 首，译者为蒲隆。——译者注

# 第十四章

# 文学作品中青少年后期的生活

> "……某些书籍,如某些艺术作品,会激起强烈的情感,刺激成长,无论你愿意与否。"
>
> ——威尔弗雷德·比昂,《评论》(Commentary; 1967, p.156)

在青少年时期,就像我们已经看到的,有这样一种可能性,即无论是好的还是坏的结果,投射倾向都将比内摄更占主导。一个年轻人试图发现自己是谁,以及更清楚地界定他的自我在世界中的感受,这所牵扯的焦虑往往会引发极端的防御性分裂和投射。但在寻求自我定义的过程中,其他一些用以建立对自己更好的理解的更温和、更具探索性的方式也在发挥作用。这些其他的方式包括程度不那么强烈和极端的投射,包括重视与吸收有助于支持年轻人发展中的自我的各种心理和情感品质的能力。现在我们需要更详细地强调内摄过程的本质。正如我们在前面几章中所看到的,这些过程是西蒙、汤姆以及其他人能够改变的不可或缺的部分。

放弃自己依赖和依恋的外在人物,并在内在安置这些人物的一个版本,作为激励和鼓励人格独立发展的资源,这样一种能力是内摄过程所固有的。如前所述,这样的过程涉及哀悼的能力,哀悼那些要放手的或者感觉已经丧失的东西。在这样一项任务的助力下,个体也许会认为还有可能继续前进。这个过程伴随时间的推移而发生。这些变化可能类似于《米德尔马契》中乔治·艾略特注意到并巧妙地描述的多萝西娅的内部变化：

> 事实上，新的真实的未来取代幻想的未来，是通过无限众多的细节在潜移默化中进行的，她对卡苏朋先生的看法，以及现在她结婚以后，对这种夫妇关系的看法，也是像时针一样在不知不觉地改变，以致离开她少女时代的梦境的。①［p.226］

我们熟悉弗洛伊德的观点：青少年期的核心成就是圆满地明确性身份、找到性伴侣，并将性的两个主干——肉欲和温情结合起来（见第十章）。建立亲密关系的内在能力是青少年期以重要的方式一直努力的目标。对一些人来说，发展这样一种能力可能需要很多年的时间，并且要通过多次不同的尝试。事实上，青少年在这个阶段中确实可能会是出双入对的；尽管表面上看起来是这样，但这与一个人从青少年到成年人的心智状态的真正转变几乎无关。这可能与现在所描述的内在能力几乎没有实际关联。事实上，这样的出双入对可能导致恰恰相反的结果——面对步入成年带来的焦虑，他们可能会产生一种防御性的关系。

正如我们所看到的，青少年期的主要任务之一是建立起自己的心智（见第九章），这一心智植根于在家庭或更广泛的学校与社区环境中可见的认同的来源和模式，但与这些来源和模式至少存在部分差异。在青少年后期，为分离所做的努力——这对于一个人成为自己的能力至关重要——往往会呈现出一些不同于青少年早期的特征。到了这个阶段，年轻人通常将崭露头角，摆脱错综复杂但又令人上瘾的群体生活，以及多重和变换的关系，而这些关系一直是与父母和家庭分离过程的一部分。他将面临一种不同的且更为极端的分离：离开高中或大学，常常也包括

---

① 译文引自人民文学出版社于2018年出版的《米德尔马契》简体中文版，译者为项星耀。——译者注

家庭，不得不以前所未有的方式独立起来。这是一个充满希望和期待的阶段，但对许多人来说，这个阶段也充满了极度的悲伤、痛苦和困惑，甚至会有少数人发现自己无法完成任务，进而崩溃。

这个挑战的成功与否，很大程度上取决于过去，确切地说是从一开始时，爱和丧失的体验是如何协调的。正如我反复讲述的，这个协调过程的性质深受父母一方或双方能够在多大程度上忍受对孩子放手，以及在多大程度上帮助孩子成长的影响。这样做的痛苦往往伴随着紧张和辛酸，考验着内心的勇气。寻求家庭以外的亲密伙伴关系，是分离过程的这个阶段的基本特征。建立深厚而持久的关系的能力，取决于一系列复杂内部过程的最终结果，这些过程在青少年时期总是会产生问题，同时也会带来收获。问题的核心在于一个人体验丧失的能力——当童年注定要被抛到脑后，个体需要投身于成人世界中时，这种丧失就变得特别突出。

"成为自己"的任务，无论是现在还是其他时候，都包括放弃看待自己、他人以及关系时被贬低或被理想化的版本，而转向真实的版本。这包括重新调整梦想、选择以及希望，无论是自发的还是外界施加的。这包括忍受失去众多机会、错过不同道路的痛苦。当年轻人不得不出发，同时又不得不放手时，痛苦的矛盾冲突便被激发了。这种困难在人生的每一个阶段都会遇到，但是在转变的关键节点上——无论是第一次上学还是最终退休，抑或是像在青少年期那样开始人生的新阶段——这些困难可能是最苛刻、顽固的。这些丧失考验着人们哀悼、感受懊悔、承担责任、体验内疚的能力，还有感恩的能力。所有的这些能力基本上都与一个人爱的能力有关，也同样与从一开始就建立起来的投射和内摄过程之间平衡的性质密切相关。

要描述一个患者在分析过程中发生的内摄过程，需要写一整本关于患者生活的书。事实上，一个人物的发展历程就是要通过整整一本书来描述的，包括详细记录反映成长能力或成长失败的事件和时间。19世纪小说的体量特别适合这样一项任务，因为在叙述过程中，经常被描述的恰恰是我们正在讨论的青少年后期的过程：一个角色建立亲密关系的内在能力逐渐发展的过程。"婚姻"这个外部事件起着象征性作用，象征着成年期的开始，也象征着处于青少年后期的年轻人为建立自己的一席之地而奋斗的顶峰，这与传统上婚姻赋予他们的意义形成了鲜明对比。因此，"婚姻"——持久承诺的象征，标志着内在能力的实现，这种能力随着叙事过程一直发展，在某个相关人物的影响下被促进着。在许多19世纪的小说中，发生了从最初的婚姻观念（通常是在文化和契约框架下的）到最终的婚姻能力的转变。这一转变的出现，得益于人们逐渐放弃分裂和投射的诱惑，转向以内摄的模式对内在人物的价值有更深层的理解；也许也受到了这两种倾向间逐渐产生的再平衡，以及这种再平衡带来的所有问题的影响。

如《内在生命》（Waddell，1998）这本书所述，这些内在发展的本质在简·奥斯汀的小说《爱玛》（1816）中得到了探索，以及在夏洛蒂·勃朗特（Charlotte Brontë）的《简·爱》（*Jane Eyre*，1847）中有非常简短的涉及。这些发展是青少年后期的特征，但绝不是这个阶段所独有的。在这些小说中，就社会和文化背景而言，当时的婚姻制度与今天相比自然有着截然不同的基础。但是，这里有一个共同的发展性的推力，尽管它通常以不那么明显的传统形式出现，但依旧影响着青少年后期的进程。这个推力朝向遇到或者识别一个真正的伴侣，并发展维持承诺关系的能力。

婚姻能力（capacity for marriage）不能与婚姻的契约关系相混淆。和现实生活中一样，在19世纪的小说中，人们也持续建立着婚姻关系。但是人们结婚并不都是以这里所说的"内在婚姻能力（internal capacity for marriage）"为基础；事实是，他们也没有不结婚的能力。正如已经提到的，契约婚姻常常既可以起到防御分离、丧失以及亲密关系的作用，又可以起到让未解决的俄狄浦斯问题延续的作用。尤其是简·奥斯汀的小说，以诙谐又痛苦的方式描绘了许多糟糕的婚姻。这些结合完全不同于那种随着主人公越来越深地投入他们的生活和爱情而进一步发展的核心进程。

每本书都有一个引人注目的地方，那就是主角内心的漫长历险之旅的本质。书中的人物遭受痛苦、忍耐、经受着自欺欺人，也许更重要的是，要直面丧失的体验并存活下来。爱玛一度惊呼"我好像注定什么也看不清似的"①（Austen，1816，p.398）。爱玛是从何处获得了吃一堑长一智的能力的？为什么有人拥抱成长，有人却逃避成长的可能性，转而选择一种不那么令人不安的从众状态，或者加固防御性的堡垒？这些故事探讨了一个年轻女性如何融入成人世界——不仅是作者本人年轻时充满限制的世界，也是当下任何一个年轻人努力走向成熟的当代世界。这一点在1995年的一部"青少年电影"《独领风骚》（*Clueless*）中得到了很好的印证，这部非常受欢迎的电影可以说是《爱玛》的不严谨的改编版本。无论对原著的文本是否熟悉，这部电影所描述的心灵困境是不言自明的。

爱玛·伍德豪斯，正如书开头所写的那样：

> 又漂亮，又聪明，又有钱，加上有个舒适的家，性情也很开朗，仿佛人生的几大福分让她占全了。她在人间生活了将近二十一年，一直过着无忧无虑的日子。②［p.8］

在第一章那密密麻麻的几页里，婚姻的主题就已经浮出水面了。事实上，这本书的开头、中间以及结尾都以婚姻为标志。爱玛在这些不

---

① 译文引自译林出版社于2009年出版的《爱玛》简体中文版，第三卷第十三章，译者为孙致礼。——译者注

② 本章中多处引用《爱玛》的内容，其译文均引自译林出版社于2009年出版的《爱玛》简体中文版，译者为孙致礼。——译者注

同的结合中所扮演的角色，记录了她从通过防御性操纵（典型的投射模式）实现孩子般的无所不能，到拥有某种程度的自我认知，以及更成熟的依赖、感恩以及不值得感的过程，后者的状态便是内摄模式的特点。这一转变的关键因素是爱玛和奈特利先生之间不断变化的关系——正如坦纳（Tanner, 1986）所说，喜欢做大媒人（matchmaker）的爱玛，最终"找到了与她相匹配的（match），在某种意义上，他是她的'塑造者（maker）'：这个合成词（matchmaker）必须被恰当地分开（并在道德上受到监督），这样爱玛才能成为真正的爱玛"（p.176）。正是曲折地向前发展的能力，使得爱玛认识到奈特利先生是与她"匹配"的，他所拥有的品质正成为她自己内在的品质。这个曲折的进程使这本书自始至终散发着魅力并充满教诲。读者对此毫无疑问，奈特利先生（当地的地主，社区里最有绅士风度和条件最为优秀的婚姻对象）是爱玛的理想人选。但爱玛却选择视而不见，只是缓慢且十分艰难地放弃了她的投射性和自恋性的防御，这些防御让她不去"看见"其他人早已看得一清二楚的事情。

在这本书的第一页，韦斯顿先生和泰勒小姐结婚了。自从16年前爱玛的母亲去世后，泰勒小姐一直是她的家庭教师。"由于失去了泰勒小姐，爱玛第一次尝到了悲伤的滋味。就在这位好友结婚的那天，爱玛第一次凄楚地坐在那里沉思了许久。"（p.8）但是爱玛的性情很快就把她从长期的悲伤中解救出来了。她将自己体验成这一结合的缔造者，而不是感受某种俄狄浦斯的反转，这使她免受太持久或者太剧烈的痛苦的袭扰。

"你忘了我有一件值得高兴的事，"爱玛说，"一件非常值得高兴的事——是我撮合了这桩婚事。你知道，是我四年前给他们做的媒。当时好多人都说韦斯顿先生不会再结婚了，可我却帮助促成了这件好事，而且事实证明我做对了，真使我感到欣慰极了。"

奈特利先生朝她摇摇头。伍德豪斯先生亲切地说道："哦！亲爱的，我希望你不要去做媒，不要去预言什么事，因为你说的话总是很灵验。请你不要再给人做媒了。"［伍德豪斯先生，"一生都是体弱多病的人"，是典型的让人扫兴的人，反对生活或关系方面的事情，因此，尤其反对婚姻。］

"我答应不给我自己做媒，爸爸，不过我还非得给别人做媒不可。这真是其乐无穷啊！你瞧这次我干得多漂亮！"……

"我不明白你说的'成功'是什么意思，"奈特利先生说，"成功是要经过努力的……你的功劳在哪儿？你有什么值得骄傲的？你是侥幸猜中了，充其量只能这么说罢了。"［p.14］

这种相对轻松的交流很具启发性。我们很快便明白，爱玛的牵线搭桥构成了一种防御性程序，防止她觉察到自己对亲密关系的任何渴望，同时也是通过替代的方式尝试亲密关系的感觉。留在家里照顾像孩子般的父亲，在这项自我强加的责任的保护下，她可以继续扮演假成年人的角色（"从很早的时候就是他家的女主人"），并避免感受到自己想要依赖的任何风险。她已经习惯于"爱做什么就做什么；她十分尊重泰勒小姐的意见，但她主要按自己的主意办事"（p.7）。

爱玛根本没有专注于追求一个她可能在乎的男人。不管是在幻想中还是现实中，她都是为了其他人的利益来关注着这些事情，主要是为了她的朋友哈丽特·史密斯。通过其他人，爱玛可以满足自己做媒的想法，而不用担心自己有感情投入的风险。爱玛有一种兴奋和活力。她会引起人们的兴趣。正如奈特利所说："爱玛让人感觉牵肠挂肚。不知道她以后会怎么样啊？"读者沉迷于下一步将发生在她身上的事情（"这时，爱玛脑子灵机一动，顿时起了疑心"）。小说的大部分内容都是关于爱玛给别人牵线搭桥，或者假设有人很般配，但只允许她自己以浅尝辄止的方式进入任何一段复杂的关系中。一种解读是,她之所以对做媒上瘾,是因为这是一种保护自己不受爱和丧失体验伤害的方式;并且,她无法放弃对照顾父亲的忠诚,是基于对将自己暴露在另一种亲密关系的情感动荡中所产生的焦虑。小说的核心篇章描述了爱玛投射出去的亲密的可能性之中各种极其复杂的纠葛,以及从这些纠葛中解脱的情节,而这种亲密最初无法通过更直接或即时的方式产生。浮现出来的一个核心问题是,究竟是什么让爱玛开始接受并逐渐欣赏奈特利先生所代表的品质和功能?是什么让她敢于冒险投入自己真诚的感情中,而不是"管理"别人的感情?

起初,哈丽特·史密斯完全契合爱玛的防御性目的——既是她急需的同伴,也是她实施投射计划的工具。在爱玛认识到或准备好要为自己寻找一个持久的伴侣之前,她无法分辨出她想象中的依恋究竟是为了谁的利益,这是她严重否认青少年通常需要幻想和尝试的一种表现。书中对她的艺术天赋的描述,完美地概括出一个青少年不断变化的品味与热情,以及她想要得到赞美的自恋投注。

> 她把一张张画摆开,都是刚开了个头,什么小画像、半身像、全身像、铅笔画、蜡笔画、水笔画,全都试过了。她总是什么都想试试……她又弹琴又唱歌,还画各种风格的图画,可就是缺乏恒心……她对自己的绘画和弹唱技艺并没看得太高,不过要是别人把她的技艺看得很高,她也不会介意,知道自己的才艺往往被人高估,她也并不感到不安……画像本来是人人喜爱的,而伍德豪斯小姐又画得那么棒。[p.43]

然而,她为约翰·奈特利先生画的画像并不令人满意。"我就把它搁到了一边,还发誓以后再也不给人画像了。"(p.44)

这段话描述了投射模式的一个更为积极的方面,这是一个我们现在很熟悉的过程。通过这个过程，尤其是在青少年期，个体可以将自己的某些方面投射到他人身上，并与之建立联系（无论他们拒绝还是接受这些方面），从而可以探索他们自身到底是谁。对于爱玛来说，这个问题更为复杂，因为她没有亲自尝试各种可能性，而是推销和宣传哈丽特，带着无尽的困惑、自我欺骗以及错误的感知，并且不断地给哈丽特带来大量的失望和不必要的痛苦。首先，哈丽特很容易受影响，因此爱玛或多或少都能从她身上引出自己想要的东西。爱玛是一个十足的投射者，但正如我们所见，她有时也是故意而不是不情愿地成为别人投射的主体——有时，投射甚至远远超出了她的范围。而奈特利先生仍然是爱玛平衡虚幻能力与实际能力之间关系的试金石。他自始至终都保持着判断力、责任感、道德价值观、无私和正直的品格——他是一位真正的绅士、真正的骑士。"其实，能发现爱玛缺点的人本来就寥寥无几，而发现缺点又肯向她指出的却只有奈特利先生一人。"（p.12）他认识到，她永远不会干那些需要勤奋和坚韧的事情，就爱想入非非，不肯开动脑筋。从书中我们可以知道，他举止优雅；在简·奥斯汀的作品中，总的来说，彬彬有礼是人们道德品质的真正标杆。

　　当奈特利先生质疑爱玛成功促成泰勒小姐婚姻的说法时，他用他的诚实、直率，以及读者很快就能发现的深切的关心，试图鼓励爱玛思考她行为的意义和后果。他清楚地意识到的问题之一是，爱玛很难感觉到有什么是可以学习的："哈丽特甘愿摆出一副低首下心、讨人喜欢的样子，爱玛怎会觉得自己还有什么不足之处呢？"（他在别处说，"像你这样无理狡辩，还不如索性不讲理为好。"）奈特利先生在任何正式的拜访时间之外，很容易接近爱玛一家人，这传达了一种感觉：他不知怎么一直在她的家里/脑子里。罗纳德·布莱思（Ronald Blythe，1966）描述了一种巧妙的二分法，即读者"用爱玛的眼光看待一切，但必须用奈特利先生的标准来判断"（p.14）。正是这种二分法使得读者能够追溯爱玛内部的自我与他人之间不断演变的关系，能够跟随她逐渐减少的自恋投射模式，转而对她自己和外部世界有更强的现实感知能力。

奈特利先生和爱玛之间的关系与比昂的"容纳/被容纳"的关系有许多共同之处。正如我们所看到的，它的原型就是母亲和婴儿之间的关系；在某些重要的方面，类似于治疗师和患者之间的关系。思考和学习的先决条件在于是否有一个心智，能够内摄婴儿的投射性的表达和排空，无论他们处于爱还是恨之中。这样，一个人可以在另一个人格中探究自己的感受；这个人格被认为有足够的弹性来容纳这些感受。在青少年后期尤为明显的是，正常的发展依赖于对自我的好奇心得到满足的机制（投射性认同）被内摄，从而促进思考与理解的增加。如果这样的过程能发生在个体与外部世界的人物的关系中，它可能也会发生在个体与内部世界的人物的关系中。

由于奈特利先生作为一个容纳的客体是可用的，爱玛持续已久的投射模式开始缩减到更"正常"的比例，同时她的内摄能力也在增强。观察着奈特利先生对爱玛与日俱增的影响，读者能够体验到在充满善意的内在人物影响下的心智的成长过程。起初，爱玛倾向于否认奈特利先生的劝告的重要性。她声称这些都是玩笑话，以此掩饰自己的不安："你也知道，奈特利先生就喜欢挑我的刺儿——当然是开玩笑——纯粹是开玩笑。我们两个一向有什么说什么。"（p.12）但是，尽管她有合理化的理由和自我辩解，她还是很不安："爱玛没有回答，试图装出一副欣然无所谓的样子，可是心里感到很不是滋味，便巴不得他快点走掉。"

爱玛情感上的盲目性是如此绝对，并且她如此坚持自己的曲解，以至于直到很久以后，她才震惊地认识到自己自欺欺人的程度。然而，这种认识带来了一种感觉，某种东西在她内心运作了很长一段时间——是她几乎从未意识到的东西；最后，在她面对自己可能失去了情感的绝对中心的恐惧时，这个东西可能导致她内心崩溃。决定性的转折点是，爱玛在一次到博克斯山的野餐探险中粗暴地怠慢了上了年纪的贝茨小姐后，产生了强烈自责以及想要修复的渴望。奈特利先生严厉地教训了爱玛。她在精神上向父亲寻求安慰，并不得不认识到父亲存在着情感上的不足（作为一个内在人物）和他对她的依赖（作为一个外在人物）。到目前为止，她对父亲的局限性视而不见，这使得她的伪成熟感得以延续，提供了人为制造的满足感，因为这种满足仅仅建立在理想化和否认的基础上。读者现在可以观察到，爱玛自己终于开始意识到已经在她内心慢慢地发生的转变，而作为读者的我们，早就意识到了这一点。她发现了自己内心情感的真相。对于这种自我认知的痛苦描述，没有半点宽容。它带着强烈的羞耻感，尖锐的自责以及责任——灾难性转变的动荡引起的不确定性。

> 白天余下的时间，以及晚上的时间，还不够她用来思考。过去的几个小时里，一切都来得那么突然，使她慌慌张张不知所措。每时每刻都带来了新的惊异，而每一次惊异又使她感到屈辱。怎么来理解这一切呀！怎么来理解她自欺欺人、自作自受的行径啊！她自己头脑和心灵的盲目行事，铸成愚蠢的大错啊！她要么一动不动地坐着，要么走来走去，在自己房里踱步，在灌木丛里徘徊——无论在哪里，无论坐还是走，她都觉得自己太软弱无力。她受了别人的欺骗，真是太没有脸面了。她还自己欺骗了自己，更是羞愧难当。她真是不幸，很可能还会发现：这一天只是不幸的开始。
>
> 摸透自己的心思，彻底摸透自己的心思，这是她首先要做的事。照料父亲之余的一切空闲时间，每逢心不在焉的时候，她都在琢磨自己的心思。
>
> ……
>
> 她出于让人无法容忍的自负，以为自己能看透每个人内心的秘密；出于不可饶恕的自大，硬要安排每个人的命运。结果，她一次次地犯错误。她也不是一事无成——她造成了危

害。她害了哈丽特，害了她自己，而且她还很担心害了奈特利先生。[pp.385–389]

然而还有一种感觉是，无论她最恐惧的事情——奈特利先生被哈丽特夺走——是不是会发生，她在情感上都有力量继续生存下去。

> 想到这里[这一切都是她自己的工作]，她不由得为之一惊，长叹了一声，甚至在屋里踱了几步——唯一能使她感到宽慰和平静的是，她下定决心好自为之，并且希望，不管今年还是以后哪个冬天，她要是情绪比以前来得低落，没有什么欢乐可言，她都要变得理智一些，有点自知之明，少做令她后悔的事。[p.396]

让爱玛"更加了解自己"的这段关系，其本身也在不知不觉地发生另一种变化。诚然，当一个人能够通过学习另一个人的内在能力而成长时，另一个人也会受到很深的影响。"师者，信其生方可育其人"(*Daniel Deronda*, p.485)。正如分析师从患者身上学习，父母从孩子身上学习一样，奈特利先生也从爱玛身上学到了东西，并且得到了发展。这是一个微妙但重要的变化。他很早就注意到爱玛，"她母亲一去世，她就失去了唯一能够应对她的人"。显然奈特利先生承担起了父母的职责。他嫉妒但又一如既往地无私地确信爱玛爱上了那个令他畏惧的对手弗兰克·丘吉尔，正是这一点最终唤醒了他，让他意识到他对爱玛的爱不仅仅是父母的爱，而是根植于对她成为他妻子的愿望。换言之，他也发现了一种对于婚姻的内在能力，而这是故事开篇时他所缺乏的能力。他偶然发现了关于自己的真相；与其说是他对爱玛宣称永远不会结婚的无私兴趣的早期表达（"不知道她以后会怎么样啊"），不如说是他对她的热切渴望——终于，并且如此动人地轻描淡写："如果我不是这么爱你，也许还能多说一些"（p.403）。

爱玛一直相信奈特利先生已经被另一个人夺去了。这种信念向她揭示出她对他的真实情感。当她的嫉妒被点燃时，她发现在奈特利先生身上，她已经慢慢地开始投注不仅仅是父母的品质（尽管这是非常重要的品质），而且，在她没有意识到的情况下，还投注了希望和重新开始的渴望的情感品质，这些品质现在被婚姻的念头代表。"她脑子里像箭似的闪过一个念头：奈特利先生不能跟别人结婚，只能跟她爱玛！"（p.382）而且，正是这种潜移默化的内在发展，使她能够一厢情愿地维持一种可能的未来的概念，尽管她坚信她现在已经失去了她所爱的对象。因此，读者在爱玛自己还没有意识到正在发生的事情之前，就产生了一种感觉，即她深深依恋之人的品质的内在变化，是如何引发和促进她的成长的。爱玛逐渐远离一厢情愿的幻想，趋向成长和改变能力的开端。

对她内在状态的最终描述，明确了这个人物改变的意义。主题已经变成了对自我的认识和真诚，这些品质是婚姻的内在能力的基础——认识到一种内部的存在，这个存在将父母的能力、标准与愿望，和性渴望结合在一起。爱玛意识到一个具有上述品质的人对她的意义，这是前提，如此我们才得以跟随她从一个虚荣、以自我为中心却很迷人的少女，转变成一个开始能够拥有一种更成人的身份认同感的年轻女性。这种成人心智状态的特点是谦逊、感激和关心他人的态度，这种态度使成熟的亲密关系成为可能——如果放在爱玛的例子中，这还远远没有实现。

> 她想要什么？什么也不希望，只希望自己更能配得上他，他的筹划和明断一直比她来得高明。什么也不希望，只希望她过去干的傻事能给她带来教训，今后能谦虚谨慎。[p.456]

爱玛和奈特利先生进一步发展的可能性，以及他们之间的关系，仍然是未知数。在小说结尾，关于她是否有能力真正分离的问题仍然悬而未决。她不会离开她的原生家庭与丈夫在别处再建立一个家庭，至少暂时如此，因为她结婚的一个条件是她要与父亲待在一起，而奈特利先生要加入这个家庭。还有许多问题尚待解决。

在这部小说中，无论是生理上的分离还是精神上的个体性，在这一中心问题上主要人物都缺乏令人信服的内在解决办法。在《简·爱》中也是如此。夏洛蒂·勃朗特的小说提供了一种美妙而强烈的诗意，展现了对"生命真正的认知"的勇敢渴望。这是对简·爱的童年时期、少女时代以及从青少年期走向成熟的过程的一场非凡的道德和心理探究。勃朗特描述了以最痛苦、最坚决的方式持久地探索真理的过程。罗切斯特先生（另一位主角，简所爱之人）经常被拿来与奈特利先生比较，因为他既温柔又坚强，而且他在这段核心关系中的角色有俄狄浦斯的意味。这种俄狄浦斯意味在简和她相当拜伦式的"主人"之间更为明确的性与激情的依恋中尤为明显，而且重要的是，这与最终的婚姻的性质有关。

在婚礼当天，简毁灭性地发现罗切斯特已经有了妻子——伯莎，一个疯女人，被锁在三楼。之后，简离开了罗切斯特和桑菲尔德庄园，并因此饱受批评。对简遭受的痛苦和精神摧残的描述是深刻和心酸的，令人难以忍受。离开桑菲尔德庄园的那天晚上，她在断断续续的睡眠中，梦见了自己最早的一次创伤经历：她被关在盖茨海德她当时家中的"红房子"里，当时她还是个孩子。她的恐惧、被遗弃的感觉，以及她生命中任何维持美好的碎片都在丧失的感觉，把她逼得近乎疯狂。从书中可以清楚地看出，这段早期的情景存在着明显的俄狄浦斯意味。在她清醒的梦中，当一个白色的人形神秘地从月亮上出现时，她听到的声音是："我的女儿，逃离诱惑！"她回答道："妈妈，我会的。"这段话和这本书的最后一部分表明，为了获得建立亲密关系（在这个情况下，是与罗切斯特的关系）的真正能力，简仍然需要解开一些内在的结。她不得不放弃婴幼儿/青少年浪漫的理想。她本人和她所倾心的人都需要更多地了解自己。简既要通过放弃来体验丧失的影响，又要认识到自己依恋他人的本质——自己屈从于另外一个人（圣约翰·里弗斯）的需要，而不是能够建立一种平等和互惠的关系。

火灾烧毁了桑菲尔德庄园并导致了伯莎的死亡，罗切斯特的这个意外遭遇——视力被灼伤，手也残废了——象征着他变成了一个不同的人。在火焰中，他失去了自身"邪恶"（左手）的部分。因此，他开始能够承认自己的需求和依赖，放弃了他引以为傲的全能。正如简所说，到目前为止，除了给予者和保护者的部分之外，他对每一部分都不屑一顾。现在他承认他如何"能够开始悔恨，开始忏悔；希望与我的创造者讲和"（pp.514–515）。由于丧失、痛苦和悲伤，罗切斯特的思考转向了内心，他心智的眼睛甚至比失明前看得更加清楚。他体验了谦逊、卑微、感激，现在还有深深的喜悦。

夏洛蒂·勃朗特在这本书的最后一部分，试图为简和罗切斯特通过各自的苦难最终可能获得的内在婚姻能力奠定基础。与爱玛一样，这种能力看上去本质上是植根于爱人的内在存在（internal presence），这种内在存在能够承受外在的失败、缺席或不可靠性。然而简和罗切斯特的婚姻是一个特例。他们所处的环境是非常离群索居的。芬丁庄园，他们的家，乍一看和树林几乎没有什么区别，"那朽败的墙壁是潮湿的，长满了绿苔……像平常日子的教堂那样安静，四周只听见雨打在林中树叶上的声响。'这儿会有人住吗？'我暗自问道。"①（p.497）他们的关系被描述为几乎是共生的：

没有哪个女人比我更加亲近自己的丈夫！更加完完全全是

---

① 译文引自百花洲文艺出版社于2013年出版的《简·爱》简体中文版第三十七章，译者为付悦。——译者注

他的骨中之骨，肉中之肉。我和我的爱德华在一起从不感到厌倦！就像我俩对自己胸膛里那颗心的跳动从不会厌倦一样！因此，我们总是厮守在一起。相守在一起对我们来说既像独处时一样自由，又像在伙伴们中间一样欢乐。我相信我们整天都在交谈，互相交谈只不过是一种更加活跃、一种听得见的思考罢了。我把我全部的信任都交付于他，他也把全部的信赖都奉献于我。我们的性情正好相投——完美的和谐自然是结果。①
[ p.519 ]

《简·爱》和《爱玛》的结局，像很多 19 世纪的小说那样，尤其正如我们所看到的乔治·艾略特式的结局，会带给读者不安。进入真正成年期的内部旅程的维度，似乎比故事中所表明的婚姻状态的可能性要广泛得多。当乔治·艾略特在生命最后一刻说她对自己小说的结局从不满意时，她也许是在反思这个体裁的危机。小说可以观察和描述一个形成过程，它需要一个正式的结局，但实际上却不能有结局。然而，她可能也认识到了另一个问题：做出承诺的伙伴关系只代表着一个重新登船的港口。它同时标记了已经走过的旅程以及尚待出发的远方。因此，婚姻的不完善之处，与其说代表着没有达成的，不如说代表着潜在的或进一步的发展。在这些小说和其他小说的结尾，令人挂念的结局提出了这样的问题：个体是否能够以及如何在伴侣关系中继续成长；他们如何能够实现，或者获得并维持心智的独立；他们如何能够体验和容忍自己所选的另一半真正的样子，而不是他们渴望的样子。后一个过程很可能继续包含某种丧失，无论这些丧失是有意识的还是无意识的；但也可能带来获益，这是毋庸置疑的。但那会是一个不同的故事，故事的性质深受

---

① 译文引自百花洲文艺出版社于 2013 年出版的《简·爱》简体中文版第三十八章，译者为付悦。——译者注

以下所探讨的区别的影响：婚姻或伴侣关系的外部事实与基于此的内部"素质能力（capacity）"之间的区别。也就是说，故事的性质深受原始关系建立的基础的影响。

这两部小说将发展描述为扎根于内摄和投射两个过程间微妙的平衡之中。通过让更婴儿化且更持续的投射被接收，并且使之变成可被识别的、可以承受的和有意义的体验，成熟可以慢慢获得。在这种情况下，不仅投射的内容本身，还有处理它们的能力都能够成为人格的一部分。然后，从投射性认同中走出来就成为一种可能，正如我们所看到的，这是成人身份和亲密关系的基础。

在这些叙述中发生的核心情感的发展代表了一个过程，这个过程在许多戏剧和小说中都能找到，也许成了19世纪伟大小说的典范。如本章所述，这一发展使一种特殊的建立关系的方式更加明晰起来，这种方式后来被称为内摄模式，或被称为内摄性认同。但确切地说，这个"某物"究竟是什么，在对这个过程的各种理论阐述中往往是不清楚的或者是被遗漏的。比昂将学习视为一种基于内摄的能力，与克莱因（1959）的内化"一个好的、可信赖的客体"（p.251）支持并加强了自我的概念相比，他提出了一个更为复杂的过程。在比昂的感知里以及在这本小说描述的人物领悟到的感知里，学习实际上基于拥有体验情绪的能力，也就是说，这些情绪体验能够被感受到是富有意义的。然后这些就成为进一步思考和更高水平的抽象的基础。这样的体验往往是当下的，并未受到其他因素的过度干扰：例如，"着眼于未来"，或是"对过去多愁善感的依恋"，或是"对后果的认识"过于迅速，或是过于怀旧、"黏附于熟悉的事物"。

梅尔泽（1978）认为，比昂向临床工作者提出的暂时悬置"记忆与欲望"的建议与这种内在情境有关，与比昂认识到对过去的意识和对未来的希望可能会扰乱或埋没当下的体验有关（p.463）。能够真正地投入当下的情感体验，便成了一种成就——一种对成长与发展的冲突和动荡至关重要的成就，而正是因为这个原因，这种成就常常遭到防御。在这里讨论的每一部小说中，人物所采取的决定性的发展步骤都是强烈的情感体验的结果，这种情感体验迫使那些有能力经受住它们的人物去"思考"；从能够让他们"拥有"自己的体验的基础感知中思考。这些步骤发生在人物与一个潜在伴侣的关系中，这个伴侣也会被推动去"思考"、忍受痛苦，并以类似的方式学习。正是因为这些人物能够真正地投入情感体验、从中学习并因此而改变，这些像常人一样受限制的、有缺点的人才得以成为"男主角"或"女主角"。他们获得主角的地位并不是因为他们是理想中的那样美丽或道德高尚，而是因为他们不同于其他角色，他们准备好了在情感冲突的痛苦中努力成为自己。

梅尔泽让我们注意到这在患者的经历中是多么地明显：

> 在他们的发展过程中，他们经常被糟糕的、痛苦的体验伤害，比如断奶、弟弟妹妹的出生、原初情境和爱的客体的死亡。但从伟大人物（比如济慈）的历史中同样可以明显地看出，伟人们是通过接纳和同化吸收这类相同的事件而被"打造"出来的。同样，我们也看到被美好体验"伤害"的患者，在他们身上，[那些体验]加剧了他们的狂妄自大，或者起到相反的作用，激起让人无法忍受的感激和亏欠感。弗洛伊德的"在分析中遇到的性格类型"可以被视为属于这一类。
> [1978/1994, pp.466-467]

与弗洛伊德或克莱因的观点相比，基于比昂的工作的新近精神分析观点更符合当前的发展图景。因为这个"性格"的图景指的是一个人可以开始学会对自己负责，并最终获得从好的和坏的体验中学习的能力，以建立他的人格。

这些小说描述了这种性格成长的条件，与那些几乎没有或根本没有发展的人形成了含蓄的对比。这一过程的核心是抑郁心位的关键挑战：对他人实际品质的现实评估，并接纳在那里所发现的东西；承受失去外在存在的能力，在面对缺席、面对怀疑与不确定、面对失去信任，甚至害怕被所爱的人背叛时，仍能保持内在存在的能力。决定性的因素不在于事实上的"好"与"坏"，而是在于建立关系以及理解体验的不同能力。

《爱玛》和《简·爱》包含了本书的几个重要主题，尤其是一些属于青少年后期的议题。只要人格能够在精神层面上经受住变化所带来的不安体验和丧失，它就可以成长。人格还必须能够与一个内在的思考人物建立认同，建立一个爱和依恋的焦点，这样一个人物最终可以独立于外在的起源和表现形式而发挥作用。心理的改变和生存依赖于羽翼未丰的自体被容纳和引导，无论是在家庭和生活中的亲密关系过程中，还是通过把作者的内心世界以象征的形式呈现给读者，或是在治疗师和患者的情景里某些类似的过程中。这些过程都会唤起婴儿最早期的体验。处于青少年后期的年轻人正与他精神上浮现出来的这个自体搏斗。一段亲密的关系可能会被期待，甚至被抓住，以缓解人们面对分离和步入成年生活的焦虑。根据个体内在的亲密能力，这种关系可能会进一步将人格与其未分离的自体捆绑起来，也可能会释放人格去继续发掘自己的潜力。爱玛和简未来的生活将如何展开还尚未确定。她们的选择和承诺也没有任何保证。但这些选择和承诺是以一种诚实和正直的态度做出的，或多或少可以让读者产生些希望。

# 第十五章

# 青少年发展的绿色世界

最后这一章将试图把之前章节中的一些线索串联起来，以一种积极的心态将它们结合到一起，并表明尽管有许多相反的迹象，但我们仍然可以在青少年的"内在故事"中找到一些希望。本章分为三节："森林里没有时钟""两首涵容的诗"和"一个青少年后期的梦"。

正如朱丽叶·杜辛贝尔（Juliet Dusinberre，2006）所言，在《皆大欢喜》中，"莎士比亚用预言的手指触摸到了未来的脉搏"（p.1）。因为这部戏剧如此全面地揭示了青少年世界的本质，既有内部的世界也有外部的世界，两个彼此分开且必然会分开的世界。在青少年的世界里，人们试图找到一种"解决"或"修通"自体感的方式。这个探索的发展成形（具有喜剧意味）是在一个无等级、无结构、无财产的充满可能性和机会的社会世界的"神奇"背景下。批评家诺斯罗普·弗莱（Northrop Frye，1957）将这种场景称为"绿色世界"，借鉴了夏季战胜冬季的象征意义，提供了"在将欲望世界视觉化时文学的典型功能，并非作为对'现实'的逃避，而是作为人类生活试图模仿的世界的真正形式"（p.184）。正如在《皆大欢喜》中一样，绿色世界通常开始于一个被代表为"正常世界"的地方，再进入绿色世界，并"在那里以喜剧的解决方案达到蜕变，并返回正常世界"（p.182）。

## 森林里没有时钟

《皆大欢喜》中的主要人物在一片陌生的土地上，发现彼此之间是陌生人，他们处于边缘或临界的地方或空间里——也就是这部戏剧中的亚登森林。此处，我们可以看到关于"心理时间"和"测量时间"之间的基本关系的阐述——这在青少年时期是非常重要的议题。虽然这部戏剧植根于伊丽莎白时代的文化——文学、社会、政治、美学——但它与现代也有着密切的关联。正如杜辛贝尔所说：

> 在古典牧歌和圣经伊甸园的神话中，有一群逃离破裂家庭和腐败政治的流离失所者。莎士比亚通过提出关于森林新环境带来的自由、复兴与再生的本质的深刻问题，创造出了一部具有非凡灵活性和深度的喜剧。[2006, p.1]

它的情节背景包括一个穿着异性服装的女主角、性别游戏，以及对模糊性别的探索，等等。

由于成熟的过程永远不会完成，在这部戏剧中，处理心理时间和测量时间之间的某种关系的意义在于，至少可以实现一定程度的成熟。G. 斯坦利·霍尔强调了这一点，他指出，如果"青少年期的可塑性和自发性可以一直持续到成年"，那就是天才的标志（Hall, 1904, vol.1, p.547）。

正如我们将看到的，卡萝尔·萨特雅穆提在两首诗中表达了，在完全不同的私人空间里，另一个不同版本的青少年心智的发展。我们能够在仅有的几个诗节中，欣赏心理与情感成长的浓缩体验，以及赋意的扩展，尽管状况百出。这里所描述的两个年轻女孩的道路并没有把她们带进实验性的、奇特的绿色世界，而是带领她们进入了各自努力寻找生命意义的孤独深处。

最后,我会提供一个青少年后期的临床病例——卡伦,她在治疗中成功地发展出了一种度过转变期的能力,而之前这对她来说还是不可能的。这个例子让人想起了爱丽丝的处境(见第一章)和蛋头先生对于成长所做的评论:"一个人可能没什么办法……但两个人就有办法"(in Beer,2016,pp.212-214)。

现在,借助戏剧和诗歌,我将回到"心理上度过的时间和测量的时间"这个议题上(Jerry Sokol,私人交流,2015)。弗吉尼亚·伍尔夫在她的小说《达洛维夫人》①(*Mrs Dalloway*,1925)中,对这一区别也进行了富有启发性的探索。这部小说基于那个时代的知识背景,特别是20世纪的现代主义作家以及精神分析思想对他们作品的影响。伊莱恩·肖沃尔特(Elaine Showalter,1991)指出:"对伍尔夫来说,外部事件的重要性主要在于它触发和释放内部生活的方式。虽然一个外部的事件或感知可能在时间上只是很短暂的一刻,但它对个体意识的影响可能持久得多、意义重大得多"(p.xx)。

尽管弗吉尼亚·伍尔夫并不热衷于精神分析,但正如我们在《达洛维夫人》中所看到的,她对探索人类意识的差异以及共时性的记录深感兴趣。在本章中,我将追溯处于《皆大欢喜》的核心地位的心理上的临界背景,与当代生活中的临界背景之间的关联。这个关联集中体现在青少年自我发现的过程中。[我不仅在横向上使用"临界"这个词(这里指的是跨越不确定的时间),而且在纵向上使用这个词(指的是意识水平)。]因为在这里,时间作为一个基本的度量标准,也作为不同意识状态的核心隐喻,对于理解青少年的心理尤其重要。

例如,在《达洛维夫人》中,弗吉尼亚·伍尔夫绝妙地揭示了她所

---

① 《达洛维夫人》是弗吉尼亚·伍尔夫在1925年发表的一部长篇小说,描述了主人公克拉丽莎·达洛维在第一次世界大战后的英国一天的生活细节,且全篇没有划分章节。——译者注

描述的共时性记录中不同时间框架之间的关联。她在那些与历史的、日常的以及可预期的未来的痛苦（以及快乐）同时做斗争的人们的心理世界里，在小说那24小时、一章到底的结构中他们的心理状态里，探索了伦敦的时钟，特别是大本钟（Big Ben）的重要性和意义。

> 哈利街的时钟在一点点地蚕食着这个六月里的一天，将它切碎捣烂，将它细细分割，仿佛在劝诱着服从，维护着权威，并异口同声地指出平衡感具有至高无上的价值，直到浩荡的钟声越行越远，只剩下牛津街上一家店铺门口高悬着的一口广告钟，还在那里温和又亲切地报时，好像里格比和朗兹商店很乐于为大家提供免费的信息，告诉大家现在是下午的一点半。① [ p.112 ]

莎士比亚的节日喜剧（Festive Comedy）中的时间也是断断续续的，正如海伦·加德纳（Helen Gardner，1959）所描述的那样："时间与其说是指针向前一点点的转动，不如说是一个把事情理顺的空间"（p.30）。"理顺"是对青少年时期如何度过的恰当描述：从人格不同部分间的，往往是痛苦且必要的整合方面来说，就是如何成为自己，或是如何成为一个自体（one-self）。因为与此时此地异常的情绪波动相关，时间变成相对的且是完全主观的。然而，青少年群体的所有成员都清楚地意识到，在社会和教育约束的背景下，时钟上的时间是如何变化的。这些约束是由考试要求和外部文化的总体目标设定驱动的，外部文化一边威胁着，也一边挑战着青少年的自然生活环境。这种时间持续的嘀嗒声，常常与心智和情感的发展状态格格不入，却在根本

---

① 译文引自陕西师范大学出版总社于2014年出版的《达洛维夫人》简体中文版，译者为姜向明。——译者注

上是极其必要的,因为它可以让那些不得不在波涛汹涌的水中游泳的人,以某种方式保持在可触及某种锚的范围内,以便还能保持对未来的关注(尽管不情愿)。

正如莎士比亚研究学者基尔南·瑞安(Kiernan Ryan, 2009)所说:

> 《错误的喜剧》(*The Comedy of Errors*; 是可考证的十部这样的喜剧中的第一部),标志着莎士比亚喜剧对时间观念发动的持续强烈的战争的爆发,这些时间观念把人们困在他们文化中可预测的剧本里。在《皆大欢喜》中,杰奎斯本人津津有味地向他在亚登的流亡伙伴们讲述了试金石[1]恶作剧般模仿着他忧郁的姿态时,如何嘲笑时间。这些喜剧对试金石①所嘲笑的那些被量化的、被校准的、按次序的时间类型颇为轻视。
> [pp.4-5]

试金石是传统意义上的"聪明的小丑"。在罗莎琳德和西莉亚的要求下,他陪同她们,这对表亲和最亲密的朋友,远离了腐败和暴虐的宫廷。因为,在这出戏的第一幕,罗莎琳德被她企图篡位和渴望权力的叔叔放逐;伴随着她的是永远保有爱与忠诚的西莉亚,她感觉被"解放"了。两个人都乔装打扮,热情地进入了亚登森林。在这里,我们也遇到了试金石,他将陪伴着她们。试金石拿着他自己的"表盘"或计时器,庄严地宣布,"一小时之前还不过是九点钟,而再过一小时便是十一点钟了;照这样一小时一小时过去,我们越长越老,越老越不中用,这上面真是大有感慨可发"(Ⅱ.vii.24-27)。测量的时间的平庸本质是不言而喻的,然而试金石也更微妙地提醒人们注意时间的不

---

① 试金石是《皆大欢喜》中的人物,他是公爵的弄臣和宫廷小丑,看似愚笨,说话却很有智慧。——译者注

可逃脱的性质；时间永远都是朝向不可逃脱的死亡前进——一个完全不同的记录。

忧郁而缺乏幽默感的道德学家杰奎斯，在被流放的善良老公爵的同伴中，描述了自己看到"这个穿彩衣的傻子对时间发挥的这一段玄理"时的反应："我笑了个不停，在他的表上整整笑去了一个小时"（Ⅱ.vii.32-33）。在这里，甚至连笑声也逃不过"钟表时间契约所强制执行的规范性制度"（Ryan, p.218-219）。在同一幕之后的部分，杰奎斯关于"人生的七个阶段"的愤世嫉俗的著名论述，被奥兰多的出场所打断。奥兰多背着古老而忠诚的仆人亚当（最初由莎士比亚本人扮演）逃离了他邪恶的哥哥。对杰奎斯来说，"终结着这段古怪的多事的历史的最后一场，是孩提时代的再现，全然的遗忘，没有牙齿，没有眼睛，没有口味，没有一切"（Ⅱ.vii.164-167）。这位"可敬的"老人亚当的品质，与杰奎斯对衰老的严峻描述相去甚远，也和老公爵对两位新来者的欢迎中的礼貌和亲切无关。奥兰多和亚当进入亚登的标志是阿米恩斯的美妙的民谣——这是这部戏剧中许多精彩的音乐插曲之一，因为它对恶劣天气和人对同类的残酷天性进行了比较。

> 不惧冬风凛冽，风威远难遽及人世之寡情；
> 　　其为气也虽厉，
> 　　其牙尚非甚锐，
> 　　风体本无形。
> 　　噫嘻乎！且向冬青歌一曲：
> 　　友交皆虚妄，恩爱痴人逐。
> 　　噫嘻乎冬青！可乐惟此生。

> 不愁冱天冰雪，其寒尚难遽及受施而忘恩；
> 　　风皱满池碧水，

利刺尚难比

捐旧之友人。

噫嘻乎！且向冬青歌一曲：

友交皆虚妄，恩爱痴人逐。

噫嘻乎冬青！可乐惟此生。①

[Ⅱ.vii.175-194]

  在这个田园牧歌式的环境中，时间和人类的幸福是以季节为标志的，而不受钟表时间的独裁。钟表时间是一个隐喻，一个统治着日常工作生活的隐喻，无论这个隐喻是多么不准确。然而，正如人们经常注意到的那样，森林中的生活最终还是回到了被放逐前的宫廷世界——尽管现在这个世界有了开明和变革的希望，与过去的政权中嫉恨的破坏性、几乎毫无动机的恶意形成了鲜明对比。像许多青少年一样，森林里的居民悬置了时间；他们可以无忧无虑地"逍遥地把时间消磨过去"（Ⅰ.i.112-13）。他们是否能够维持这种脱离时间体验（他们确实是这样！）的启迪仍然有待观察，就像公认的成长和发展的青少年时期（无论它"在过渡中"看起来多么不乐观），在每个个体的不同情况下是否能够维持（有时是，有时不是），也一样有待观察。

  当年轻人艰难度过了比昂所说的以 –K 型获得性学习为特征的、由目标驱动的时期后，突然感觉失去了过往的成就感和自我价值感时，精神崩溃的情况并不少见。正如我们在第五章中所看到的，他们经常遭遇身份危机，并对自己的内部能力有可能低于外部期望而感到畏缩。这种"知识学习"的文化满足了他们的需要，去做关于熟练地积累事实和信息的任务，而不是通过接触内心的体验（K）获得更具思考的能力，虽

---

① 本章中所有《皆大欢喜》的译文均引自人民文学出版社于 1986 年出版的《莎士比亚全集》简体中文版，译者为朱生豪。——译者注

然这可能很困难。

在《感受与形式》（*Feeling and Form*；1953）中，苏珊娜·兰格（Suzanne Langer）认为喜剧的精髓在于它以象征的形式体现我们对快乐的感知，感觉我们能够应对和把握生活中冲击我们的变化和风险。换句话说，她把喜剧看作生活战胜风险的一种富有想象力的表达。这种观点构成了在莎士比亚的"绿色世界"中所实现的积极成果，以及在青少年期至少更普遍地有希望实现的积极结果。

因此，莎士比亚伟大的喜剧可以被看作基于发展过程的幸福成果，特别是青少年期的幸福成果的描述（尽管正如我们已经看到的，这种成果的获得往往需要比传统青少年期更长的时间）。对于喜剧情节，其不可能性、巧合以及突然的逆转、伪装与揭露、变装与性别尝试，给我们呈现出罗莎琳德所谓的"世界的全部"。这是一个特殊世界的全部内容，在这个世界中，人物在不同程度上与他们自己、等级制度以及社会的不同方面接触。如果最终一定要走入婚姻，他们就必须这样做。本质上，婚姻是重新开始的象征，而不仅仅是传统。喜剧的纯正结构就是"结局好，一切都好"。这些象征改变了，但重要性不变，赋予的意义也不会变。

绿色世界并不符合儿童时代粗略的"好人和坏人"文化。因为森林里的居民也要承受"冬天的寒风张舞着冰雪的爪牙，发出粗暴的呼啸"。然而，老公爵可以把这种寒冷的环境看作"忠臣一样，谆谆提醒我所处的地位"（II.i.6-11）。公爵漂亮地表达了"容纳"的概念，这一概念贯穿了本书的每一页：这种能力植根于母亲和婴儿之间最早的、充满热情的亲密关系，对未来生活的各年龄段以及各阶段的动力都至关重要。在这里，正在学习的则是父母。

在《皆大欢喜》中，用来描述有着强弱等级与无情态度的动物王国的残酷和苦难的语言，和描述贵族争夺权力以及森林之外盛行的无情关系的语言大致相同。换句话说，那个原始的"王国"被理解为代表了人性的各个方面，在当时，这些方面需要勇敢地被认识到、被接受以及在内心中学习。这些世界，正如阿米恩斯的民谣中所表现的那样，代表了日常生活事件的一个不同的顶点，以及特定的且不同寻常的临界时间、空间和地点，不同的心理现实能够在其中协调，并最终能够得到解决，这是喜剧性的。戏剧本身的容纳结构提供了一个空间，在这个空间里，认同、抱团、孪生化、分裂和结对之间无序的局面被容纳并最终得以解决。

在喜剧中，宫廷世界中的身份地位，无论是在雅典、米兰、那不勒斯，还是在亚登森林附近的弗雷德里克公爵这里，都与自我价值感相混淆，并且行为准则的执行优先于真正的价值体系或伦理原则。最终的婚姻往往是对自体的双性恋方面进行的重大实验的结果。人们可能会说，伟大的喜剧女主人公，例如《第十二夜》中的薇奥拉，以及最特别的《皆大欢喜》中的罗莎琳德，都是通过她们作为塞萨里奥和盖尼米德的能力而被塑造成杰出女性的。在这里，引用亚登版对于盖尼米德的脚注是具有启发性的。其内容如下：

> 罗莎琳德这个名字是牧民诗歌的传统选择。……盖尼米德，一个美丽的特洛伊牧童，被朱庇特（伪装成了一只鹰）抓住，被带到奥林匹斯山作为众神的斟酒者，也与黄道带上的水瓶座有关。……因此，他被用来代表忏悔节。这个名字与同性情欲的联系引起了反戏剧主义者的极大恐惧……［p.187, fn.122］

这些人物能够"成长"，部分是因为他们在自己身上发现了一些特征，而这些特征在之前是被他们传统的社会角色所排除的。罗莎琳德在第一幕中抛弃了传统的自体，随着戏剧的发展，她在机智、有趣、诚实、智慧以及自我认知方面明显成熟了。（在莎士比亚的全部作品中，

她的台词比其他任何一个女性角色都多,而且确实独一无二地拥有属于她自己的尾声。)正如试金石所说:

你说过。——但是否明智,让森林判断。

[Ⅲ.ii.118-119]

我们可以把"节日喜剧"描述为构成了精神分析学家埃里克·埃里克森(Erik Erikson,1950)在他关于青少年期的著作中所探讨的一种性心理的延缓。这意味着这种暂停也是一种"被允许的"精神和时间空间的分离,也可能是一种有时间限制的性尝试(尽管其中至少有一些人会永久地停留)。青少年期的全部,在生命周期的这个节点上,可以被描述为是最具创伤性和被驱动的;也许是最痛苦的;至少在回忆中,很少是快乐的;时而感觉是值得的,但更多时候被极端的自我怀疑或者活现削弱。正如我们所看到的,逃避这种困境的途径可能包括对尝试与冒险冲动的明显的伪保护,通常与不受束缚的性行为或酒精与物质滥用有关;或者可能与过早的智力成就(对"小聪明"而不是智慧的追求,回到比昂的 -K 和 K 的公式),或者在很多事情上的混乱,甚至是严重的毁坏性的混乱(尤其在性方面)有关。随着青春发育期初期荷尔蒙的作用,世界突然变成了这样一个地方:充满了强烈得让人吃惊的性欲,充满了自慰、摸索、挫折、内疚,以及对同性恋和异性恋的渴望。回到我们开始的地方,D. H. 劳伦斯如下的说法引起了人们的共鸣:

现在,是一个新的世界、新的天堂和新的大地。如今新的关系形成了,旧的关系不再重要。爸爸妈妈无可避免地让位于老师,兄弟姐妹则让位于朋友。这是一个充满狂热的爱恋、青春的崇拜和开始真正的友谊的时期。青春发育期之前的孩子有的只是玩伴。发育期之后,他有了朋友和敌人。

……

这是陌生人的时光。现在该让陌生人进入灵魂。[1923, p.102]

正如我们看到的,这些令人苦恼的年岁,在空间上(是指内在空间)和时间上,都是"陌生的"。这些岁月看似有着不可能完成的任务(尽管绝非这个阶段所特有的任务),但无论是基于内部的还是外部的成长,这些任务都是不可避免的、"成长"过程中固有的。青少年期的大部分"工作"是,要创造一个空间和时间以及一种存在方式(即使只是暂时的或部分的,无论是在内部还是外部),让青少年至少在心智中是"另有别处"的,尽管在大多数文化中,也会被普通的社会规范束缚。例如,"另有别处"的创造是戈尔丁的《蝇王》中的太平洋岛屿设定的特点——这是一个与大陆隔绝的地方,坠机发生后,一群男孩被困在那里,与成年人的世界隔绝;如果内在没有这样的一个世界,男孩的内部结构要么崩溃,要么完全地保持不变。《哈利·波特》系列书籍广受欢迎的成功,可以说是根植于 J. K. 罗琳(Rowling)对 11—18 岁发展阶段的深刻见解。她同样把"另有别处"作为年轻人体验中的一个重要维度。但是,正如我们已经看到的,这种"另有别处"并不是什么新鲜事,存在于各个时代,特别是在伟大的古希腊喜剧和莎士比亚的喜剧中。

节日喜剧的早期背景,无论是显而易见的还是像我们这里推断出的,通常与建立压迫感和等级与控制感有关。必须要抛弃政治、文化以及家庭制度,或者是从中逃离,以便发展出一种不同的、个体独特的存在方式。这种方式可能构成一种潜力,可以创建新的(也必然是改变了的)代际传递版本的出生与更新。焦点在于其中的人物如何以复杂的且往往是奇异的方式,至少像《皆大欢喜》和其他一些喜剧中那样,在陌生的森林,或者"另有别处"的岛屿和海岸,找到自我和未来的伙伴,确认了自然生命周期的延续。这是一种强有力的对希望的表达,但是,正如乔治·艾略特在她的小说中无可辩驳的表述，最终的婚姻不过是"一个边界"，意味着一条分界线，一种未知生活的开始。

在这部戏剧中，时间主题既有度量的功能，又具有隐喻的功能。它也是临界生存的概念的一部分：正如前文所表达的，戏剧的绿色世界和人类生活的青少年世界本质上是临界的和（或）边界的地方与空间。在这里，在一段时间内，测量的时间是一种限制、一种压迫的形式，某种解决方案悬而未决。在喜剧中，绿色世界的生活发生的实际时间通常是模糊而不确定的——也许只是仲夏的某个晚上。但这是莎士比亚的"神话"世界。在实际的青少年期过程中，面对、承担甚至可能解决这个年龄的复杂任务需要花费若干年的时间。

在《皆大欢喜》中，这两个版本的时间在这个"时间"隐喻对比鲜明的世界中更加两极分化：一方面，时间是森林里的时间，在那里"没有时钟"，季节比君主更有影响力；相反，另一方面，试金石对宫廷的时间的描述，正如我们已经看到的，使杰奎斯如此着迷。在这里，还有诸多界限实验：在性别方面（男性和女性之间的移动）、在性存在方面（在同性恋与异性恋上暗示性的反向定位），还有，在阶级方面（在牧羊男孩盖尼米德和老公爵的大女儿罗莎琳德的关系中——他们是同一个人，当然，是由男演员扮演的）。

有趣的是，普希金（1831）保留了开放的时间框架："在时间长河中，缺乏经验的躁动终将平息……"（p.lvii）。在戏剧或诗歌中，时间框架被限制在艺术作品的范围内。"缺乏经验的躁动"将年轻人定位在他们幼稚的过去与成熟的、成年人的未来的可能性之间的某个地方。罗莎琳德很快就继续"摧毁了时钟虚假的客观性，证明了时间的相对性质，以及我们对时间流逝的感知是如何被主观性和环境扭曲的"（Ryan，2009，p.6）。

然而，正如唐纳德·梅尔泽（1973b）所说，许多人害怕生活在不确定中，并且用前青少年期的自我保护和防御机制武装自己，他们最终可能会在青少年时期陷入一条"隧道"里。目的很明显，即尽可能快速地、毫发无损地进去并在另一边出来，通常是通过模仿父母的习俗，而并非反抗他们，或者以适当、痛苦和哀悼的方式与他们分离。然而，当不再受到家庭壁垒的保护时，他们"玩偶之家"的存在开始崩溃，变得尤为明显的是，这些年轻人对于踏入他们自己的成年生活远没有准备好。换句话说，许多人没有足够的内部资源去跨越这个门槛。

每个人在生活中的旅程都不得不穿越景色中有挑战性的、复杂的地形，就《皆大欢喜》而言，我关注的重点一直是剧中人物在这样的情形下，如何能够穿越，并且真的设法实现了穿越。正如我们所看到的，莎士比亚用森林中的活动表达了这个方面。

我们第一次遇到那对未来的恋人独自在森林里时，罗莎琳德伪装成盖尼米德，用开玩笑的高傲的口吻向奥兰多唐突地问道：

> 罗莎琳德：听见我的话了吗，树林里的人？
>
> 奥兰多：很好，你有什么话说？
>
> 罗莎琳德：请问现在是几点钟？
>
> 奥兰多：你应该问我现在是什么时辰；树林里哪来的钟？
>
> 罗莎琳德：那么树林里也不会有真心的情人了；否则每分钟的叹气，每点钟的呻吟，该会像时钟一样计算出时间的懒懒的脚步来的。
>
> 奥兰多：为什么不说时间的快步呢？那样说不对吗？
>
> 罗莎琳德：不对，先生。时间对于各种人有各种的步法。我可以告诉你时间对于谁是走慢步的，对于谁是跨着细步走的，对于谁是奔着走的，对于谁是立定不动的。
>
> [Ⅲ.ii. 288-302]

接下来是一场幽默的对话。在对话过程中，罗莎琳德精彩地给奥兰多举了几个例子，说明心智状态与体验时间的速度相匹配，衡量时间的标准不是时钟，而是精神层面的态度。

在《皆大欢喜》中，获得"真实"身份的概念并不依托于黏附性的（如模仿性的）或投射性的（如进入他人的人格或站在他人的角度）心智状态，而这些心智状态往往会构成所谓的日常存在的规范；相反，它们在一种富有想象力和浓缩的事件展开中找到了表达方式，这些事件是内部的象征而非外部的现实。随着时间的推移，当代青少年在这个过程中，以不同方式调整他们与内部世界和外部世界的关系，并在其中找到自己，或是令人遗憾地失败于此。正如我们所看到的，他们居住在自己喜欢的书籍与电影中的虚构的、富有想象力的世界里，而这些世界往往是在其他的时空或星球——确实是另外的世界，同时是他们以某种方式独自栖居的世界，这是多么令人惊讶（见第十三章）。

在这出戏的第五幕中，分歧的解决是通过盛大的、完全非现实的姿态达成的：奥兰多那好嫉妒的兄弟奥利弗和篡位的暴君弗雷德里克公爵的心态都发生了转变。喜剧就是这样，最终一切都得到顺利解决。事实上，该剧以四桩婚姻结束，在一个名副其实的救世主的保护下，婚姻女神许门（Hymen）出人意料地出现并且主持了最后的过程。

通过假装发现真理、通过辩论发现什么是智慧和什么是愚蠢，这是《皆大欢喜》的核心，也是处于最好状态的青少年期过程的核心。但是，无论是在心理上还是行为上，在戏剧本身和青少年世界的磨难中，主要的统一概念都是隐喻的时间与实际时间的概念。然而，在这两个世界中，时间都并不是无限的。在戏剧中，人物将要从他们的森林背景的"更真实"的世界，返回所谓的"真实"世界。在生活中，年轻人将面临喜忧参半的"外部世界的成年人生活"，尽管我们希望，现在他们内在承载了一个更真实、更稳定的自己；在这两种情况下，他们至少带着某些身份感，无论他们还有多远的路要走。

## 两首涵容的诗

把莎士比亚戏剧的这种景象与当今任何的诗歌表达联系起来，就是在强调：尽管形式上完全不同，但某种感受"历久弥新"。诗歌可以表达其他版本的绿色世界，虽在这里被浓缩在几节诗句中，但内容上却跨越多年。我们在探索这个事实时，遇到了更个人化的版本的方式，通过这些方式，那些最被剥夺、误解的并且痛苦的自体，却仍然能够找到一些内在的、求生者的资源。在这里，我们对莎士比亚笔下的绿色世界所代表的意义进行了非常简短的了解，现在它不再是神话，而是现实。字词——无论是以知识的名义，还是以陈词滥调的名义（也就是说，以牺牲想象力为代价）——用来束缚而非解放时，就会抑制甚至中止发展，这些可能的影响是许多文学作品中明确的主题，有的已经在有关小说的部分进行了探讨。但在这里，我将集中讨论卡萝尔·萨特雅穆提的两首诗，《字里行间》(*Between the Lines*) 和《传承》(*Passed On*)。两者诗都以各自的方式充满讽刺。在第一首诗中，年幼的青少年被家庭文化禁锢，日常语言中使用的文字在意义上是索然无味的，或者被其他扭曲和掩盖现实的词语所取代，将正在成长的青少年置于一种在地下存在的境地，"求索着/解放自我的语言"。这首诗描绘了一个年轻女孩极度痛苦的体验，她被困在一个充满暗示、影射和否认的世界里。它痛苦地传达了一个人的遭遇——她的生命中没有任何具有意义的容器的痕迹。然而这首诗本身，虽然只是一首诗，却构成了这样的容器。这个女孩所居住的"家"的世界，仿佛是我们首次见到罗莎琳德时，她所生活的充满束缚和欺骗的宫廷情境的一个翻版。

> 文字是防尘罩，是百叶窗，
> "因为难以呼吸"而不时死去的人

是我的梦之翳。

婴儿们降生

从何而来，大人们语焉不详。

对于身体的部位

名词显得过于强悍；他们是

简短、无家可归的介词——"在里面"

"在那里""在后面""在下面"。没有一个字

来述说黑暗中发生了什么，只能在无意中偶然听见。

背地里，求索着解放自我的语言

我按下收音机

阅读禁书。并且曾经

拜访了科尔先生。他的十七只虎皮鹦鹉

赞美上帝，持续不断。

他说，他热爱所有文字，却

为索吻而词穷。整个夏天

我渴望问问我的母亲，饿死自己，

祈祷，想象着裙子越来越紧，

希望从十楼跃身而下，能够让一切重回正轨。

父母在其他房间争吵，

紧闭的双唇发出低沉的呢喃

淹没在毛面壁纸之间。

出了什么问题，他们说了什么

不能和我分享。

> 他一言不发地跨过门槛。
> "砰"的一下摔门而去。"去和你的工作过日子吧!"
> 我的母亲说,而后,
> 她找到我的日记,撬开锁,
> 迫使我剪碎那些猜测沉默缘由的日记页。[①]
> [《字里行间》,萨特雅穆提,1987,p.71]

这个年轻的女孩,和许多女孩一样,在成长过程中没有希望或期待会有一个为她而存在的、回应的声音,能够让她理解她的世界、她令人窒息的好奇心,以及她的焦虑。(她的"成长"是外在的,几乎没有任何一种内在的、精神成长的养料来源。)很明显,她无法获得比昂所描述的那种情感上的"常识",它赋予体验一种真实的感受——这是建立心理现实的基础,就像感官印象的收集为建立外部现实提供一致感一样。但是,正如我们在最后所了解到的,也许这个孩子的救赎在于,不管发生了什么,她可以在自己的内在资源中找到某种"容器"(即她的日记、她的写作)来容纳她的感受,这个成果也许来自她的收听(电台)与阅读(书籍),以及来自她日记中关于她自己的记录。

此处,在描述意义是如何被委婉、迂回以及沉默破坏时,文字以流畅的修辞削弱了文字。然而不知为何,这个年轻女孩的精神却幸存下来,清晰表达了对性虐待和情感虐待的恐惧、心照不宣的对生活基本事实的无知、不言而喻的躯体现实(怀孕、出生、死亡)以及情感缺失(困在成人世界的不足和虚伪中)。这些都是难以消化的体验,与其说它们趋向思考,不如说趋向行动——"砰"的一下摔门而去,撬开锁,剪碎日记页。

从名词到介词这种对语言削减的描述,说明了这个家庭情感生活的浅薄,缺乏接受年轻人的无知和痛苦的能力;简而言之,说明了潜在的

---

[①] 《字里行间》和《传承》两首诗歌的翻译,由南京航空航天大学外国语学院任虹副教授审校,特此感谢。——译者注

意义被削减成无意义的细节。然而，这个年轻的女孩确实注意到了沉默和那些含糊自语的重要性。无论情感荒芜的"家"看起来多么凄凉，儿童/诗人都能凭借人类投入体验并使其有意义的非凡而神秘的能力，利用内部资源表达和容纳自己的情感。这首诗浓缩并传达了难以应对的痛苦体验，甚至在最后一部分的虐待侮辱行为中，包含了父母的侵入以及对女儿（日记）隐私破坏性的侵犯。母亲活现了自己在情感上无法容纳的感受：她最原始的信念是通过在物理层面剪掉并扔掉日记页，她会消除孩子的认知，似乎也能从自己的心智中消除婚姻失败的痛苦。

这首诗以令人回味的方式用文字描述了文字本身的匮乏或缺席，从而直接表达着生活在阴影中、意义耗竭、"在防尘罩子下"看不到光明时，生命的情感匮乏与缺失。再一次，剥开这个孩子关于少女时代体验的描述在表面上的简单性后，出现了一个高度清晰而内涵丰富的理解：缺乏适当象征性的对人类体验的表达，对发展造成了深远（但不是无法挽回）的阻碍，而其根源在于缺乏对情感体验本身的容纳。

曼德尔斯塔姆（Mandelstam，1977）用不同但引人入胜的措辞描述了文字与意义之间的关系：

> 每一个词都是一包材料，它的意思伸向各个方向，而并非力求朝向任何一个官方的观点。当我们念出"太阳"这个词时，就好像在进行一次盛大的旅程……诗歌……在一字之间可以唤醒我们，摇醒我们。然后，这个词证明了它的意义比我们以为的要丰富得多，我们记起，说话就意味着永远在路上。[p.13]

"也许，"一位让我注意到这段话的朋友提示道，"一个词的含义比我们想象的要多得多，这一点也许可以应用在精神分析中所说的词汇上，不是吗？"（Martina Thomson，私人交流）

正如我们已经看到的，在爱与恨（L和H）的基本发展轴上，比昂加上了"K",以此表示他所认为的内在需要或渴望,以及能够将感受与思维联系起来,并将内部世界和外部世界的体验相结合的认知。

卡萝尔·萨特雅穆提的诗《传承》,无论是在内容上还是形式上,都描述了意义的容器形成的过程,同时,它本身也像《字里行间》一样,提供了一个容器。

> 之前,这个盒子里装着我妈妈。
> 几个月来,她一直派我去买索引卡
> 用那松鼠般的专注力在上面涂鸦
> 我抱怨着,眼见她的体力
> 随着指尖流出的蓝墨汁流逝,
> 她在为我不情愿理解却即将来临的严冬绸缪。
>
> 直到打开它,我才看到
> 她是如何把自己的肉体变成纸张
> 按照字母顺序,
> 在她能预想到的每个方向,等着我的到访
>
> ——针灸:适用的情况
> ——书:二十一岁能够阅读的
> ——泡芙酥面①:如何制作,什么时候使用
>
> 这些卡片看护着我,我洗牌时
> 几乎可以听到妈妈正在说话,之后,我便生活在

---

① 针灸(acupuncture)、书(book)和泡芙酥面(choux pastry)对应的英文单词首字母分别是 A、B 和 C。——译者注

她组装的盒子下（或是说我在安全地玩耍？）
所有的疑问或选择，总能对应到一张卡

——考试：最佳复习策略
——鲜花：修剪，如何让它持久绽放
——希腊①：男人，你需要知道的

但后来卡片似乎缩小了。我会把它们翻过来
却发现全是空白，边缘已经起毛、不再有她的声音
全是错误，全是缺失。她知道吗？
语言指向了没有说出的话。
我在旁边加注，显得那么奇怪
在她急切的教条主义之外，紧紧抓住的手松开

——永不谈爱的不定式
包藏心机的欲望
小心又无望中提防

在海滩上，我搭出一个空心石冢
把卡片撒进去，我放走了她
薄烟袅袅而起，渐渐变得模糊
我会留着盒子来保存日记，就像现在这样。

[《传承》，萨特雅穆提，1987，p.146]

---

① 考试（exam）、鲜花（flower）和希腊（Greece）对应的英文单词首字母分别是 E、F 和 G。——译者注

在第一行赤裸裸的文字陈述——"之前，这个盒子里装着我妈妈"，以及简单而富隐喻性意义的最后一行——"我会留着盒子来保存日记，就像现在这样"之间，我们追溯了一段漫长、艰辛、动人而十分复杂的内心历程。诗人／女儿冻僵在对预期丧失的否认中，她描述出一位母亲感到的紧迫感：这位母亲模糊地意识到自己的心智能力正在衰退，但却清楚地预料到她会过早地死去，因而试图在索引卡上为她年幼的女儿"储备"一本关于未来的百科全书。这是一本在母亲"逝去（pass on）"后，关于什么和为什么、关于怎么生活和不要怎么生活的百科全书。暂时而言，母亲疯狂地传递着宝贵的建议和说教，以在即将来临的丧亲之痛的黑暗冬季里滋养她的女儿，试图用过时的指导减轻她自己和女儿的痛苦。

这个秘密计划带着一种强迫性的悲伤。对于事实和细节持有的感人且执拗的关注也许能使这位母亲免受自身困境带来的痛苦，但同时也切断了她与女儿的情感联结，而这种联结才可能在未来生活的孤独阴影中提供更持久的、真正的滋养。

诗人用一个单词或短语强有力地表达了女儿的抱怨，但是由可怕的预期串起的内疚、沮丧，既不能也无益于涵盖正在发生的事情的意义，只是视而不见。诗人精确地让人们看到丧亲后一种毫无意义的"盒状"生活的束缚，因为这个女儿紧紧抓住了外在的、来自母亲的具体表征，即母亲的选择和建议，然而却丧失了或搁置了她的自体感，只能暂时完全地依赖于这些。

只有慢慢地，她才能让自己认识到事情的真相——她母亲心智中实际的空白和混乱，也许也代表着由代际差异引起的实际空白和混乱。她努力地找回自己的思想。她最终能够做到这一点，可能表明她的母亲在早期也曾经拥有过丰富的情感能力。

这是一个痛苦的哀悼和修通过程，在此过程中，外在的人物最终可能会被放下，作为一个亲近的内在存在安置下来。随着女儿逐渐接受她母亲本人和索引条目的重要性已经被"传承",她发现同样"传承"给她的还有一个装满意义的容器。

最终,这个盒子不再是一个精神破碎的母亲的方方正正而用处有限的建议库。随着时间的推移,女儿可以开始领会她的母亲对于"抛弃"女儿,对于在女儿还有很多东西要学的时候不能陪在女儿的身边,感到多么绝望。最后,女儿/诗人可以想象着母亲允许她成为她自己——去容纳和表达她自己生命的意义,以她自己的方式生活。

## 一个青少年后期的梦

卡伦,一个18岁的模特,因为治疗师生病而面临治疗的过早中断。她最近的一个梦初步表明一个类似的,尽管可能不那么强大的内摄过程正在发生。卡伦曾因抑郁寻求帮助。她不顾一切地想打破通过攀附依赖与男人建立关系的模式:她像受虐狂般无法与人分离,除非像攀缘植物一样,拥有了可供她依附的其他支撑结构。

在治疗过程中,她有了巨大的发展。在最后几次会谈中,放弃治疗给她带来的痛苦与愤怒是剧烈的。作为六个兄弟姐妹中的老四,她的生活从一开始就构成了一种团体体验——家庭态度被刻板地定义为,要么接受、要么反对团体当时的主导文化。在开始治疗之前,她几乎没有公开表达或思考过自己的私人情感体验。不得不离开如此重要的一段关系,是漫长的一系列过早"断奶"的体验之后的又一次,唤起了她强烈的孤寂、被遗弃以及愤怒的感受。她早期的丧失在情感上都过于直接了。在这个梦境里:

> 我发现自己在一个宽敞而美丽的房子的前厅。有几扇门通向内部,黑暗的通道连接到外面。我觉得我曾经进过这个通道,但是要进去的时候,我感到了不确定与不安。这个小房间

本身很可爱，镶着和我儿时的家一样的镶板，有许多凹处和壁龛，里面有精致的珍贵物品——瓷器装饰品、玻璃、木雕。房间里弥漫着一股香料的气味——闻起来像没药和乳香。我的目光被一件特别的东西吸引住了，一个有着特殊易碎感的、美丽的蓝色玻璃碗。我凝视着它，有点相信它是属于我的，我有权利把它带走，但又觉得这样的话可能会变成偷。一个身材高大、皮肤黝黑的女人走了进来，看来她是主人。当我们互相对视时，我就"知道"那个东西确实是我自己的。

当（身材高大、皮肤黝黑的）治疗师和病人一起探索这个梦时，它的意义便开始显现。这个梦生动地传达了卡伦的生活。仿佛她的骨子里就有济慈的"少女思想室（Chamber of Maiden Thought）"（1818年5月3日致 J. H. 雷诺兹的信，in Gittings，1970）。她意识到这些通往前厅的黑暗通道，但当她感到如此孤独时，却害怕走进这些通道。气氛是感性的，让人想起过去的体验，并唤起出生与丧失的感觉（乳香和没药）——她羽翼未丰的自体的出生，以及在外部丧失一段如此重要的关系。尽管失去了父母，她和父母的内在关系似乎已经稳固下来，因为这座房子唤起了她父母家的特征，这是她现在可以品味和欣赏的东西，而在此之前，她只能嫉羡和怨恨——那些模糊的记忆，正如华兹华斯在《不朽颂》（*Immortality Ode*）中所说的那样：

> 那个，先不管是什么，
> 那是我们一生的光源，
> 是我们眼中最明亮的灯。
>
> [ll.153–156]

那些"情感上"的记忆现在可以用来支持卡伦，而不是因为它们的缺失和不足而只能用来痛苦地"回忆"。

尽管卡伦对治疗过早地结束感到非常愤怒和痛苦，并且害怕是自己做了什么才导致了结束，但是她还是意识到房子的主人/治疗师就在身边（在她的内心世界占有一个位置）。一个容纳意义的容器的象征（蓝色玻璃碗），这被感知到的（容纳的）能力是治疗师提供给她的，她又将其为己所用，这个象征代表的是对治疗工作取得的成果和内化的确认。她内化的不仅包括对治疗师的感知，还包括她一直抱持心智状态，直到它们能够找到一种形状或形式的功能，就像在梦中那样。这个梦感觉像是一份礼物——表达出一种意愿，愿意修复卡伦所恐惧的、因她悲伤欲绝的愤怒与过早离开的绝望所带来的可怕伤害。它为在内部建立一个感受容器提供了一个隐喻。但也许这只碗的脆弱性在某种意义上提示了早熟的影响，表明了卡伦的不确定感。也可能是因为她害怕自己对治疗师强大的、功能性的品质的内化，少于对某种非功能性的脆弱和珍贵的内化。她担心自己很快就会被焦虑压倒，担心自己没做好足够的准备进入生活的黑暗通道——济慈的"多处公寓的大厦（Mansion of Many Apartments）"（1818年5月3日致J. H. 雷诺兹的信，in Gittings，1970，p.95）。济慈本人甚至刚刚走出青少年期，他就在书写人类的生活，以及在他所谓的"黑暗通道"中前行的巨大负担和困惑，对于那些有力量持续"进入人类心灵"思考的人来说，这些黑暗通道就在前方（pp.95-96）。他用这些文字形容华兹华斯，但这些文字同样也可以应用在济慈本人身上。这些文字被创作出来的时候，他的父母已经早逝，而他又不得不接受他哥哥即将去世的事实；而且，他很清楚，他自己也会如此。生活在这些阴影中，他写出了他最美好的诗句。

* * *

本书里我所触及的所有种类的生活中，无论是虚构的还是真实的，都包含了与成长和发展的本质相关的多方面的过程，以及促进或阻碍这一过程的外部和内部力量。就当代青少年的生活而言，可以肯定的是，外部力量的负面影响是特别强大的，但这不是我希望总结出的重点。因为就"内在故事"而言，我们有理由抱有希望。许多作家和思想家都证明了这一点，这可以追溯到荷马的传统，通过柏拉图、亚里士多德，以及伟大的小说家和诗人，特别是19世纪和20世纪的作家。

G. 斯坦利·霍尔认为青少年文学"应该被视为一个独立的类别，在文化史和批判史上占有一席之地"，这个愿望在当代的青年小说中得到了充分的实现。换句话说，现在人们对霍尔所说的"这个转变的时期对未来的生活具有决定性作用，对于未来生活而言，单单这个时期就能给出答案"（Hall，1904，第一卷，p.589）有了正确的认识。正如我在第三章中提到的，霍尔引用的亚里士多德的《修辞学》，现在重读则显得非常现代。自始至终，提到青年时期，他都在说"一切事情都是有希望的"（p.522）。

在《卫报》（*The Guardian*）对汉娜·西格尔（Hanna Segal）的最后一次采访中，90岁的她表示：

[采用她在科马克·麦卡锡（Cormac McCarthy）于2006年出版的后启示录寓言《路》（*The Road*）中首次发现的生动象征] 重要的是保持一点点燃烧的火苗，无论它多么小，无论它多么隐蔽。我发现这非常有用：我们生活在一个疯狂的世界里，但对于我们这些相信某些人类价值观的人来说，让这小小的火苗持续燃烧是非常重要的。这关乎相信你的判断，相信爱的力量。一点信任，一点关心。[in Henley，2008]

我把"小小火苗的燃烧"理解为希望的象征；尽管微弱，内在之光的表达仍然可以让某些东西保持明亮和温暖，这正是在灾难性的黑暗之日里维持生命所需要的。

在我与青少年打交道的约50年间，无论其中的某些日子有多少黑暗，我始终得以抓住众多希望的象征。这些希望的象征大大地丰富了我的工作生活。

# 注　释

1. 记住"试金石"的标准含义可能是有帮助的，它是"用来测试任何东西的真实性或价值的东西——一种测试标准"。而且，巧合的是，它在戏剧中有淫秽的意义，是睾丸的一个更惯用的术语。

# 附　　录

　　我尽量在本书中减少专业术语的使用。然而，在借鉴特定的精神分析见解时，使用一些术语是必要的，并需要对此加以说明。

　　有时，我会提到"客体"和"客体关系"。这些可以被描述为人物和关系的内部表征，具有情感上的重要意义（无论是积极的还是消极的）。举个例子，婴儿之所以拥有好的和幸福的内在体验，是因为他们不仅被食物喂养，还被爱与关怀喂养。当这样的体验不断被重复时，婴儿会感受到内在有一种好的源泉，他会觉得这是某种具体的存在，是他的一部分，而不仅仅是来自外部的东西。他和一个好的"客体"有一个好的关系。

　　另一个术语是"ph"开头的幻想（phantasy），而不是通常以"f"开头的幻想。这在精神分析著作中用来描述一个人连续的内在无意识的心理生活的内容。"f"开头的幻想（fantasy）意指日常的、有意识的想象生活。

　　还有某些复杂的思想是通常意义上发展故事的基础。即使对那些已经熟悉它们的人来说，它们也有些晦涩难懂；对那些不太精通精神分析理论的人来说，它们是相当让人迷惑的。尤其是投射性认同和内摄性认同的机制以及俄狄浦斯情结的概念。这些概念被持续热烈地探讨着，但我们依旧不容易对其做出严谨的定义。在这本书中，随着这些概念不同版本的出现和重现，它们逐渐获得了进一步的阐释和含义。但是，首先，我们要以最简单的形式来描述它们。

投射和内摄的心理机制可类比于排出和吸纳的物理过程。它们是建立和处理关系的基本模式，就像排泄废物和吸收营养一样基本。投射和内摄是自己同他人之间有意识与无意识的情感交流的渠道。在人格发展的过程中，很多东西都取决于这些机制的力量、质量、强度和流动性，或者相反，取决于其不妥协性。

婴儿最初与世界产生联系，并通过他对母亲的体验来吸纳这个世界。因为她是他的整个世界，他对她的情绪十分敏感。她笑，他也会笑；她悲伤，他也会皱眉。当一个婴儿生气时，他往往会彻底地生气。他整个人都会觉得母亲是让他痛苦和愤怒的根源。为了摆脱这种感觉，他会把这种感觉推回到假定的源头，即他的母亲。在他眼里，母亲本人已经变坏了。所以，他吸纳了自己内在有一个坏母亲的感觉。当她安抚和喂养他时，他便感觉良好，他的母亲就再次变成了一个好母亲。他把自己的坏感觉"投射"到母亲身上，并且把坏的感觉和她联系起来。他"内摄"了对她的平静的、令人满意的、好的体验，他自己的内在也获得了一种好的感觉。他感觉自己是"好"的。

另一方面，如果婴儿持续地体验到母亲拒绝与他交流，母亲似乎对他的感受无动于衷，反复地用情感的"白墙"应对他的感受，那么婴儿便会内摄一些对情感交流没有回应的东西，他自己也可能会变得没有回应性。也就是说，他感受到的自己的品质与特征，是他首先体验为属于他母亲的品质与特征，然后是属于他自己的。

一个人的体验的质感是由这些投射机制和内摄机制之间不断的相互作用构成的。每一个术语都是令人困惑的，这是因为精神分析理论利用每一个术语来理解如此多不同的想法和功能。实际上，"投射"和"内摄"在一起共同描绘出人与人之间交流的本质和意义所具有的特征。这些术语包含了自体的一系列动机（来自不同程度的需要、焦虑或者安全感），和他人的一系列回应。当克莱因（1946）首次阐述投射性认同的机制时，她描述了这种机制具有不同的侧重点和强度。她指出，良好感受的投射是共情的基础。她还提出，婴儿需要摆脱，或者否认，或者排空自己不好的感受，因为这些感受对他来说无法承受。后来，其他精神分析学家提出了进一步的动机假设：例如，婴儿可能会寻求与母亲不可分割的联结，或者变得与母亲一样，或者控制她，或者纯粹是努力与她交流。关于最后一点，比昂关注了这样一个事实，即这种投射过程，即使是看上去主要是为了排空坏感受的投射过程，也几乎总是包含着一种沟通。当婴儿开始意识到自己的哭声会引起一种特定的回应时，这种哭声便愈发成为一种沟通的尝试——告诉母亲他正处于痛苦中或正处于压力中。

就母亲的反应而言，"投射性认同"这个术语描述了婴儿的幻想，即他的母亲实际上感觉到了他指向她的或试图"放入"她内部的任何东西。婴儿觉得他的母亲已经将这些感受具身化。于是母亲变成了被憎恨的和满怀恨意的自体。但如果最初的情感或冲动特别强烈，并且背后的力量也十分强大而持续，这个术语便也可以描述母亲实际上受到影响的现实。因为受到惊吓的婴儿能够向他的母亲灌注他的恐惧。她可能会开始在现实中感受到他的恐惧感。她甚至会根据这些感觉采取相应的行动。在这里，"投射性认同"涉及把某种东西放入或者施加在别人身上。精神分析理论关注的是为什么这种东西会被通过这样的方式放入或者施加在他人身上，以及它随后将会发生什么。

当婴儿的哭声或微笑没有得到照看者或母亲的任何回应时，婴儿就没有机会吸取或"内摄"这种体验——痛苦的感受被一个心智或情感存在（emotional presence）所理解并且抱持，让婴儿感受到这个心智或情感存在有关爱和有能力让事情变得可以忍受。被感受到的坏的"东西"，会被婴儿吸纳。它将是一个被体验为不合适的"东西"，或是一个"异物"，或是一种内在的被迫害的感受。对婴儿来说，为了获得或保持任何一种内心的平静,这个"东西"将必须再次被摆脱掉,被重新投射。由于本书主要聚焦在发展而不是病理上,所以我对内摄过程的主要关注点是积极的。我没有过多地顾及上述这类序列,即直接投射—内摄—再投射。我也没有过多讨论那些较长期的过程——在其中的内摄过程中,婴儿建立起一种自我意识,认为自己在某种程度上与母亲一样,是无回应的、冷酷的或抽离的,或者被这样的母亲吞没,并且逐渐变成这样的人。尽管有一些序列的确在一些报告的病例中出现过,但是我也没有加以详述。

　　回到关于内摄的更简单的情况:婴儿体验到一个敏感的、回应性强的母亲,这越来越让他感受到自己也变得敏感和具有回应性。他吸收了一种体验(被喂养或被理解的愉悦),他把它储存于内在——充满爱意的眼睛的画面,或是在身体和情感上被容纳的印象。这感觉好像是对母亲的能力(抱持的能力和爱的能力)的实际吸收,好像这些能力是实实在在的客体。通过这个过程的重复,婴儿开始感觉到这位具有容纳能力、慈爱的母亲是一个在他内部的明确存在,作为他自己的一部分,即一个"好的客体"。因此,他自己也逐渐发展出容纳和爱的能力。

　　这种更积极的内摄性认同会导致人格的加强,因为婴儿已经能够慢慢地吸收好的体验,这些体验已经缓和了婴儿的恐惧和焦虑。早期迫害状态所特有的那种相当绝望的、持续或有力的投射—内摄—再投射的过程,其必要性越来越低。简单的内摄鼓励成长,并且随着个体性的增加,独立思考的能力和做自己的能力也在增加。投射和内摄可以通过参照它们最简单的表现用这种方式描述。一个对投射和内摄的概念有认知的观察者,能够因此理解人类的各种相互关系。通过进一步的观察和假设,我们对这两者有了更多的了解。它们不适用于直白的定义,正如玛莎·哈里斯(1978)所说:

> 内摄仍然是一个神秘的过程:对外部世界中被感官理解

（并且，正如威尔弗雷德·比昂所指出的，用为了应对外部现实而演进的语言描述）的客体的投入和依赖，是如何在心智中被吸纳和转化为他所说的"精神分析性的客体"，从而有助于人格的成长的？这是一个我们几乎要完完全全学习的过程。
［p.168］

投射和内摄，和许多其他过程一样，本质上都是有问题的概念。在本书中，我不断地援引并进一步阐述了这些概念。本附录旨在让读者能够从我对这些事情的叙述开始。

由于"俄狄浦斯情结"一词在日常用语中非常普遍，因此借鉴精神分析思想背后的神话起源可能会有所帮助，因为它是在20世纪发展起来的。这是关于一系列情感的术语，无论是在内隐还是外显层面，它都与青少年的发展运作息息相关。弗洛伊德描述了一个取代一方父母并与另一方结婚的愿望被实现的梦或神话。这种渴望最基本的表现形式是，孩子希望异性的父母与自己在一起，并赶走同性的父母。弗洛伊德对俄狄浦斯神话中关于这些通常无意识的愿望和欲望的描述方式感到震惊，正如索福克勒斯（Sophocles）在戏剧《俄狄浦斯王》（*Oedipus Rex*）中重新讲述的那样。在剧中，主人公无意中杀了他的父亲，并娶了他的母亲。1897年，弗洛伊德在思考这部戏剧对观众的影响时写道："每一个成员在萌芽中和幻想中都曾经是这样一个俄狄浦斯。"观众会看到"他把实现愿望的梦移植到了现实中"（1950［1892—1899］，p.265）。

尽管弗洛伊德本人只借鉴了索福克勒斯根据神话改编的戏剧，但《牛津古典词典》（*The Oxford Classical Dictionary*，1937）中对神话本身的简要描述提供了许多有趣和共鸣的来源。这些来源可能会被牢记在心，因为从发展的角度来看，家族传承（包括有意识或无意识的）对其产生了极其重要的影响，代代相传。

俄狄浦斯，古希腊神话中底比斯国王拉伊俄斯（Laius）的儿子。当安菲翁（Amphion）和西苏斯（Zethus）占领底比斯时，拉伊俄斯曾投靠珀罗普斯（Pelops），但却没有报答他的好意，绑架了他的儿子克律西波斯（Chrysippus），从而给自己的家庭带来了诅咒。拉伊俄斯在安菲翁和西苏斯死后恢复了他的王国，并迎娶了伊俄卡斯忒（Jocasta），但阿波罗（Apollo）警告他，他的儿子会杀了他。因此，在俄狄浦斯出生时，一根尖刺穿透了他的脚，他被遗弃在西铁龙山上。在那里，一个牧羊人发现了他，他被带到科林斯国王波利布斯（Polybus）和王后墨洛珀（Merope）那里，他们把他当作自己的儿子抚养成人。后来，俄狄浦斯被嘲笑说他不是波利布斯的亲儿子，于是他向德尔斐神谕打听他的出身，但只被告知他将会杀死他的父亲，并娶他的母亲。他以为这指的是波利布斯和墨洛珀，于是他决定再也不回科林斯了。在一个三条路交会的路口，他遇到了拉伊俄斯（他并不认识拉伊俄斯），并且被命令让路。随后发生了一场争吵，俄狄浦斯杀死了拉伊俄斯。他接着来到了底比斯，当时有一个狮身人面的怪兽斯芬克斯（Sphinx）给那里造成了困扰，这个怪兽要求人们猜谜语并杀死那些猜不出的人。底比斯摄政王伊俄卡斯忒的兄弟克瑞翁（Creon），承诺把底比斯王国交给能够消灭这个祸害的人。俄狄浦斯解开了斯芬克斯之谜，斯芬克斯随即自杀。[俄狄浦斯]成为底比斯的国王，娶了伊俄卡斯忒。他们生了两个儿子，厄忒俄克勒斯（Eteocles）和波吕尼刻斯（Polynices），还有两个女儿，伊斯墨涅（Ismene）和安提戈涅（Antigone）。最后，在死亡和瘟疫肆虐之际，神谕者宣布，如果杀死拉伊俄斯的人被逐出城市，这些灾难就可以避免。于是俄狄浦斯开始寻找谁杀了拉伊俄斯。结果证明他自己就是拉伊俄斯的儿子，同时也是凶手。发现这一点之后，伊俄卡斯忒上吊自杀，俄狄浦斯则弄瞎了自己。俄狄浦斯被废黜并被放逐。他在安提戈涅的陪同下，流浪到阿提卡的科洛努斯，在那里他受到了忒修斯（Theseus）的保护，直到去世。[ p.292 ]

# 参 考 文 献

Abrams, M. (1954). *The Mirror and the Lamp: Romantic Theory and the Critical Tradition*. Oxford: Oxford University Press.

Ainsworth, M. D., & Bell, S. M. (1970). Attachment, exploration, and separation: Illustrated by the behavior of one-year-olds in a strange situation. *Child Development, 41*: 49–67.

Anderson, R. (2008). A psychoanalytical approach to suicide in adolescents. In: S. Briggs, A. Lemma, & W. Crouch (Eds.), *Relating to Self-Harm and Suicide: Psychoanalytic Perspectives on Practice, Theory and Prevention*. London: Routledge.

Anderson, R. (2013). Assessing the risk of self-harm in adolescence. In: M. Brownscombe Heller & S. Pollet (Eds.), *The Work of Psychoanalysts in the Public Health Sector*. London: Routledge.

Anderson, R., & Dartington, A. (Eds.) (1998). *Facing It Out: Clinical Perspectives on Adolescent Disturbance*. London: Duckworth; reprinted London: Karnac, 2002.

APA (1980). *Diagnostic and Statistical Manual of Mental Disorders* (3rd edition). Washington, DC: American Psychiatric Association.

Ariès, P. (1960). *Centuries of Childhood*. London: Pimlico, 1996.

Armstrong, D. (2005). *Organization in the Mind: Psychoanalysis, Group Relations, and Organizational Consultancy*. London: Karnac.

Atwood, M. (1989). *Cat's Eye*. London: Virago.

Austen, J. (1816). *Emma*, ed. F. Stafford. Harmondsworth: Penguin, 2015.

Baldwin, J. (1955). *Notes of a Native Son*. Boston, MA: Beacon Press.

Bateman, A. W., & Fonagy, P. (2003). The development of an attachment-based treatment program for borderline personality disorder. *Bulletin of the Menninger Clinic, 67* (2): 187–211.

Beer, G. (1996). *Virginia Woolf: The Common Ground*. Edinburgh: Edinburgh University

Press.

Beer, G. (2016). *Alice in Space: The Sideways Victorian World of Lewis Carroll*.Chicago, IL: University of Chicago Press.

Bernfeld, S. (1938). Types of adolescence. *Psychoanalytic Quarterly, 7*: 243–253.

Bick, E. (1968). The experience of the skin in early object relations. *International Journal of Psychoanalysis, 49:* 484–486. Reprinted in: M. Harris & E. Bick, *Collected Papers of Martha Harris and Esther Bick.* Strath Tay: Clunie Press, 1987.

Bion, W. R. (1961). *Experiences in Groups*. London: Tavistock Publications; reprinted London: Routledge, 1989.

Bion, W. R. (1962a). *Learning from Experience*. London: Heinemann.

Bion, W. R. (1962b). A theory of thinking. *International Journal of Psychoanalysis, 43*: 306–310. Reprinted in: *Second Thoughts*. London: Heinemann, 1967.

Bion, W. R. (1963). *Elements of Psycho-Analysis*. London: Heinemann.

Bion, W. R. (1967). Commentary. In: *Second Thoughts*. London: Heinemann.

Bion, W. R. (1970). *Attention and Interpretation*. London: Tavistock.

Bion, W. R. (1982). *The Long Week-End 1897–1919.* Abingdon: Fleetwood Press.

Bion, W. R. (1991). *A Memoir of the Future: Books 1–3.* London: Karnac.

Bion, W. R. (2005). *The Tavistock Seminars*. London: Karnac.

Blythe, R. (1966). Introduction. In: J. Austen, *Emma*, ed. R. Blythe. Harmondsworth: Penguin.

Brawer, N. (2017). Thought for the day. BBC Radio 4, 24 October.

Brenman Pick, I. (1988). Adolescence: Its impact on patient and analyst. In : *Authenticity in the Psychoanalytic Encounter: The Work of Irma Brenman Pick* (pp. 135–146). London: Routledge, 2018.

Britton, R. (2003). *Sex, Death, and the Superego*. London: Karnac.

Brontë, C. (1847). *Jane Eyre*. London: Penguin, 2006.

Byatt, A. S. (1985). *Still Life*. New York: Macmillan.

Camus, A. (1946). *The Outsider.* London: Hamish Hamilton, 1946.

Collins, S. (2008–2010). *The Hunger Games Trilogy.* New York: Scholastic.

Copley, B. (1993). *The World of Adolescence: Literature, Society and Psychoanalytic Psychotherapy.* London: Free Association Books.

Craig, E. (1948). *Enquire Within*. London: Collins.

Dartington, A. (1998). The intensity of adolescence in small families. In: R. Anderson & A. Dartington (Eds.), *Facing It Out: Clinical Perspectives on Adolescent Disturbance.* London: Duckworth; reprinted London: Karnac, 2002.

Deutsch, H. (1942). Some forms of emotional disturbance and their relationship to schizophrenia. *Psychoanalytic Quarterly, 11*: 301–321.

Dickinson, E. (1862). We grow accustomed to the dark. In: *The Complete Poems,* ed. T. H. Johnson. London: Faber & Faber, 1970.

Dicks, H. (1970). *Fifty Years of the Tavistock Clinic.* London: Routledge & Kegan Paul.

Dusinberre, J. (2006). Introduction. In: W. Shakespeare, *As You Like It,* ed. J. Dusinberre. London: Arden Shakespeare.

Eliot, G. (1872). *Middlemarch.* Harmondsworth: Penguin, 1985.

Eliot, G. (1876). *Daniel Deronda.* Harmondsworth: Penguin, 1986.

Eliot, T. S. (1963). *Four Quartets.* London: Faber & Faber.

Erikson, E. H. (1950). *Childhood and Society.* New York: Norton.

Fisher, M. (2016). *The Weird and the Eerie.* London: Repeater.

Freeman, H. (2015). *When I Was Me.* London: Hot Key Books.

Freud, A. (1958). Adolescence. *Psychoanalytic Study of the Child, 13*: 255–278.

Freud, S. (1900a). *The Interpretation of Dreams. Standard Edition, 4/5.*

Freud, S. (1905d). *Three Essays on the Theory of Sexuality. Standard Edition, 7.*

Freud, S. (1910a). Five lectures on psycho-analysis. *Standard Edition, 11*:1–56.

Freud, S. (1911b). Formulations on the two principles of mental functioning. *Standard Edition, 12*: 213–226.

Freud, S. (1917e). Mourning and melancholia. *Standard Edition, 14*: 237–258.

Freud, S. (1919h). The "uncanny". *Standard Edition, 17*: 217–256.

Freud, S. (1924c). The economic problem of masochism. *Standard Edition, 19*: 155–172.

Freud, S. (1925d). *An Autobiographical Study. Standard Edition, 20.*

Freud, S. (1933a). *New Introductory Lectures on Psycho-Analysis. Standard Edition, 22*: 3–182.

Freud, S. (1950 [1892–1899]. Extracts from the Fliess Papers. *Standard Edition, 1*: 173–280.

Frye, N. (1957). *Anatomy of Criticism.* London: Penguin.

Gardner, H. (1959). *The Business of Criticism.* Oxford: Clarendon Press.

Gathorne-Hardy, J. (1977). *The Public School Phenomenon.* London: Faber & Faber.

Gittings, R. (Ed.) (1970). *Letters of John Keats: A Selection.* Oxford: Oxford University Press.

Golding, W. (1954). *Lord of the Flies.* London: Penguin.

Graham-Harrison, E. (2017). Attackers united by youth and driven by a search for meaning. *The Guardian*, 16 September.

Greenhalgh, T. (2017). *How to Implement Medical Health Care.* Oxford: Wiley Blackwell.

Hall, G. S. (1904). *Adolescence: Its Psychology and Its Relation to Physiology, Anthropology, Sociology, Sex, Crime, Religion and Education (Vols. 1 & 2)*. New York: D. Appleton & Co.

Hardinge, F. (2015). *The Lie Tree*. London: Macmillan.

Harris, M. (1976). Infantile elements and adult strivings in adult sexuality. *Journal of Child Psychotherapy, 10*: 121–140. Reprinted in: *The Collected Papers of Martha Harris and Esther Bick*. Strath Tay: Clunie Press, 1987.

Harris, M. (1978). Towards learning from experience in infancy and childhood. In: *Collected Papers of Martha Harris and Esther Bick*, ed. M. Harris Williams. Strath Tay: Clunie Press, 1987.

Harris, M. (1982). Growing points in psychoanalysis inspired by the work of Melanie Klein. *Journal of Child Psychotherapy, 8* (2): 165–184. Reprinted in: M. Harris & E. Bick, *The Tavistock Model: Papers on Child Development and Psychoanalytic Training* (pp. 65–92), ed. M. Harris Williams. London: Karnac, 2011.

Henley, J. (2008). Queen of darkness [Interview with Hanna Segal]. *The Guardian*, 8 September.

Holmes, R. (1974). *Shelley: The Pursuit*. London: Quartet Books, 1976.

Isaacs, S. (1948). *Childhood and After*. London: Routledge & Kegan Paul.

Jones, E. (1922). Some problems of adolescence. *British Journal of Psychology, 13*: 31–47.

Joseph, B. (1982). Addiction to near-death. *International Journal of Psychoanalysis, 63*: 449–456.

Judt, T. (2011). *Ill Fares the Land*. London: Penguin.

Klein, M. (1921). The development of the child. In: *Love, Guilt and Reparation and Other Works 1921–1945*. London: Hogarth Press, 1975.

Klein, M. (1923). The role of the school in the libidinal development of the child. In: *Love, Guilt and Reparation and Other Works 1921–1945*. London: Hogarth Press, 1975.

Klein, M. (1928). Early stages of the Oedipus complex. In: *Love, Guilt and Reparation and Other Works 1921–1945*. London: Hogarth Press, 1975.

Klein, M. (1931). A contribution to the theory of intellectual inhibition. In:*Love, Guilt and Reparation and Other Works 1921–1945*. London: Hogarth Press, 1975.

Klein, M. (1932). *The Psychoanalysis of Children*. London: Hogarth Press.

Klein, M. (1935). A contribution to the psychogenesis of manic-depressive states. In: *Love, Guilt and Reparation and Other Works 1921–1945*. London: Hogarth Press, 1975.

Klein, M. (1940). Mourning and its relation to manic-depressive states. In: *Love, Guilt and Reparation and Other Works 1921–1945*. London: Hogarth Press, 1975.

Klein, M. (1945). The Oedipus complex in the light of early anxieties. In: *Love, Guilt and Reparation and Other Works 1921–1945*. London: Hogarth Press, 1975.

Klein, M. (1946). Notes on some schizoid mechanisms. In: *Envy, Gratitude and Other Works, 1946–1963*. London: Hogarth Press, 1975.

Klein, M. (1959). Our adult world and its roots in infancy. In: *Envy, Gratitude and Other Works, 1946–1963*. London: Hogarth Press, 1975.

Klein, N. (2017). *No Is Not Enough: Defeating the New Shock Politics*. London: Allen Lane.

Knight, R. H. (1953). Borderline states. *Bulletin of the Menninger Clinic, 17*(1): 1–12.

Kohon, G. (2005). Love in a time of madness. In: A. Green & G. Kohon (Eds.), *Love and Its Vicissitudes*. London: Routledge.

Langer, S. (1953). *Feeling and Form: A Theory of Art Developed from Philosophy in a New Key*. London: Routledge & Kegan Paul.

Laufer, M. (Ed.) (1995). *The Suicidal Adolescent*. London: Karnac.

Lawrence, D. H. (1923). *Fantasia of the Unconscious/Psychoanalysis and the Unconscious*. London: Heinemann.

Lessing, D. (1962). *The Golden Notebook*. London: Michael Joseph.

Lichtenstein, H. (1964). The role of narcissism in the emergence and maintenance of a primary identity. *International Journal of Psychoanalysis, 45*: 49–56.

Maiello, S. (1995). The sound-object: A hypothesis about parental auditory experience and memory. *Journal of Child Psychotherapy, 21* (1): 23–41.

Mandelstam, O. (1977). *Selected Essays*, trans. S. Monas. Austin, TX: University of Texas Press.

Mantel, H. (2017). The Princess Myth: Hilary Mantel on Diana. *The Guardian*, 26 August.

McCarthy, C. (2006). *The Road*. London: Picador, 2009.

McGinley, E., & Varchevker, A. (2010). *Enduring Loss: Mourning, Depression and Narcissism Throughout the Life Cycle*. London: Karnac.

Meltzer, D. (1973a). Identification and socialisation in adolescence. In: *Sexual States of Mind* (pp. 51–57). Strath Tay: Clunie Press; reprinted London: Karnac, 2008.

Meltzer, D. (1973b). *Sexual States of Mind*. Strath Tay: Clunie Press; reprinted London: Karnac, 2008.

Meltzer, D. (1973c). Terror, persecution and dread. In: *Sexual States of Mind* (pp. 99–106). Strath Tay: Clunie Press; reprinted London: Karnac, 2008.

Meltzer, D. (1978). A note on introjective processes. In: *Sincerity and Other Works: Collected Papers of Donald Meltzer*, ed. A. Hahn . London: Karnac, 1994.

Meltzer, D. (1992). *The Claustrum: An Investigation of Claustrophobic Phenomenon*. Strath Tay: Clunie Press.

Meltzer, D., & Harris Williams, M. (1988). *The Apprehension of Beauty: The Role of Aesthetic Conflict in Development, Art, Violence*. London: Karnac, 2011.

Milner, M. (1950). *On Not Being Able to Paint*. London: Heinemann; reprinted Hove: Routledge, 2010.

Ness, P. (2008). *The Knife of Never Letting Go*. London: Walker Books.

Ness, P. (2008–2010). *Chaos Walking, Books 1–3*. London: Walker Books.

Ness, P. (2015). *The Rest of Us Just Live Here*. London: Walker Books.

O'Shaughnessy, E. (1979). A clinical study of a defensive organization. *International Journal of Psychoanalysis, 62*: 359–369.

O'Shaughnessy, E. (1994). What is a clinical fact? *International Journal of Psychoanalysis, 75*: 939–947. Reprinted in: *Inquiries in Psychoanalysis: Collected Papers of Edna O'Shaughnessy*. London: Routledge, 2015.

O'Shaughnessy, E. (1999). Relating to the super-ego. *International Journal of Psychoanalysis, 80* (5): 861–870.

*The Oxford Classical Dictionary* (1937). Oxford: Clarendon Press.

Plath, S. (1962). Lady Lazarus. *Collected Poems*. London: Faber & Faber, 1988.

Pushkin, A. S. (1831). *Eugene Onegin*, trans. C. Johnston. Harmondsworth: Penguin, 1979.

Rey, J. H. (1979). Schizoid phenomena in the borderline. In E. B. Spillius (Ed.), *Melanie Klein Today* (pp. 203–229). London: Routledge, 1988.

Rhode, M. (2004). Different responses to trauma in two children with autistic spectrum disorder: The mouth as crossroads for the sense of self. *Journal of Child Psychotherapy, 30*: 3–20.

Riviere, J. (1952). The unconscious phantasy of an inner world reflected in examples from English literature. *International Journal of Psychoanalysis, 33*: 160–172. Reprinted in: M. Klein, P. Heimann, & R. Money-Kyrle (Eds.), *New Directions in Psycho-Analysis*. London: Tavistock Publications, 1955.

Rosenfeld, H. (1971). A clinical approach to the psychoanalytic theory of the life and death instincts: An investigation into the aggressive aspects of narcissism, *International Journal of Psychoanalysis, 52*: 169–178.

Rosoff, M. (2004). *How I Live Now*. London: Penguin.

Rousseau, J.-J. (1762). *Emile, or On Education*. New York: Basic Books, 1979.

Rustin, M., & Trowell, J. (1991). Developing the internal observer in professionals in training. *Infant Mental Health Journal, 12* (3): 233–245.

Ryan, K. (2009). *Shakespeare's Comedies*. London: Palgrave Macmillan.
Salinger, J. D. (1951). *The Catcher in the Rye*. Boston, MA: Little, Brown & Company.
Satyamurti, C. (1987). *Switching the Dark: New and Selected Poems*. Tarset: Bloodaxe, 2005.
Savage, J. (2007). *Teenage: The Creation of Youth: 1875–1945*. London: Pimlico.
Schmideberg, M. (1947). Learning to talk. *Psychoanalytic Review, 34* (3): 296–335.
Schor, J. B. (2005). *Born to Buy: The Commercialized Child and the New Consumer Culture*. New York: Scribner; reprinted Simon & Schuster, 2014.
Segal, H. (1964). *Introduction to the Work of Melanie Klein*. London: Hogarth Press, 1973.
Shan, D. (2000). *Cirque du Freak*. London: HarperCollins.
Sherwin-White, S. (2017). *Melanie Klein Revisited: Pioneer and Revolutionary in the Psychoanalysis of Young Children*. London: Karnac.
Showalter, E. (1992). Introduction. In: V. Woolf, *Mrs Dalloway*, ed. E. Showalter. London: Penguin.
Sohn, L. (1985). Narcissistic organization, projective identification, and the formation of the identificate. *International Journal of Psychoanalysis, 66*: 201–213.
Spillius, E. (Ed.) (1988). *Melanie Klein Today: Developments in Theory and Practice. Volume 1: Mainly Theory*. London: Routledge.
Steiner, J. (1987). The interplay between pathological organizations and the paranoid-schizoid and depressive positions. In: E. B. Spillius (Ed.), *Melanie Klein Today* (pp. 324–342). London: Routledge, 1988.
Steiner, J. (1996). *Psychic Retreats: Pathological Organizations in Psychotic, Neurotic and Borderline Patients*. London: Routledge.
Steiner, J. (2006). *Seeing and Being Seen: Emerging from a Psychic Retreat*. London: Routledge.
Stern, A. (1938). Psychoanalytic investigation of and therapy in the border line group of neuroses. *Psychoanalytic Quarterly, 7*: 467–489.
Stevenson, A. (2000). *Granny Scarecrow*. Newcastle-on-Tyne: Bloodaxe Books.
Tabbia, C. (2017). The isolated adolescent. In: M. Cohen & A. Hahn (Eds.), *Doing Things Differently: The Influence of Donald Meltzer on Psychoanalytic Theory and Practice*. London: Karnac.
Tanner, T. (1971). *City of Words: American Fiction, 1950–70*. New York: Harper & Row.
Tanner, T. (1986). *Jane Austen*. London: Macmillan.
Tartt, D. (2002). *The Little Friend*. London: Bloomsbury.
Thomson, M. (1989). *On Art and Therapy: An Exploration*. London: Virago; reprinted

London: Free Association Books, 1997.

Vaspe, A. (2017). *Psychoanalysis, the NHS, and Mental Health Work Today.* London: Karnac.

Waddell, M. (1998). *Inside Lives: Psychoanalysis and the Growth of the Personality.* London: Duckworth; extended edition, London: Karnac, 2002.

Waddell, M., & Williams, G. (1991). Reflections on perverse states of mind. *Free Associations, 2* (2): 203–213.

Williams, G. (1997). On gang dynamics. In: *Internal Landscapes and Foreign Bodies: Eating Disorders and Other Pathologies* (pp. 51–62). London: Duckworth.

Winnicott. D. (1971). *Playing and Reality*. London: Tavistock Publications.

Woolf, V. (1925). *Mrs Dalloway*, ed. E. Showalter. London: Penguin, 1992.

Woolf, V. (1929). *A Room of One's Own*. London: Hogarth Press.

Wordsworth, W. (1805). *William Wordsworth,* ed. S. Gill. Oxford: Oxford University Press, 1984.

Yeats. W. B. (1933). *Collected Poems*. London: Macmillan.